变电站
运行与维护实训

BIANDIANZHAN
YUNXING YU
WEIHU SHIXUN

许傲然　杨　林　谷彩连◎编　著

首都经济贸易大学出版社
Capital University of Economics and Business Press
·北　京·

图书在版编目(CIP)数据

变电站运行与维护实训/许傲然，杨林，谷彩连编著.
--北京:首都经济贸易大学出版社,2018.2
ISBN 978-7-5638-2753-4

Ⅰ.①变… Ⅱ.①许… ②杨… ③谷… Ⅲ.①变电所—电力系统运行—维护 Ⅳ.①TM63

中国版本图书馆CIP数据核字(2018)第000622号

变电站运行与维护实训
许傲然 杨 林 谷彩连 编 著

责任编辑 刘元春 田玉春
封面设计 砚祥志远·激光照排 TEL: 010-65976003
出版发行 首都经济贸易大学出版社
地 址 北京市朝阳区红庙（邮编100026）
电 话 (010)65976483 65065761 65071505(传真)
网 址 http://www.sjmcb.com
E-mail publish@cueb.edu.cn
经 销 全国新华书店
照 排 北京砚祥志远激光照排技术有限公司
印 刷 北京京华虎彩印刷有限公司
开 本 710毫米×1000毫米 1/16
字 数 343千字
印 张 19.5
版 次 2018年2月第1版 2018年2月总第1次印刷
书 号 ISBN 978-7-5638-2753-4/TM·14
定 价 38.00元

《变电站运行与维护实训》
编　委　会

主　编　许傲然　杨　林　谷彩连

参　编　刘　军　赵守忠　刘　锷
于志伟　王　亮　郑伟强
孟　镇　王　凯　路　明
郑　伟

内容提要

《变电站运行与维护实训》一书以电力行业有关规程、标准和国家电网公司相关规定为依据，并结合变电运维岗位生产实际编写，旨在提高变电运维岗位人员专业技能水平，增强岗位胜任力。

本书分为4章，主要内容包括：66kV变电站倒闸操作，220kV变电站倒闸操作，调度术语，操作指令。

本书可作为220kV及以下变电运维专业岗位员工和电气专业大学生的实训指导书，也可供变电专业技术管理人员参考使用。

前　言

为贯彻落实国家电网公司"人才强企"战略,努力满足省公司对于加强生产专业全员培训的新要求,我们组织有关专业人员编写了此书,其目的是促进变电运维岗位员工尽快适应公司和岗位需要,提高员工培训的针对性、有效性和实用性。沈阳工程学院与国网辽宁省电力有限公司技能培训中心共同组织优秀专兼职培训师和生产现场专家,以《国家电网公司生产技能人员职业能力培训规范》和变电运维岗位工作实际情况为依据,编写本实训指导书,旨在提高变电运维岗位员工岗位胜任力。参加编写的单位主要有:沈阳工程学院、国网辽宁技培中心、国网辽宁省电力公司调控中心、国网营口供电公司、国网锦州供电公司。

本书借鉴国内外先进的培训理念,以培养职业能力为出发点,注重学以致用,注重情境教学模式,把"教、学、做"融为一体。本书共包括 4 章。第 1 章 66kV 变电站倒闸操作,第 2 章 220kV 变电站倒闸操作,第 3 章调度术语,第 4 章操作指令。全书由许傲然和杨林组织编写,杨林统稿。

在编写过程中,参考了许多规程规范和文献,在此向他们表示衷心的感谢!由于编者的水平有限,加之时间仓促,难免存在疏漏及差错之处,恳请各位专家和读者批评指正,并提出宝贵意见,以便修订时改进完善。

编　者

2018 年 1 月

前 言

目　　录

表索引

1　66kV 变电站倒闸操作

1.1　光华 66kV 变电站设备和保护配置

光华 66kV 变电站电气主接线如图 1－1 所示。

1.1.1　一次设备配置

66kV 主变压器（主变压器简称“主变”）两台，采用辽宁易发式电气股份有限公司生产的型号为 SZ11－31500/66 有载调压变压器；66 ±8 ×1.25%/11kV；Y_Nd11 型。

66kV 设备采用平顶山高压开关厂生产的型号为 ZF12－126（L）型气体绝缘金属封闭开关设备（GIS），额定电流 2 500A，开断电流 31.5kA。一号、二号主变一次 CT 型号为 LRB－66，变比为 2 ×300/5（用 600/5）。

66kV 进线安装氧化锌避雷器，型号为 HY10WZ2－96/232。

66kV 消弧线圈由北京电力设备总厂生产，型号为 XDZJ1－1900/60 型。

10kV 设备采用沈阳华利能源设备制造有限公司生产，型号为 KYN28A－12（GZS1）系列铠装移开式交流金属封闭开关设备，内置厦门 ABB 开关有限公司生产的 VD4 型真空断路器。

10kV 电压互感器采用大连华亿电力电器有限公司生产的型号为 JSZF－10G 型电压互感器。

10kV 站内无功补偿设备采用两组新东北电气电力电容器有限公司生产的型号为 BAMH2 $11/\sqrt{3}$－（1600＋3200）－3W 集合式电力电容器。

站用电电源分别从 10kV Ⅰ、Ⅱ段母线上的站用变（SC11－50/10.5 ±2 ×2.5%/0.4）上引出，作为全站动力、检修及照明的交流电源。两台站用变 0.4kV 侧在站用电柜上设自动投切装置，实现不间断供电。

1.1.2　运行方式

本站高压侧为线路变压器组接线，低压侧为单母分段接线。

（1）66kV 运行方式。66kV 两回进线为范光甲线和范光乙线。66kV 一号主变运

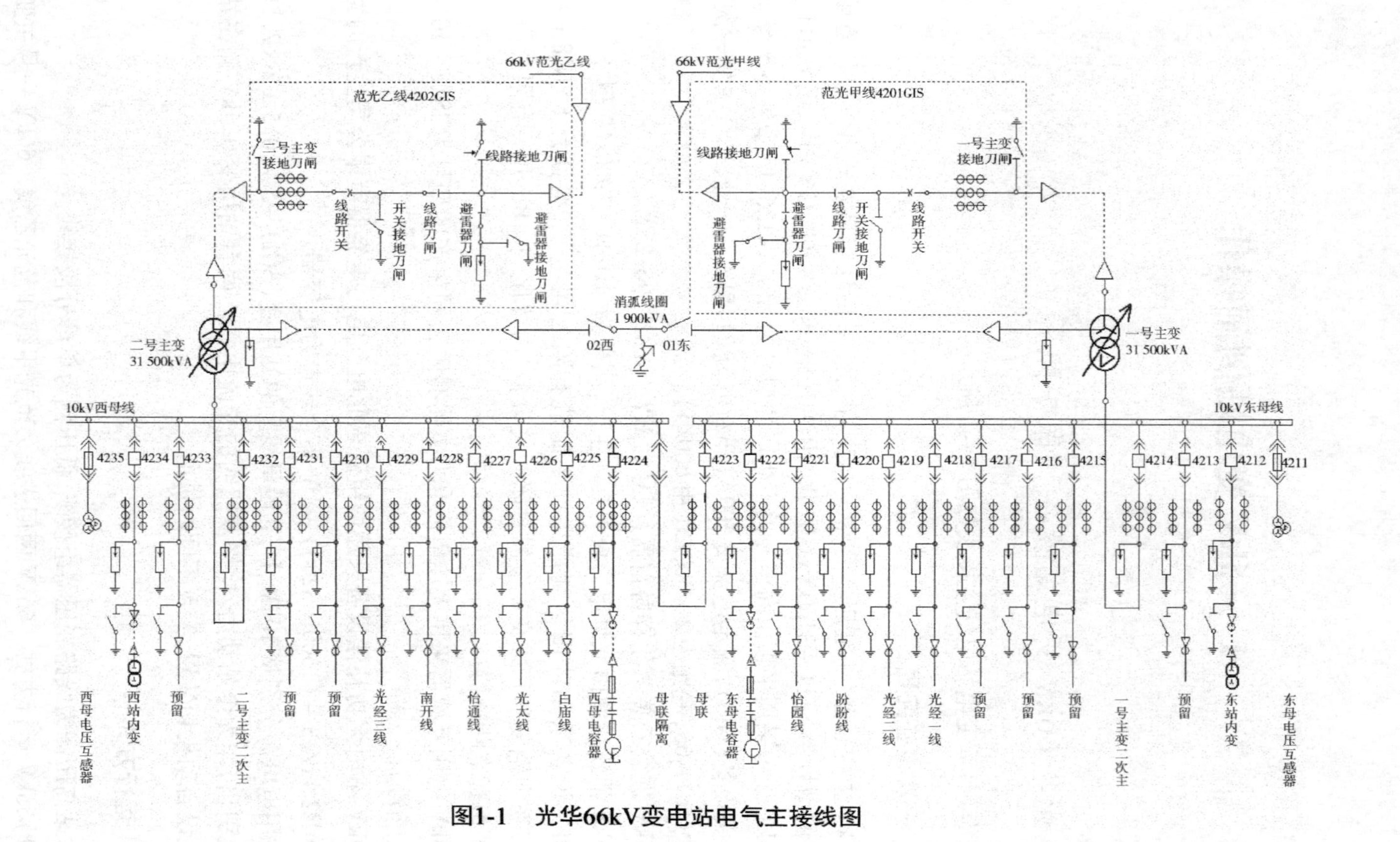

图1-1 光华66kV变电站电气主接线图

行带全站负荷,二号主变热备用。主变备自投投入运行,一号主变中性点经消弧线圈接地。

(2)10kV 运行方式。10kV 配出线 13 回,10kV 东西母线并列运行。10kV 光太线为 66kV 光华变与 66kV 太和变的联络线,开路点在 66kV 太和变的光太线一侧。

1.1.3　继电保护及自动装置配置

本变电站保护采用北京四方继保自动化股份有限公司生产的 CSC 系列数字式保护测控装置。

66kV 变压器保护由主保护、高后备保护、低后备保护及本体保护构成。主保护有差动速断保护和比率差动保护。高后备保护有复压过流Ⅰ段保护、复压过流Ⅱ段保护、复压过流Ⅲ段保护。低后备保护有复压过流Ⅰ段保护、复压过流Ⅱ段保护、限时速断保护。本体保护有本体轻瓦斯保护、本体重瓦斯保护、有载调压重瓦斯保护、压力释放、油温升高、油位异常。

10kV 配出线(母联)保护有过流Ⅰ段保护、过流Ⅱ段保护、过流Ⅲ段保护、重合闸保护。

10kV 电容器保护有过流Ⅰ段保护、过流Ⅱ段保护、不平衡保护、过压保护、低压保护。

该站备自投采用母联备自投及变压器备自投保护。

1.2 光华66kV变电站典型操作票

(1)10kV白庙线4225线路停电操作票见表1-1。

表1-1 10kV白庙线4225线路停电操作票

变电站(发电厂)倒闸操作票

单位:光华66kV变电站　　调度指令号:　　编号:GH 01

发令人:				受令人:	发令时间:
操作开始时间:					操作结束时间:
(√)监护下操作				( )单人操作	( )检修人员操作
操作任务:10kV白庙线4225线路停电					

模拟	√	顺序	指令项	操作项目	时间
		1		检查白庙线4225手车开关间隔带电显示装置各相发光正确	
		2		拉开白庙线4225手车开关停电	
		3		检查白庙线4225手车开关电流为0A	
		4		检查白庙线4225手车开关电气指示在开位	
		5		检查白庙线4225手车开关机械指示在开位	
		6		拉出白庙线4225手车开关至试验位置	
		7		检查白庙线4225手车开关在试验位置	
		8		检查白庙线4225手车开关间隔带电显示装置各相不发光确无电压	
		9		在白庙线4225出口电缆侧三相验电确无电压	
		10		合上白庙线4225接地刀闸	
		11		检查白庙线4225接地刀闸在合位	

备注:

操作人:　　监护人:　　值班负责人:　　站长(运行专工):

(2)10kV 白庙线 4225 线路送电操作票见表 1－2。

表 1－2 10kV 白庙线 4225 线路送电操作票

变电站(发电厂)倒闸操作票

单位:光华 66kV 变电站　　调度指令号:　　编号:GH 02

模拟	√	顺序	指令项	操 作 项 目	时间
发令人:			受令人:	发令时间:	
操作开始时间:				操作结束时间:	
(√)监护下操作　( )单人操作　( )检修人员操作					
操作任务:10kV 白庙线 4225 线路送电					
模拟	√	顺序	指令项	操 作 项 目	时间
		1		拉开白庙线 4225 接地刀闸	
		2		检查白庙线 4225 接地刀闸在开位	
		3		检查白庙线 4225 手车开关电气指示在开位	
		4		检查白庙线 4225 手车开关机械指示在开位	
		5		检查白庙线 4225 手车开关在试验位置	
		6		推入白庙线 4225 手车开关至运行位置	
		7		检查白庙线 4225 手车开关在运行位置	
		8		合上白庙线 4225 手车开关送电	
		9		检查白庙线 4225 手车开关电流正确(　)A	
		10		检查白庙线 4225 手车开关电气指示在合位	
		11		检查白庙线 4225 手车开关机械指示在合位	
备注:					
操作人:　监护人:　值班负责人:　站长(运行专工):					

(3)10kV 白庙线 4225 线路停电,开关检修操作票见表 1－3。

表 1－3　10kV 白庙线 4225 线路停电,开关检修操作票

变电站(发电厂)倒闸操作票

单位:光华 66kV 变电站　　调度指令号:　　编号:GH 03

发令人:			受令人:	发令时间:	
操作开始时间:				操作结束时间:	
(√)监护下操作			( )单人操作	( )检修人员操作	
操作任务:10kV 白庙线 4225 线路停电,开关检修					
模拟	√	顺序	指令项	操作项目	时间
		1		检查白庙线 4225 手车开关间隔带电显示装置各相发光正确	
		2		拉开白庙线 4225 手车开关停电	
		3		检查白庙线 4225 手车开关电流为 0A	
		4		检查白庙线 4225 手车开关电气指示在开位	
		5		检查白庙线 4225 手车开关机械指示在开位	
		6		拉出白庙线 4225 手车开关至试验位置	
		7		检查白庙线 4225 手车开关在试验位置	
		8		检查白庙线 4225 手车开关间隔带电显示装置各相不发光确无电压	
		9		拉开白庙线 4225 手车开关控制回路插头	
		10		拉出白庙线 4225 手车开关至检修位置	
		11		检查白庙线 4225 手车开关在检修位置	
		12		在白庙线 4225 出口电缆侧三相验电确无电压	
		13		合上白庙线 4225 接地刀闸	
		14		检查白庙线 4225 接地刀闸在合位	
备注:					
操作人:　　监护人:　　值班负责人:　　站长(运行专工):					

（4）10kV 白庙线 4225 开关及线路送电操作票见表 1－4。

表 1－4　10kV 白庙线 4225 开关及线路送电操作票

变电站（发电厂）倒闸操作票

单位：光华 66kV 变电站　　　　调度指令号：　　　　编号：GH 04

发令人：	受令人：	发令时间：
操作开始时间：		操作结束时间：
（√）监护下操作	（　）单人操作	（　）检修人员操作
操作任务：10kV 白庙线 4225 开关及线路送电		

模拟	√	顺序	指令项	操　作　项　目	时间
		1		拉开白庙线 4225 接地刀闸	
		2		检查白庙线 4225 接地刀闸在开位	
		3		检查白庙线 4225 手车开关电气指示在开位	
		4		检查白庙线 4225 手车开关机械指示在开位	
		5		检查白庙线 4225 手车开关在检修位置	
		6		推入白庙线 4225 手车开关至运行位置	
		7		检查白庙线 4225 手车开关在运行位置	
		8		合上白庙线 4225 手车开关送电	
		9		检查白庙线 4225 手车开关电流正确（　）A	
		10		检查白庙线 4225 手车开关电气指示在合位	
		11		检查白庙线 4225 手车开关机械指示在合位	

备注：			
操作人：	监护人：	值班负责人：	站长（运行专工）：

(5)10kV 东站内变 4212 停电检修操作票见表 1－5。

表 1－5　10kV 东站内变 4212 停电检修操作票

变电站(发电厂)倒闸操作票

单位:光华 66kV 变电站　　调度指令号:　　编号:GH 05

发令人:				受令人:	发令时间:
操作开始时间:					操作结束时间:
(√)监护下操作				( )单人操作	( )检修人员操作
操作任务:10kV 东站内变 4212 停电检修					
模拟	√	顺序	指令项	操 作 项 目	时间
		1		拉开交流屏东站内变 4212 电源开关	
		2		检查西站内变 4234 负荷分配指示正确( )A	
		3		检查东站内变 4212 手车开关间隔带电显示装置各相发光正确	
		4		拉开东站内变 4212 手车开关停电	
		5		检查东站内变 4212 手车开关电流为 0A	
		6		检查东站内变 4212 手车开关电气指示在开位	
		7		检查东站内变 4212 手车开关机械指示在开位	
		8		拉出东站内变 4212 手车开关至试验位置	
		9		检查东站内变 4212 手车开关在试验位置	
		10		取下东站内变 4212 手车开关二次插件	
		11		拉出东站内变 4212 手车开关至检修位置	
		12		检查东站内变 4212 手车开关间隔带电显示装置各相不发光正确	
		13		在东站内变 4212 出口电缆侧三相验电确无电压	
		14		合上东站内变 4212 接地刀闸	
		15		检查东站内变 4212 接地刀闸在合位	
		16		在东站内变 4212 二次出口电缆侧三相验电确无电压	
		17		在东站内变 4212 二次出口电缆侧装设# 接地线	
备注:					
操作人:　监护人:　值班负责人:　站长(运行专工):					

(6)10kV 东站内变 4212 检修完,恢复送电操作票见表 1-6。

表 1-6 10kV 东站内变 4212 检修完,恢复送电操作票

变电站(发电厂)倒闸操作票

单位:光华 66kV 变电站　　调度指令号:　　编号:GH 06

发令人:				受令人:	发令时间:
操作开始时间:					操作结束时间:
(√)监护下操作　　(　)单人操作　　(　)检修人员操作					
操作任务:10kV 东站内变 4212 检修完,恢复送电					
模拟	√	顺序	指令项	操　作　项　目	时间
		1		拆除东站内变 4212 二次出口电缆侧#　接地线	
		2		检查东站内变 4212 二次出口电缆侧#　接地线确已拆除	
		3		拉开东站内变 4212 接地刀闸	
		4		检查东站内变 4212 接地刀闸在开位	
		5		检查东站内变 4212 手车开关电气指示在开位	
		6		检查东站内变 4212 手车开关机械指示在开位	
		7		推入东站内变 4212 手车开关至试验位置	
		8		检查东站内变 4212 手车开关在试验位置	
		9		装上东站内变 4212 手车开关二次插件	
		10		推入东站内变 4212 手车开关至运行位置	
		11		检查东站内变 4212 手车开关在运行位置	
		12		合上东站内变 4212 手车开关送电	
		13		检查东站内变 4212 手车开关电流正确(　)A	
		14		检查东站内变 4212 手车开关电气指示在合位	
		15		检查东站内变 4212 手车开关机械指示在合位	
		16		合上交流屏东站内变 4212 电源开关	
		17		检查东站内变 4212 负荷分配指示正确(　)A	
备注:					
操作人:　　监护人:　　值班负责人:　　站长(运行专工):					

(7)10kV 东母电压互感器 4211 停电操作票见表 1－7。

表 1－7 10kV 东母电压互感器 4211 停电操作票

变电站(发电厂)倒闸操作票

单位:光华 66kV 变电站　　调度指令号:　　编号:GH 07

发令人:			受令人:		发令时间:
操作开始时间:					操作结束时间:
(√)监护下操作			( )单人操作		( )检修人员操作
操作任务:10kV 东母电压互感器 4211 停电					

模拟	√	顺序	指令项	操作项目	时间
		1		退出备自投保护屏合二号主变高压侧 31LP3 压板	
		2		退出备自投保护屏合二号主变低压侧 31LP4 压板	
		3		退出备自投保护屏跳一号主变低压侧 31LP6 压板	
		4		退出备自投保护屏跳一号主变高压侧 31LP9 压板	
		5		退出备自投保护屏跳东电容器 31LP13 压板	
		6		退出备自投保护屏跳西电容器 31LP16 压板	
		7		退出备自投保护屏过流功能总压板 31YLP2 压板	
		8		退出备自投保护屏备自投总投入 31YLP4 压板	
		9		合上 10kV 母联 4223 开关东西母并列	
		10		检查 10kV 母联 4223 开关手车开关电流正确( )A	
		11		检查 10kV 母联 4223 手车开关电气指示在合位	
		12		检查 10kV 母联 4223 手车开关机械指示在合位	
		13		将东母电压互感器间隔屏 PT 二次并列把手切至并列位置	
		14		拉开东母电压互感器 4211 二次开关	
		15		拉出东母电压互感器 4211 手车至试验位置	
		16		检查东母电压互感器 4211 手车在试验位置	
		17		拉出东母电压互感器 4211 手车至检修位置	
		18		拉开 10kV 母联 4223 开关	
		19		检查 10kV 母联 4223 开关手车开关电流为 0A	
备注:					
操作人:		监护人:		值班负责人:	站长(运行专工):

续表

变电站(发电厂)倒闸操作票

单位:光华 66kV 变电站　　调度指令号:　　编号:GH 07

发令人:	受令人:	发令时间:
操作开始时间:		操作结束时间:
(√)监护下操作	( )单人操作	( )检修人员操作
操作任务:10kV 东母电压互感器 4211 停电		

模拟	√	顺序	指令项	操 作 项 目	时间
		20		检查 10kV 母联 4223 手车开关电气指示在开位	
		21		检查 10kV 母联 4223 手车开关机械指示在开位	
		22		在东母电压互感器 4211 下静触头至电压互感器间三相验电	
		23		在东母电压互感器 4211 下静触头至电压互感器间装设#　接地线	

备注:

操作人:　　监护人:　　值班负责人:　　站长(运行专工):

(8)10kV 东母电压互感器 4211 送电操作票见表 1-8。

表 1-8 10kV 东母电压互感器 4211 送电操作票

变电站(发电厂)倒闸操作票

单位:光华 66kV 变电站 调度指令号: 编号:GH 08

<table>
<tr><td colspan="4">发令人:</td><td>受令人:</td><td colspan="2">发令时间:</td></tr>
<tr><td colspan="5">操作开始时间:</td><td colspan="2">操作结束时间:</td></tr>
<tr><td colspan="7">(√)监护下操作 ( )单人操作 ( )检修人员操作</td></tr>
<tr><td colspan="7">操作任务:10kV 东母电压互感器 4211 送电</td></tr>
<tr><td>模拟</td><td>√</td><td>顺序</td><td>指令项</td><td colspan="2">操 作 项 目</td><td>时间</td></tr>
<tr><td></td><td></td><td>1</td><td></td><td colspan="2">拆除东母电压互感器 4211 下静触头至电压互感器间# 接地线</td><td></td></tr>
<tr><td></td><td></td><td>2</td><td></td><td colspan="2">检查东母电压互感器 4211 下静触头至电压互感器间# 接地线确已拆除</td><td></td></tr>
<tr><td></td><td></td><td>3</td><td></td><td colspan="2">合上母联 4223 开关东西母并列</td><td></td></tr>
<tr><td></td><td></td><td>4</td><td></td><td colspan="2">检查母联 4223 开关手车开关电流正确( )A</td><td></td></tr>
<tr><td></td><td></td><td>5</td><td></td><td colspan="2">检查母联 4223 手车开关电气指示在合位</td><td></td></tr>
<tr><td></td><td></td><td>6</td><td></td><td colspan="2">检查母联 4223 手车开关机械指示在合位</td><td></td></tr>
<tr><td></td><td></td><td>7</td><td></td><td colspan="2">推入东母电压互感器 4211 手车至试验位置</td><td></td></tr>
<tr><td></td><td></td><td>8</td><td></td><td colspan="2">检查东母电压互感器 4211 手车在试验位置</td><td></td></tr>
<tr><td></td><td></td><td>9</td><td></td><td colspan="2">推入东母电压互感器 4211 手车至运行位置</td><td></td></tr>
<tr><td></td><td></td><td>10</td><td></td><td colspan="2">检查东母电压互感器 4211 手车在运行位置</td><td></td></tr>
<tr><td></td><td></td><td>11</td><td></td><td colspan="2">合上东母电压互感器 4211 二次开关</td><td></td></tr>
<tr><td></td><td></td><td>12</td><td></td><td colspan="2">投入备自投保护屏合二号主变高压侧 31LP3 压板</td><td></td></tr>
<tr><td></td><td></td><td>13</td><td></td><td colspan="2">投入备自投保护屏合二号主变低压侧 31LP4 压板</td><td></td></tr>
<tr><td></td><td></td><td>14</td><td></td><td colspan="2">投入备自投保护屏跳一号主变低压侧 31LP6 压板</td><td></td></tr>
<tr><td></td><td></td><td>15</td><td></td><td colspan="2">投入备自投保护屏跳一号主变高压侧 31LP9 压板</td><td></td></tr>
<tr><td></td><td></td><td>16</td><td></td><td colspan="2">投入备自投保护屏跳东电容器 31LP13 压板</td><td></td></tr>
<tr><td></td><td></td><td>17</td><td></td><td colspan="2">投入备自投保护屏跳西母电容器 31LP16 压板</td><td></td></tr>
<tr><td></td><td></td><td>18</td><td></td><td colspan="2">投入备自投保护屏过流功能总压板 31YLP2 压板</td><td></td></tr>
<tr><td></td><td></td><td>19</td><td></td><td colspan="2">投入备自投保护屏备自投总投入 31YLP4 压板</td><td></td></tr>
<tr><td colspan="7">备注:</td></tr>
<tr><td colspan="7">操作人: 监护人: 值班负责人: 站长(运行专工):</td></tr>
</table>

续表

变电站(发电厂)倒闸操作票

单位:光华 66kV 变电站　　调度指令号:　　编号:GH 08

发令人:				受令人:	发令时间:
操作开始时间:					操作结束时间:
(√)监护下操作　　(　)单人操作　　(　)检修人员操作					
操作任务:10kV 东母电压互感器 4211 送电					
模拟	√	顺序	指令项	操　作　项　目	时间
		20		将东母电压互感器间隔屏 PT 二次并列把手切至解列位置	
		21		拉开母联 4223 开关东西母解列	
		22		检查母联 4223 开关手车开关电流为 0A	
		23		检查母联 4223 手车开关电气指示在开位	
		24		检查母联 4223 手车开关机械指示在开位	
备注:					
操作人:　　监护人:　　值班负责人:　　站长(运行专工):					

(9)一号主变停电操作票见表1-9。

表1-9　一号主变停电操作票

变电站(发电厂)倒闸操作票

单位:光华66kV变电站　　调度指令号:　　编号:GH 09

发令人:				受令人:		发令时间:
操作开始时间:						操作结束时间:
(√)监护下操作				( )单人操作		( )检修人员操作
操作任务:一号主变停电						
模拟	√	顺序	指令项	操 作 项 目		时间
		1		退出备自投保护屏合二号主变高压侧31LP3压板		
		2		退出备自投保护屏合二号主变低压侧31LP4压板		
		3		退出备自投保护屏跳一号主变低压侧31LP6压板		
		4		退出备自投保护屏跳一号主变高压侧31LP9压板		
		5		退出备自投保护屏跳东电容器31LP13压板		
		6		退出备自投保护屏跳西母电容器31LP16压板		
		7		退出备自投保护屏过流功能总压板31YLP2压板		
		8		退出备自投保护屏备自投总投入31YLP4压板		
		9		检查范光乙线4202线路刀闸电气指示在合位		
		10		检查范光乙线4202线路刀闸机械指示在合位		
		11		检查二号主变二次主4232手车开关在运行位置		
		12		检查二号主变二次主4232手车开关电气指示在开位		
		13		检查二号主变二次主4232手车开关机械指示在开位		
		14		合上范光乙线4202开关		
		15		检查范光乙线4202开关电流正确( )A		
		16		检查范光乙线4202开关电气指示在合位		
		17		检查范光乙线4202开关机械指示在合位		
		18		合上二号主变二次主4232手车开关		
		19		检查二号主变二次主4232手车开关电流正确( )A		
备注:						
操作人:　　监护人:　　值班负责人:　　站长(运行专工):						

续表

变电站(发电厂)倒闸操作票

单位:光华 66kV 变电站　　　　调度指令号:　　　　　　　　　　　　编号:GH 09

发令人:				受令人:	发令时间:
操作开始时间:					操作结束时间:
(√)监护下操作　　　　( )单人操作　　　　( )检修人员操作					
操作任务:一号主变停电					
模拟	√	顺序	指令项	操　作　项　目	时间
		20		检查一号主变二次主 4214 手车开关电流正确( )A	
		21		检查二号主变二次主 4232 手车开关电气指示在合位	
		22		检查二号主变二次主 4232 手车开关机械指示在合位	
		23		拉开一号主变二次主 4214 手车开关与二号主变二次主解列	
		24		检查一号主变二次主 4214 手车开关电流为 0A	
		25		检查二号主变二次主 4232 手车开关电流正确( )A	
		26		检查一号主变二次主 4214 手车开关电气指示在开位	
		27		检查一号主变二次主 4214 手车开关机械指示在开位	
		28		拉开范光甲线 4201 开关一号主变停电	
		29		检查范光甲线 4201 开关电流为 0A	
		30		检查范光甲线 4201 开关电气指示在开位	
		31		检查范光甲线 4201 开关机械指示在开位	
		32		拉出一号主变二次主 4214 手车开关至试验位置	
		33		检查一号主变二次主 4214 手车开关在试验位置	
		34		取下一号主变二次主 4214 手车开关二次插件	
		35		拉出一号主变二次主 4214 手车开关至检修位置	
		36		拉开范光甲线 4201 线路刀闸	
		37		检查范光甲线 4201 线路刀闸电气指示在开位	
		38		检查范光甲线 4201 线路刀闸机械指示在开位	
		39		在一号主变一次套管出口电缆侧三相验电确无电压	
备注:					
操作人:　　　　监护人:　　　　值班负责人:　　　　站长(运行专工):					

续表

变电站(发电厂)倒闸操作票

单位:光华66kV变电站　　调度指令号:　　编号:GH 09

发令人:				受令人:	发令时间:
操作开始时间:					操作结束时间:
(√)监护下操作				( )单人操作	( )检修人员操作
操作任务:一号主变停电					
模拟	√	顺序	指令项	操 作 项 目	时间
		40		合上一号主变4201主变接地刀闸	
		41		检查一号主变4201主变接地刀闸电气指示在合位	
		42		检查一号主变4201主变接地刀闸机械指示在合位	
		43		拉开消弧线圈01东刀闸	
		44		检查消弧线圈01东刀闸在开位	
		45		在消弧线圈01东刀闸至一号主变中性点避雷器间验电确无电压	
		46		在消弧线圈01东刀闸至一号主变中性点避雷器间装设#　接地线	
		47		检查一号主变二次主4214手车开关间隔带电显示装置各相不发光确无电压	
		48		在一号主变二次套管至一号主变二次主4214电流互感器间三相验电确无电压	
		49		在一号主变二次套管至一号主变二次主4214电流互感器间装设#　接地线	
		50		拉开一号主变保护屏非电量直流4DK开关	
		51		拉开一号主变保护屏高压侧操作直流41DK开关	
		52		拉开一号主变保护屏低压侧操作直流42DK开关	
		53		拉开一号主变保护屏高压档位直流7DK开关	
		54		拉开一号主变保护屏主保护直流1DK开关	
		55		拉开一号主变保护屏高后备直流31DKK开关	
		56		拉开一号主变保护屏低后备直流21DK开关	
		57		拉开一号主变保护屏高压侧电压31ZKK开关	
备注:					
操作人:　监护人:　值班负责人:　站长(运行专工):					

（10）一号主变送电操作票见表 1－10。

表 1－10 一号主变送电操作票

变电站（发电厂）倒闸操作票

单位：光华 66kV 变电站　　　　调度指令号：　　　　　　　　　　编号：GH 10

发令人：				受令人：	发令时间：
操作开始时间：					操作结束时间：
（√）监护下操作				（ ）单人操作	（ ）检修人员操作
操作任务：一号主变送电					
模拟	√	顺序	指令项	操 作 项 目	时间
		1		合上一号主变保护屏非电量直流 4DK 开关	
		2		合上一号主变保护屏高压侧操作直流 41DK 开关	
		3		合上一号主变保护屏低压侧操作直流 42DK 开关	
		4		合上一号主变保护屏档位直流 7DK 开关	
		5		合上一号主变保护屏主保护直流 1DK 开关	
		6		合上一号主变保护屏高后备直流 31DKK 开关	
		7		合上一号主变保护屏低后备直流 21DK 开关	
		8		合上一号主变保护屏高压侧电压 31ZKK 开关	
		9		合上一号主变保护屏低压侧电压 21ZKK 开关	
		10		拆除一号主变二次套管至一号主变二次主 4214 电流互感器间# 接地线	
		11		检查一号主变二次套管至一号主变二次主 4214 电流互感器间# 接地线确已拆除	
		12		拆除消弧线圈 01 东刀闸至一号主变中性点避雷器间# 接地线	
		13		检查消弧线圈 01 东刀闸至一号主变中性点避雷器间# 接地线确已拆除	
		14		拉开一号主变 4201 主变接地刀闸	
		15		检查一号主变 4201 主变接地刀闸电气指示在开位	
		16		检查一号主变 4201 主变接地刀闸机械指示在开位	
		17		检查范光甲线 4201 开关电气指示在开位	
		18		检查范光甲线 4201 开关机械指示在开位	
备注：					
操作人：		监护人：		值班负责人：	站长（运行专工）：

续表

变电站(发电厂)倒闸操作票

单位:光华66kV变电站　　调度指令号:　　编号:GH 10

<table>
<tr><td colspan="4">发令人:</td><td>受令人:</td><td colspan="2">发令时间:</td></tr>
<tr><td colspan="5">操作开始时间:</td><td colspan="2">操作结束时间:</td></tr>
<tr><td colspan="7">(√)监护下操作　　(　)单人操作　　(　)检修人员操作</td></tr>
<tr><td colspan="7">操作任务:一号主变送电</td></tr>
<tr><td>模拟</td><td>√</td><td>顺序</td><td>指令项</td><td colspan="2">操 作 项 目</td><td>时间</td></tr>
<tr><td></td><td></td><td>19</td><td></td><td colspan="2">合上范光甲线4201线路刀闸</td><td></td></tr>
<tr><td></td><td></td><td>20</td><td></td><td colspan="2">检查范光甲线4201线路刀闸电气指示在合位</td><td></td></tr>
<tr><td></td><td></td><td>21</td><td></td><td colspan="2">检查范光甲线4201线路刀闸机械指示在合位</td><td></td></tr>
<tr><td></td><td></td><td>22</td><td></td><td colspan="2">检查一号主变二次主4214手车开关电气指示在开位</td><td></td></tr>
<tr><td></td><td></td><td>23</td><td></td><td colspan="2">检查一号主变二次主4214手车开关机械指示在开位</td><td></td></tr>
<tr><td></td><td></td><td>24</td><td></td><td colspan="2">推入一号主变二次主4214手车开关至试验位置</td><td></td></tr>
<tr><td></td><td></td><td>25</td><td></td><td colspan="2">检查一号主变二次主4214手车开关在试验位置</td><td></td></tr>
<tr><td></td><td></td><td>26</td><td></td><td colspan="2">装上一号主变二次主4214手车开关二次插件</td><td></td></tr>
<tr><td></td><td></td><td>27</td><td></td><td colspan="2">推入一号主变二次主4214手车开关至运行位置</td><td></td></tr>
<tr><td></td><td></td><td>28</td><td></td><td colspan="2">检查一号主变二次主4214手车开关在运行位置</td><td></td></tr>
<tr><td></td><td></td><td>29</td><td></td><td colspan="2">合上范光甲线4201开关一号主变送电</td><td></td></tr>
<tr><td></td><td></td><td>30</td><td></td><td colspan="2">检查范光甲线4201开关电流正确(　)A</td><td></td></tr>
<tr><td></td><td></td><td>31</td><td></td><td colspan="2">检查范光甲线4201开关电气指示在合位</td><td></td></tr>
<tr><td></td><td></td><td>32</td><td></td><td colspan="2">检查范光甲线4201开关机械指示在合位</td><td></td></tr>
<tr><td></td><td></td><td>33</td><td></td><td colspan="2">合上一号主变二次主4214手车开关与二号主变二次主并列</td><td></td></tr>
<tr><td></td><td></td><td>34</td><td></td><td colspan="2">检查一号主变二次主4214手车开关电流正确(　)A</td><td></td></tr>
<tr><td></td><td></td><td>35</td><td></td><td colspan="2">检查二号主变二次主4232手车开关电流正确(　)A</td><td></td></tr>
<tr><td></td><td></td><td>36</td><td></td><td colspan="2">检查一号主变二次主4214手车开关电气指示在合位</td><td></td></tr>
<tr><td></td><td></td><td>37</td><td></td><td colspan="2">检查一号主变二次主4214手车开关机械指示在合位</td><td></td></tr>
<tr><td></td><td></td><td>38</td><td></td><td colspan="2">拉开二号主变二次主4232手车开关</td><td></td></tr>
<tr><td colspan="7">备注:</td></tr>
<tr><td colspan="7">操作人:　　监护人:　　值班负责人:　　站长(运行专工):</td></tr>
</table>

续表

变电站(发电厂)倒闸操作票

单位:光华 66kV 变电站　　调度指令号:　　编号:GH 10

发令人:	受令人:	发令时间:
操作开始时间:		操作结束时间:
(√)监护下操作	( )单人操作	( )检修人员操作
操作任务:一号主变送电		

模拟	√	顺序	指令项	操 作 项 目	时间
		39		检查二号主变二次主 4232 手车开关电流为 0A	
		40		检查一号主变二次主 4214 手车开关电流正确( )A	
		41		检查二号主变二次主 4232 手车开关电气指示在开位	
		42		检查二号主变二次主 4232 手车开关机械指示在开位	
		43		拉开范光乙线 4202 开关	
		44		检查范光乙线 4202 开关电流为 0A	
		45		检查范光乙线 4202 开关电气指示在开位	
		46		检查范光乙线 4202 开关机械指示在开位	
		47		投入备自投保护屏合二号主变高压侧 31LP3 压板	
		48		投入备自投保护屏合二号主变低压侧 31LP4 压板	
		49		投入备自投保护屏跳一号主变低压侧 31LP6 压板	
		50		投入备自投保护屏跳一号主变高压侧 31LP9 压板	
		51		投入备自投保护屏跳东电容器 31LP13 压板	
		52		投入备自投保护屏跳西母电容器 31LP16 压板	
		53		投入备自投保护屏过流功能总压板 31YLP2 压板	
		54		投入备自投保护屏备自投总投入 31YLP4 压板	

备注:			
操作人:	监护人:	值班负责人:	站长(运行专工):

(11)66kV 范光甲线4201停电操作票见表1－11。

表1－11　66kV 范光甲线4201停电操作票

变电站(发电厂)倒闸操作票

单位:光华66kV变电站　　调度指令号:　　编号:GH 11

<table>
<tr><td colspan="4">发令人:</td><td>受令人:</td><td colspan="2">发令时间:</td></tr>
<tr><td colspan="5">操作开始时间:</td><td colspan="2">操作结束时间:</td></tr>
<tr><td colspan="7">(√)监护下操作　　(　)单人操作　　(　)检修人员操作</td></tr>
<tr><td colspan="7">操作任务:66kV 范光甲线4201停电</td></tr>
<tr><td>模拟</td><td>√</td><td>顺序</td><td>指令项</td><td colspan="2">操　作　项　目</td><td>时间</td></tr>
<tr><td></td><td></td><td>1</td><td></td><td colspan="2">退出备自投保护屏合二号主变高压侧31LP3压板</td><td></td></tr>
<tr><td></td><td></td><td>2</td><td></td><td colspan="2">退出备自投保护屏合二号主变低压侧31LP4压板</td><td></td></tr>
<tr><td></td><td></td><td>3</td><td></td><td colspan="2">退出备自投保护屏跳一号主变低压侧31LP6压板</td><td></td></tr>
<tr><td></td><td></td><td>4</td><td></td><td colspan="2">退出备自投保护屏跳一号主变高压侧31LP9压板</td><td></td></tr>
<tr><td></td><td></td><td>5</td><td></td><td colspan="2">退出备自投保护屏跳东电容器31LP13压板</td><td></td></tr>
<tr><td></td><td></td><td>6</td><td></td><td colspan="2">退出备自投保护屏跳西母电容器31LP16压板</td><td></td></tr>
<tr><td></td><td></td><td>7</td><td></td><td colspan="2">退出备自投保护屏过流功能总压板31YLP2压板</td><td></td></tr>
<tr><td></td><td></td><td>8</td><td></td><td colspan="2">退出备自投保护屏备自投总投入31YLP4压板</td><td></td></tr>
<tr><td></td><td></td><td>9</td><td></td><td colspan="2">检查范光乙线4202线路刀闸电气指示在合位</td><td></td></tr>
<tr><td></td><td></td><td>10</td><td></td><td colspan="2">检查范光乙线4202线路刀闸机械指示在合位</td><td></td></tr>
<tr><td></td><td></td><td>11</td><td></td><td colspan="2">检查二号主变二次主4232手车开关在运行位置</td><td></td></tr>
<tr><td></td><td></td><td>12</td><td></td><td colspan="2">检查二号主变二次主4232手车开关电气指示在开位</td><td></td></tr>
<tr><td></td><td></td><td>13</td><td></td><td colspan="2">检查二号主变二次主4232手车开关机械指示在开位</td><td></td></tr>
<tr><td></td><td></td><td>14</td><td></td><td colspan="2">合上范光乙线4202开关送电</td><td></td></tr>
<tr><td></td><td></td><td>15</td><td></td><td colspan="2">检查范光乙线4202开关电流正确(　)A</td><td></td></tr>
<tr><td></td><td></td><td>16</td><td></td><td colspan="2">检查范光乙线4202开关电气指示在合位</td><td></td></tr>
<tr><td></td><td></td><td>17</td><td></td><td colspan="2">检查范光乙线4202开关机械指示在合位</td><td></td></tr>
<tr><td></td><td></td><td>18</td><td></td><td colspan="2">合上二号主变二次主4232手车开关与一号主变二次主并列</td><td></td></tr>
<tr><td></td><td></td><td>19</td><td></td><td colspan="2">检查二号主变二次主4232手车开关电流正确(　)A</td><td></td></tr>
<tr><td colspan="7">备注:</td></tr>
<tr><td colspan="7">操作人:　　监护人:　　值班负责人:　　站长(运行专工):</td></tr>
</table>

续表

变电站(发电厂)倒闸操作票

单位:光华 66kV 变电站　　调度指令号:　　编号:GH 11

发令人:				受令人:	发令时间:
操作开始时间:					操作结束时间:
(√)监护下操作　( )单人操作　( )检修人员操作					
操作任务:66kV 范光甲线 4201 停电					
模拟	√	顺序	指令项	操　作　项　目	时间
		20		检查一号主变二次主 4214 手车开关电流正确(　)A	
		21		检查二号主变二次主 4232 手车开关电气指示在合位	
		22		检查二号主变二次主 4232 手车开关机械指示在合位	
		23		拉开一号主变二次主 4214 手车开关与二号主变二次主解列	
		24		检查一号主变二次主 4214 手车开关电流为 0A	
		25		检查二号主变二次主 4232 手车开关电流正确(　)A	
		26		检查一号主变二次主 4214 手车开关电气指示在开位	
		27		检查一号主变二次主 4214 手车开关机械指示在开位	
		28		拉开范光甲线 4201 开关停电	
		29		检查范光甲线 4201 开关电流为 0A	
		30		检查范光甲线 4201 开关电气指示在开位	
		31		检查范光甲线 4201 开关机械指示在开位	
		32		拉出一号主变二次主 4214 手车开关至试验位置	
		33		检查一号主变二次主 4214 手车开关在试验位置	
		34		拉开范光甲线 4201 线路刀闸	
		35		检查范光甲线 4201 线路刀闸电气指示在开位	
		36		检查范光甲线 4201 线路刀闸机械指示在开位	
		37		联系调度范光甲线 4201 线路确无电压	
		38		合上范光甲线 4201 线路接地刀闸	
		39		检查范光甲线 4201 线路接地刀闸电气指示在合位	
备注:					
操作人:　监护人:　值班负责人:　站长(运行专工):					

续表

变电站(发电厂)倒闸操作票

单位:光华 66kV 变电站　　　　调度指令号:　　　　　　　　编号:GH 11

发令人:	受令人:	发令时间:
操作开始时间:		操作结束时间:
(√)监护下操作	( )单人操作	( )检修人员操作
操作任务:66kV 范光甲线 4201 停电		

模拟	√	顺序	指令项	操 作 项 目	时间
		40		检查范光甲线 4201 线路接地刀闸机械指示在合位	

备注:

操作人:　　　　监护人:　　　　值班负责人:　　　　站长(运行专工):

(12)66kV 范光甲线 4201 送电操作票见表 1－12。

表 1－12 66kV 范光甲线 4201 送电操作票

变电站(发电厂)倒闸操作票

单位:光华 66kV 变电站 调度指令号: 编号:GH 12

发令人:				受令人:	发令时间:
操作开始时间:					操作结束时间:
(√)监护下操作				( )单人操作	( )检修人员操作
操作任务:66kV 范光甲线 4201 送电					
模拟	√	顺序	指令项	操 作 项 目	时间
		1		拉开范光甲线 4201 线路接地刀闸	
		2		检查范光甲线 4201 线路接地刀闸电气指示在开位	
		3		检查范光甲线 4201 线路接地刀闸机械指示在开位	
		4		检查范光甲线 4201 开关电气指示在开位	
		5		检查范光甲线 4201 开关机械指示在开位	
		6		合上范光甲线 4201 线路刀闸	
		7		检查范光甲线 4201 线路刀闸电气指示在合位	
		8		检查范光甲线 4201 线路刀闸机械指示在合位	
		9		检查一号主变二次主 4214 手车开关电气指示在开位	
		10		检查一号主变二次主 4214 手车开关机械指示在开位	
		11		检查一号主变二次主 4214 手车开关在试验位置	
		12		推入一号主变二次主 4214 手车开关至运行位置	
		13		检查一号主变二次主 4214 手车开关在运行位置	
		14		合上范光甲线 4201 开关送电	
		15		检查范光甲线 4201 开关电流正确( )A	
		16		检查范光甲线 4201 开关电气指示在合位	
		17		检查范光甲线 4201 开关机械指示在合位	
		18		合上一号主变二次主 4214 手车开关与二号主变二次主并列	
		19		检查一号主变二次主 4214 手车开关电流正确( )A	
备注:					
操作人: 监护人: 值班负责人: 站长(运行专工):					

续表

变电站(发电厂)倒闸操作票

单位:光华66kV变电站　　调度指令号:　　编号:GH 12

发令人:			受令人:	发令时间:	
操作开始时间:				操作结束时间:	
(√)监护下操作			( )单人操作	( )检修人员操作	
操作任务:66kV范光甲线4201送电					
模拟	√	顺序	指令项	操　作　项　目	时间
		20		检查二号主变二次主4232手车开关电流正确(　)A	
		21		检查一号主变二次主4214手车开关电气指示在合位	
		22		检查一号主变二次主4214手车开关机械指示在合位	
		23		拉开二号主变二次主4232手车开关与一号主变二次主解列	
		24		检查二号主变二次主4232手车开关电流为0A	
		25		检查一号主变二次主4214手车开关电流正确(　)A	
		26		检查二号主变二次主4232手车开关电气指示在开位	
		27		检查二号主变二次主4232手车开关机械指示在开位	
		28		拉开范光乙线4202开关停电	
		29		检查范光乙线4202开关电流为0A	
		30		检查范光乙线4202开关电气指示在开位	
		31		检查范光乙线4202开关机械指示在开位	
		32		投入备自投保护屏合二号主变高压侧31LP3压板	
		33		投入备自投保护屏合二号主变低压侧31LP4压板	
		34		投入备自投保护屏跳一号主变低压侧31LP6压板	
		35		投入备自投保护屏跳一号主变高压侧31LP9压板	
		36		投入备自投保护屏跳东电容器31LP13压板	
		37		投入备自投保护屏跳西母电容器31LP16压板	
		38		投入备自投保护屏过流功能总压板31YLP2压板	
		39		投入备自投保护屏备自投总投入31YLP4压板	
备注:					
操作人:　　监护人:　　值班负责人:　　站长(运行专工):					

(13)66kV 范光甲线 4201、范光乙线 4202 及站内停电操作票见表 1－13。

表 1－13　66kV 范光甲线 4201、范光乙线 4202 及站内停电操作票

变电站(发电厂)倒闸操作票

单位:光华 66kV 变电站　　　　调度指令号:　　　　　　　　　　编号:GH 13

发令人:				受令人:	发令时间:
操作开始时间:					操作结束时间:
(√)监护下操作　　( )单人操作　　( )检修人员操作					
操作任务:66kV 范光甲线 4201、范光乙线 4202 及站内停电					
模拟	√	顺序	指令项	操　作　项　目	时间
		1		检查 10kV 所有运行手车开关间隔带电显示装置各相发光正确	
		2		退出备自投保护屏合二号主变高压侧 31LP3 压板	
		3		退出备自投保护屏合二号主变低压侧 31LP4 压板	
		4		退出备自投保护屏跳一号主变低压侧 31LP6 压板	
		5		退出备自投保护屏跳一号主变高压侧 31LP9 压板	
		6		退出备自投保护屏跳东电容器 31LP13 压板	
		7		退出备自投保护屏跳西母电容器 31LP16 压板	
		8		退出备自投保护屏过流功能总压板 31YLP2 压板	
		9		退出备自投保护屏备自投总投入 31YLP4 压板	
		10		拉开西电容器 4224 手车开关	
		11		检查西电容器 4224 手车开关电流为 0A	
		12		检查西电容器 4224 手车开关电气指示在开位	
		13		检查西电容器 4224 手车开关机械指示在开位	
		14		拉开东电容器 4222 手车开关	
		15		检查东电容器 4222 手车开关电流为 0A	
		16		检查东电容器 4222 手车开关电气指示在开位	
		17		检查东电容器 4222 手车开关机械指示在开位	
		18		拉开南开线 4228 手车开关停电	
		19		检查南开线 4228 手车开关电流为 0A	
备注:					
操作人:　　监护人:　　值班负责人:　　站长(运行专工):					

续表

变电站(发电厂)倒闸操作票

单位:光华66kV变电站　　调度指令号:　　编号:GH 13

<table>
<tr><td colspan="4">发令人:</td><td>受令人:</td><td colspan="2">发令时间:</td></tr>
<tr><td colspan="5">操作开始时间:</td><td colspan="2">操作结束时间:</td></tr>
<tr><td colspan="7">(√)监护下操作　　(　)单人操作　　(　)检修人员操作</td></tr>
<tr><td colspan="7">操作任务:66kV范光甲线4201、范光乙线4202及站内停电</td></tr>
<tr><td>模拟</td><td>√</td><td>顺序</td><td>指令项</td><td colspan="2">操　作　项　目</td><td>时间</td></tr>
<tr><td></td><td></td><td>20</td><td></td><td colspan="2">检查南开线4228手车开关电气指示在开位</td><td></td></tr>
<tr><td></td><td></td><td>21</td><td></td><td colspan="2">检查南开线4228手车开关机械指示在开位</td><td></td></tr>
<tr><td></td><td></td><td>22</td><td></td><td colspan="2">拉开怡通线4227手车开关停电</td><td></td></tr>
<tr><td></td><td></td><td>23</td><td></td><td colspan="2">检查怡通线4227手车开关电流为0A</td><td></td></tr>
<tr><td></td><td></td><td>24</td><td></td><td colspan="2">检查怡通线4227手车开关电气指示在开位</td><td></td></tr>
<tr><td></td><td></td><td>25</td><td></td><td colspan="2">检查怡通线4227手车开关机械指示在开位</td><td></td></tr>
<tr><td></td><td></td><td>26</td><td></td><td colspan="2">拉开光太线4226手车开关停电</td><td></td></tr>
<tr><td></td><td></td><td>27</td><td></td><td colspan="2">检查光太线4226手车开关电流为0A</td><td></td></tr>
<tr><td></td><td></td><td>28</td><td></td><td colspan="2">检查光太线4226手车开关电气指示在开位</td><td></td></tr>
<tr><td></td><td></td><td>29</td><td></td><td colspan="2">检查光太线4226手车开关机械指示在开位</td><td></td></tr>
<tr><td></td><td></td><td>30</td><td></td><td colspan="2">拉开白庙线4225手车开关停电</td><td></td></tr>
<tr><td></td><td></td><td>31</td><td></td><td colspan="2">检查白庙线4225手车开关电流为0A</td><td></td></tr>
<tr><td></td><td></td><td>32</td><td></td><td colspan="2">检查白庙线4225手车开关电气指示在开位</td><td></td></tr>
<tr><td></td><td></td><td>33</td><td></td><td colspan="2">检查白庙线4225手车开关机械指示在开位</td><td></td></tr>
<tr><td></td><td></td><td>34</td><td></td><td colspan="2">拉开怡园线4221手车开关停电</td><td></td></tr>
<tr><td></td><td></td><td>35</td><td></td><td colspan="2">检查怡园线4221手车开关电流为0A</td><td></td></tr>
<tr><td></td><td></td><td>36</td><td></td><td colspan="2">检查怡园线4221手车开关电气指示在开位</td><td></td></tr>
<tr><td></td><td></td><td>37</td><td></td><td colspan="2">检查怡园线4221手车开关机械指示在开位</td><td></td></tr>
<tr><td></td><td></td><td>38</td><td></td><td colspan="2">拉开盼盼线4220手车开关停电</td><td></td></tr>
<tr><td></td><td></td><td>39</td><td></td><td colspan="2">检查盼盼线4220手车开关电流为0A</td><td></td></tr>
<tr><td colspan="7">备注:</td></tr>
<tr><td colspan="7">操作人:　　监护人:　　值班负责人:　　站长(运行专工):</td></tr>
</table>

续表

变电站(发电厂)倒闸操作票

单位:光华 66kV 变电站　　调度指令号:　　编号:GH 13

发令人:				受令人:	发令时间:
操作开始时间:					操作结束时间:
(√)监护下操作				( )单人操作	( )检修人员操作
操作任务:66kV 范光甲线 4201、范光乙线 4202 及站内停电					

模拟	√	顺序	指令项	操作项目	时间
		40		检查盼盼线 4220 手车开关电气指示在开位	
		41		检查盼盼线 4220 手车开关机械指示在开位	
		42		拉开西站内变 4234 手车开关停电	
		43		检查西站内变 4234 手车开关电流为 0A	
		44		检查西站内变 4234 手车开关电气指示在开位	
		45		检查西站内变 4234 手车开关机械指示在开位	
		46		拉开母联 4223 手车开关东西母解列	
		47		检查母联 4223 手车开关电流为 0A	
		48		检查母联 4223 手车开关电气指示在开位	
		49		检查母联 4223 手车开关机械指示在开位	
		50		拉开东站内变 4212 手车开关停电	
		51		检查东站内变 4212 手车开关电流为 0A	
		52		检查东站内变 4212 手车开关电气指示在开位	
		53		检查东站内变 4212 手车开关机械指示在开位	
		54		拉开一号主变二次主 4214 手车开关与二号主变二次主解列	
		55		检查一号主变二次主 4214 手车开关电流为 0A	
		56		检查一号主变二次主 4214 手车开关电气指示在开位	
		57		检查一号主变二次主 4214 手车开关机械指示在开位	
		58		拉开范光甲线 4201 开关一号主变停电	
		59		检查范光甲线 4201 开关电流为 0A	
备注:					
操作人:		监护人:		值班负责人:　　站长(运行专工):	

续表

变电站(发电厂)倒闸操作票

单位:光华66kV变电站　　调度指令号:　　编号:GH 13

发令人:		受令人:	发令时间:
操作开始时间:			操作结束时间:
(√)监护下操作		( )单人操作	( )检修人员操作
操作任务:66kV 范光甲线 4201、范光乙线 4202 及站内停电			

模拟	√	顺序	指令项	操 作 项 目	时间
		60		检查范光甲线 4201 开关电气指示在开位	
		61		检查范光甲线 4201 开关机械指示在开位	
		62		拉开西母电压互感器 4235 二次开关	
		63		拉出西母电压互感器 4235 手车至试验位置	
		64		检查西母电压互感器 4235 手车在试验位置	
		65		拉出西站内变 4234 手车开关至试验位置	
		66		检查西站内变 4234 手车开关在试验位置	
		67		取下西站内变 4234 手车开关二次插件	
		68		拉出二号主变二次主 4232 手车开关至试验位置	
		69		检查二号主变二次主 4232 手车开关在试验位置	
		70		取下二号主变二次主 4232 手车开关二次插件	
		71		拉出南开线 4228 手车开关至试验位置	
		72		检查南开线 4228 手车开关在试验位置	
		73		取下南开线 4228 手车开关二次插件	
		74		拉出怡通线 4227 手车开关至试验位置	
		75		检查怡通线 4227 手车开关在试验位置	
		76		取下怡通线 4227 手车开关二次插件	
		77		拉出光太线 4226 手车开关至试验位置	
		78		检查光太线 4226 手车开关在试验位置	
		79		取下光太线 4226 手车开关二次插件	
备注:					
操作人:		监护人:		值班负责人:　站长(运行专工):	

续表

变电站(发电厂)倒闸操作票

单位:光华 66kV 变电站　　调度指令号:　　编号:GH 13

发令人:				受令人:	发令时间:
操作开始时间:					操作结束时间:
(√)监护下操作				( )单人操作	( )检修人员操作
操作任务:66kV 范光甲线 4201、范光乙线 4202 及站内停电					

模拟	√	顺序	指令项	操　作　项　目	时间
		80		拉出白庙线 4225 手车开关至试验位置	
		81		检查白庙线 4225 手车开关在试验位置	
		82		取下白庙线 4225 手车开关二次插件	
		83		拉出西电容器 4224 手车开关至试验位置	
		84		检查西电容器 4224 手车开关在试验位置	
		85		取下西电容器 4224 手车开关二次插件	
		86		拉出分段隔离 4223 手车至试验位置	
		87		检查分段隔离 4223 手车在试验位置	
		88		取下分段隔离 4223 手车二次插件	
		89		拉出母联 4223 手车开关至试验位置	
		90		检查母联 4223 手车开关在试验位置	
		91		取下母联 4223 手车开关二次插件	
		92		拉出东电容器 4222 手车开关至试验位置	
		93		检查东电容器 4222 手车开关在试验位置	
		94		取下东电容器 4222 手车开关二次插件	
		95		拉出怡园线 4221 手车开关至试验位置	
		96		检查怡园线 4221 手车开关在试验位置	
		97		取下怡园线 4221 手车开关二次插件	
		98		拉出盼盼线 4220 手车开关至试验位置	
		99		检查盼盼线 4220 手车开关在试验位置	

备注:

操作人:　　监护人:　　值班负责人:　　站长(运行专工):

续表

变电站(发电厂)倒闸操作票

单位:光华66kV 变电站　　调度指令号:　　编号:GH 13

发令人:				受令人:	发令时间:	
操作开始时间:					操作结束时间:	
(√)监护下操作				( )单人操作	( )检修人员操作	
操作任务:66kV 范光甲线 4201、范光乙线 4202 及站内停电						
模拟	√	顺序	指令项	操 作 项 目		时间
		100		取下盼盼线 4220 手车开关二次插件		
		101		拉出一号主变二次主 4214 手车开关至试验位置		
		102		检查一号主变二次主 4214 手车开关在试验位置		
		103		取下一号主变二次主 4214 手车开关二次插件		
		104		拉出东站内变 4212 手车开关至试验位置		
		105		检查东站内变 4212 手车开关在试验位置		
		106		取下东站内变 4212 手车开关二次插件		
		107		拉开东母电压互感器 4211 二次开关		
		108		拉出东母电压互感器 4211 手车至试验位置		
		109		检查东母电压互感器 4211 手车在试验位置		
		110		拉开交流屏东站内变 4212 二次开关		
		111		拉开交流屏西站内变 4234 二次开关		
		112		联系调度拉开范光甲线 4201 线路刀闸		
		113		检查范光甲线 4201 线路刀闸电气指示在开位		
		114		检查范光甲线 4201 线路刀闸机械指示在开位		
		115		联系调度拉开范光乙线 4202 线路刀闸		
		116		检查范光乙线 4202 线路刀闸电气在开位		
		117		检查范光乙线 4202 线路刀闸机械在开位		
		118		范光甲线 4201 线路确无电压		
		119		合上范光甲线 4201 线路接地刀闸		
备注:						
操作人:　　监护人:　　值班负责人:　　站长(运行专工):						

续表

变电站(发电厂)倒闸操作票

单位:光华 66kV 变电站　　调度指令号:　　编号:GH 13

发令人:			受令人:		发令时间:
操作开始时间:					操作结束时间:
(√)监护下操作			( )单人操作		( )检修人员操作
操作任务:66kV 范光甲线 4201、范光乙线 4202 及站内停电					

模拟	√	顺序	指令项	操 作 项 目	时间
		120		检查范光甲线 4201 线路接地刀闸电气在合位	
		121		检查范光甲线 4201 线路接地刀闸机械在合位	
		122		范光乙线 4202 线路确无电压	
		123		合上范光乙线 4202 线路接地刀闸	
		124		检查范光乙线 4202 线路接地刀闸电气指示在合位	
		125		检查范光乙线 4202 线路接地刀闸机械指示在合位	
		126		在一号主变一次套管出口电缆侧三相验电确无电压	
		127		合上一号主变 4201 接地刀闸	
		128		检查一号主变 4201 接地刀闸电气指示在合位	
		129		检查一号主变 4201 接地刀闸机械指示在合位	
		130		在二号主变一次套管出口电缆侧三相验电确无电压	
		131		合上二号主变 4202 接地刀闸	
		132		检查二号主变 4202 接地刀闸电气指示在合位	
		133		检查二号主变 4202 接地刀闸机械指示在合位	
		134		检查一号主变二次主 4214 手车开关间隔带电显示装置各相不发光确无电压	
		135		在一号主变二次主 4214 电流互感器至一号主变二次套管间三相验电确无电压	
		136		在一号主变二次主 4214 电流互感器至一号主变二次套管间装设# 接地线	
		137		检查二号主变二次主 4232 手车开关间隔带电显示装置各相不发光确无电压	
		138		在二号主变二次主 4232 电流互感器至二号主变二次套管间三相验电确无电压	
		139		在二号主变二次主 4232 电流互感器至二号主变二次套管间装设# 接地线	
备注:					
操作人:		监护人:		值班负责人:　　站长(运行专工):	

续表

变电站(发电厂)倒闸操作票

单位:光华66kV变电站　　调度指令号:　　编号:GH 13

发令人:	受令人:	发令时间:
操作开始时间:		操作结束时间:
(√)监护下操作	( )单人操作	( )检修人员操作
操作任务:66kV范光甲线4201、范光乙线4202及站内停电		

模拟	√	顺序	指令项	操 作 项 目	时间
		140		检查西站内变4234手车开关间隔带电显示装置各相不发光确无电压	
		141		在西站内变4234出口电缆侧三相验电确无电压	
		142		合上西站内变4234接地刀闸	
		143		检查西站内变4234接地刀闸在合位	
		144		检查南开线4228手车开关间隔带电显示装置各相不发光确无电压	
		145		在南开线4228出口电缆侧三相验电确无电压	
		146		合上南开线4228接地刀闸	
		147		检查南开线4228接地刀闸在合位	
		148		检查怡通线4227手车开关间隔带电显示装置各相不发光确无电压	
		149		在怡通线4227出口电缆侧三相验电确无电压	
		150		合上怡通线4227接地刀闸	
		151		检查怡通线4227接地刀闸在合位	
		152		检查光太线4226手车开关间隔带电显示装置各相不发光确无电压	
		153		在光太线4226出口电缆侧三相验电确无电压	
		154		合上光太线4226接地刀闸	
		155		检查光太线4226接地刀闸在合位	
		156		检查白庙线4225手车开关间隔带电显示装置各相不发光确无电压	
		157		在白庙线4225出口电缆侧三相验电确无电压	
		158		合上白庙线4225接地刀闸	
		159		检查白庙线4225接地刀闸在合位	
备注:					
操作人:		监护人:		值班负责人:　　站长(运行专工):	

续表

变电站(发电厂)倒闸操作票

单位:光华 66kV 变电站　　调度指令号:　　编号:GH 13

发令人:				受令人:	发令时间:	
操作开始时间:					操作结束时间:	
(√)监护下操作　　(　)单人操作　　(　)检修人员操作						
操作任务:66kV 范光甲线 4201、范光乙线 4202 及站内停电						
模拟	√	顺序	指令项	操　作　项　目		时间
		160		检查西电容器 4224 手车开关间隔带电显示装置各相不发光确无电压		
		161		在西电容器 4224 出口电缆侧三相验电确无电压		
		162		合上西电容器 4224 接地刀闸		
		163		检查西电容器 4224 接地刀闸在合位		
		164		检查东电容器 4222 手车开关间隔带电显示装置各相不发光确无电压		
		165		在东电容器 4222 出口电缆侧三相验电确无电压		
		166		合上东电容器 4222 接地刀闸		
		167		检查东电容器 4222 接地刀闸在合位		
		168		检查怡园线 4221 手车开关间隔带电显示装置各相不发光确无电压		
		169		在怡园线 4221 出口电缆侧三相验电确无电压		
		170		合上怡园线 4221 接地刀闸		
		171		检查怡园线 4221 接地刀闸在合位		
		172		检查盼盼线 4220 手车开关间隔带电显示装置各相不发光确无电压		
		173		在盼盼线 4220 出口电缆侧三相验电确无电压		
		174		合上盼盼线 4220 接地刀闸		
		175		检查盼盼线 4220 接地刀闸在合位		
		176		检查东站内变 4212 手车开关间隔带电显示装置各相不发光确无电压		
		177		在东站内变 4212 出口电缆侧三相验电确无电压		
		178		合上东站内变 4212 接地刀闸		
		179		检查东站内变 4212 接地刀闸在合位		
备注:						
操作人:　　监护人:　　值班负责人:　　站长(运行专工):						

续表

变电站(发电厂)倒闸操作票

单位:光华66kV变电站　　调度指令号:　　编号:GH 13

发令人:	受令人:	发令时间:
操作开始时间:		操作结束时间:
(√)监护下操作	( )单人操作	( )检修人员操作
操作任务:66kV 范光甲线4201、范光乙线4202及站内停电		

模拟	√	顺序	指令项	操作项目	时间
		180		在东站内变4212二次出口电缆侧三相验电确无电压	
		181		在东站内变4212二次出口电缆侧三相装设#　接地线	
		182		在西站内变4234二次出口电缆侧三相验电确无电压	
		183		在西站内变4234二次出口电缆侧三相装设#　接地线	
		184		拉开一号主变保护屏非电量直流开关	
		185		拉开一号主变保护屏高压侧操作直流开关	
		186		拉开一号主变保护屏低压侧操作直流开关	
		187		拉开一号主变保护屏档位直流开关	
		188		拉开一号主变保护屏主保护直流开关	
		189		拉开一号主变保护屏高后备直流开关	
		190		拉开一号主变保护屏低后备直流开关	
		191		拉开一号主变保护屏高压侧电压开关	
		192		拉开一号主变保护屏低压侧电压开关	
		193		拉开二号主变保护屏高压侧操作直流开关	
		194		拉开二号主变保护屏低压侧操作直流开关	
		195		拉开二号主变保护屏档位直流开关	
		196		拉开二号主变保护屏主保护直流开关	
		197		拉开二号主变保护屏高后备直流开关	
		198		拉开二号主变保护屏低后备直流开关	
		199		拉开二号主变保护屏高压侧电压开关	

备注:

操作人:　　监护人:　　值班负责人:　　站长(运行专工):

续表

变电站(发电厂)倒闸操作票

单位:光华 66kV 变电站　　调度指令号:　　编号:GH 13

发令人:				受令人:	发令时间:
操作开始时间:					操作结束时间:
(√)监护下操作				( )单人操作	( )检修人员操作
操作任务:66kV 范光甲线 4201、范光乙线 4202 及站内停电					
模拟	√	顺序	指令项	操　作　项　目	时间
		200		拉开二号主变保护屏低压侧电压开关	
		201		拉开备自投保护屏东母电压 31ZKK1 开关	
		202		拉开备自投保护屏西母电压 31ZKK2 开关	
		203		拉开备自投保护屏备自投直流 31DK 开关	
		204		拉开备自投保护屏母联测量电压 11ZKK 开关	
		205		拉开备自投保护屏母联直流 11DK 开关	
		206		拉开盼盼线保护屏盼盼线操作直流开关	
		207		拉开盼盼线保护屏盼盼线信号直流开关	
		208		拉开怡园线保护屏怡园线操作直流开关	
		209		拉开怡园线保护屏怡园线信号直流开关	
		210		拉开东电容器保护屏东电容器操作直流开关	
		211		拉开东电容器保护屏东电容器信号直流开关	
		212		拉开东站内变保护屏东站内变操作直流开关	
		213		拉开东站内变保护屏东站内变信号直流开关	
		214		拉开白庙线保护屏白庙线操作直流开关	
		215		拉开白庙线保护屏白庙线信号直流开关	
		216		拉开光太线保护屏光太线操作直流开关	
		217		拉开光太线保护屏光太线信号直流开关	
		218		拉开怡通线保护屏怡通线操作直流开关	
		219		拉开怡通线保护屏怡通线信号直流开关	
备注:					
操作人:　　监护人:　　值班负责人:　　站长(运行专工):					

续表

变电站(发电厂)倒闸操作票

单位:光华66kV变电站　　调度指令号:　　编号:GH 13

发令人:				受令人:	发令时间:
操作开始时间:					操作结束时间:
(√)监护下操作				( )单人操作	( )检修人员操作
操作任务:66kV范光甲线4201、范光乙线4202及站内停电					

模拟	√	顺序	指令项	操作项目	时间
		220		拉开南开线保护屏南开线操作直流开关	
		221		拉开南开线保护屏南开线信号直流开关	
		222		拉开西母电容器保护屏西母电容器操作直流开关	
		223		拉开西母电容器保护屏西母电容器信号直流开关	
备注:					
操作人:		监护人:		值班负责人:	站长(运行专工):

(14)66kV 范光甲线 4201、范光乙线 4202 及站内恢复送电操作票见表 1－14。

表 1－14　66kV 范光甲线 4201、范光乙线 4202 及站内恢复送电操作票

变电站(发电厂)倒闸操作票

单位:光华 66kV 变电站　　　　调度指令号:　　　　　　　　　　　　编号:GH 14

发令人:				受令人:	发令时间:
操作开始时间:					操作结束时间:
(√)监护下操作　　　　( )单人操作　　　　( )检修人员操作					
操作任务:66kV 范光甲线 4201、范光乙线 4202 及站内恢复送电					
模拟	√	顺序	指令项	操　作　项　目	时间
		1		合上盼盼线保护屏盼盼线信号直流开关	
		2		合上盼盼线保护屏盼盼线操作直流开关	
		3		合上怡园线保护屏怡园线信号直流开关	
		4		合上怡园线保护屏怡园线操作直流开关	
		5		合上东电容器保护屏东电容器信号直流开关	
		6		合上东电容器保护屏东电容器操作直流开关	
		7		合上东站内变保护屏东站内变信号直流开关	
		8		合上东站内变保护屏东站内变操作直流开关	
		9		合上白庙线保护屏白庙线信号直流开关	
		10		合上白庙线保护屏白庙线操作直流开关	
		11		合上光太线保护屏光太线信号直流开关	
		12		合上光太线保护屏光太线操作直流开关	
		13		合上怡通线保护屏怡通线信号直流开关	
		14		合上怡通线保护屏怡通线操作直流开关	
		15		合上南开线保护屏南开线信号直流开关	
		16		合上南开线保护屏南开线操作直流开关	
		17		合上西母电容器保护屏西母电容器信号直流开关	
		18		合上西母电容器保护屏西母电容器操作直流开关	
		19		合上一号主变保护屏非电量直流开关	
备注:					
操作人:　　　　监护人:　　　　值班负责人:　　　　站长(运行专工):					

续表

变电站(发电厂)倒闸操作票

单位:光华 66kV 变电站　　调度指令号:　　编号:GH 14

发令人:	受令人:	发令时间:
操作开始时间:		操作结束时间:
(√)监护下操作	(　)单人操作	(　)检修人员操作
操作任务:66kV 范光甲线 4201、范光乙线 4202 及站内恢复送电		

模拟	√	顺序	指令项	操作项目	时间
		20		合上一号主变操作保护屏高压侧操作直流开关	
		21		合上一号主变操作保护屏低压侧操作直流开关	
		22		合上一号主变保护屏档位直流开关	
		23		合上一号主变保护屏主保护直流开关	
		24		合上一号主变保护屏高后备直流开关	
		25		合上一号主变保护屏低后备直流开关	
		26		合上一号主变保护屏高压侧电压开关	
		27		合上一号主变保护屏低压侧电压开关	
		28		合上二号主变操作保护屏高压侧操作直流开关	
		29		合上二号主变操作保护屏低压侧操作直流开关	
		30		合上二号主变保护屏档位直流开关	
		31		合上二号主变保护屏主保护直流开关	
		32		合上二号主变保护屏高后备直流开关	
		33		合上二号主变保护屏低后备直流开关	
		34		合上二号主变保护屏高压侧电压开关	
		35		合上二号主变保护屏低压侧电压开关	
		36		合上备自投保护屏东母电压 31ZKK1 开关	
		37		合上备自投保护屏西母电压 31ZKK2 开关	
		38		合上备自投保护屏备自投直流 31DK 开关	
		39		合上备自投保护屏母联测量电压 11ZKK 开关	
备注:					
操作人:		监护人:		值班负责人:　　站长(运行专工):	

续表

变电站(发电厂)倒闸操作票

单位:光华 66kV 变电站　　调度指令号:　　编号:GH 14

发令人:				受令人:	发令时间:
操作开始时间:					操作结束时间:
(√)监护下操作				( )单人操作	( )检修人员操作
操作任务:66kV 范光甲线 4201、范光乙线 4202 及站内恢复送电					
模拟	√	顺序	指令项	操 作 项 目	时间
		40		合上备自投保护屏母联直流 11DK 开关	
		41		拆除东站内变 4212 二次出口电缆侧# 接地线	
		42		检查东站内变 4212 二次出口电缆侧# 接地线确已拆除	
		43		拆除西站内变 4234 二次出口电缆侧# 接地线	
		44		检查西站内变 4234 二次出口电缆侧# 接地线确已拆除	
		45		拆除一号主变二次主 4214 电流互感器至一号主变二次套管间# 接地线	
		46		检查一号主变二次主 4214 电流互感器至一号主变二次套管间# 确已拆除	
		47		拆除二号主变二次主 4232 电流互感器至二号主变二次套管间# 接地线	
		48		检查二号主变二次主 4232 电流互感器至二号主变二次套管间# 接地线确已拆除	
		49		拉开西站内变 4234 接地刀闸	
		50		检查西站内变 4234 接地刀闸在开位	
		51		拉开南开线 4228 接地刀闸	
		52		检查南开线 4228 接地刀闸在开位	
		53		拉开怡通线 4227 接地刀闸	
		54		检查怡通线 4227 接地刀闸在开位	
		55		拉开光太线 4226 接地刀闸	
		56		检查光太线 4226 接地刀闸在开位	
		57		拉开白庙线 4225 接地刀闸	
		58		检查白庙线 4225 接地刀闸在开位	
备注:					
操作人:		监护人:		值班负责人:	站长(运行专工):

续表

变电站(发电厂)倒闸操作票

单位:光华66kV变电站　　调度指令号:　　编号:GH 14

发令人:		受令人:	发令时间:
操作开始时间:			操作结束时间:
(√)监护下操作		( )单人操作	( )检修人员操作
操作任务:66kV范光甲线4201、范光乙线4202及站内恢复送电			

模拟	√	顺序	指令项	操 作 项 目	时间
		59		拉开西电容器4224接地刀闸	
		60		检查西电容器4224接地刀闸在开位	
		61		拉开东电容器4222接地刀闸	
		62		检查东电容器4222接地刀闸在开位	
		63		拉开怡园线4221接地刀闸	
		64		检查怡园线4221接地刀闸在开位	
		65		拉开盼盼线4220接地刀闸	
		66		检查盼盼线4220接地刀闸在开位	
		67		拉开东站内变4212接地刀闸	
		68		检查东站内变4212接地刀闸在开位	
		69		拉开一号主变4214接地刀闸	
		70		检查一号主变4214接地刀闸电气指示在开位	
		71		检查一号主变4214接地刀闸机械指示在开位	
		72		拉开二号主变4232接地刀闸	
		73		检查二号主变4232接地刀闸电气指示在开位	
		74		检查二号主变4232接地刀闸机械指示在开位	
		75		拉开范光甲线4201线路接地刀闸	
		76		检查范光甲线4201线路接地刀闸电气指示在开位	
		77		检查范光甲线4201线路接地刀闸机械指示在开位	
		78		拉开范光乙线4202线路接地刀闸	
备注:					
操作人:		监护人:		值班负责人:　　站长(运行专工):	

续表

变电站(发电厂)倒闸操作票

单位:光华 66kV 变电站　　调度指令号:　　编号:GH 14

发令人:				受令人:	发令时间:
操作开始时间:					操作结束时间:
(√)监护下操作				( )单人操作	( )检修人员操作
操作任务:66kV 范光甲线 4201、范光乙线 4202 及站内恢复送电					

模拟	√	顺序	指令项	操　作　项　目	时间
		79		检查范光乙线 4202 线路接地刀闸电气指示在开位	
		80		检查范光乙线 4202 线路接地刀闸电气指示在开位	
		81		检查西母电压互感器 4235 手车在试验位置	
		82		推入西母电压互感器 4235 手车至运行位置	
		83		检查西母电压互感器 4235 手车在运行位置	
		84		合上西母电压互感器 4235 二次开关	
		85		检查西站内变 4234 手车开关在试验位置	
		86		检查西站内变 4234 手车开关电气指示在开位	
		87		检查西站内变 4234 手车开关机械指示在开位	
		88		装上西站内变 4234 手车开关二次插件	
		89		推入西站内变 4234 手车开关至运行位置	
		90		检查西站内变 4234 手车开关在运行位置	
		91		检查二号主变二次主 4232 手车开关在试验位置	
		92		检查二号主变二次主 4232 手车开关电气指示在开位	
		93		检查二号主变二次主 4232 手车开关机械指示在开位	
		94		装上二号主变二次主 4232 手车开关二次插件	
		95		推入二号主变二次主 4232 手车开关至运行位置	
		96		检查二号主变二次主 4232 手车开关在运行位置	
		97		检查南开线 4228 手车开关在试验位置	
		98		检查南开线 4228 手车开关电气指示在开位	
备注:					
操作人:　　监护人:　　值班负责人:　　站长(运行专工):					

续表

变电站(发电厂)倒闸操作票

单位:光华66kV变电站　　调度指令号:　　编号:GH 14

发令人:				受令人:	发令时间:
操作开始时间:					操作结束时间:
(√)监护下操作				( )单人操作	( )检修人员操作
操作任务:66kV范光甲线4201、范光乙线4202及站内恢复送电					
模拟	√	顺序	指令项	操作项目	时间
		99		检查南开线4228手车开关机械指示在开位	
		100		装上南开线4228手车开关二次插件	
		101		推入南开线4228手车开关至运行位置	
		102		检查南开线4228手车开关在运行位置	
		103		检查怡通线4227手车开关在试验位置	
		104		检查怡通线4227手车开关电气指示在开位	
		105		检查怡通线4227手车开关机械指示在开位	
		106		装上怡通线4227手车开关二次插件	
		107		推入怡通线4227手车开关至运行位置	
		108		检查怡通线4227手车开关在运行位置	
		109		检查光太线4226手车开关在试验位置	
		110		检查光太线4226手车开关电气指示在开位	
		111		检查光太线4226手车开关机械指示在开位	
		112		装上光太线4226手车开关二次插件	
		113		推入光太线4226手车开关至运行位置	
		114		检查光太线4226手车开关在运行位置	
		115		检查白庙线4225手车开关在试验位置	
		116		检查白庙线4225手车开关电气指示在开位	
		117		检查白庙线4225手车开关机械指示在开位	
		118		装上白庙线4225手车开关二次插件	
备注:					
操作人:		监护人:		值班负责人:	站长(运行专工):

续表

变电站(发电厂)倒闸操作票

单位:光华 66kV 变电站　　调度指令号:　　编号:GH 14

发令人:				受令人:	发令时间:
操作开始时间:					操作结束时间:
(√)监护下操作　　( )单人操作　　( )检修人员操作					
操作任务:66kV 范光甲线 4201、范光乙线 4202 及站内恢复送电					

模拟	√	顺序	指令项	操　作　项　目	时间
		119		推入白庙线 4225 手车开关至运行位置	
		120		检查白庙线 4225 手车开关在运行位置	
		121		检查西电容器 4224 手车开关在试验位置	
		122		检查西电容器 4224 手车开关电气指示在开位	
		123		检查西电容器 4224 手车开关机械指示在开位	
		124		装上西电容器 4224 手车开关二次插件	
		125		推入西电容器 4224 手车开关至运行位置	
		126		检查西电容器 4224 手车开关在运行位置	
		127		检查分段隔离 4223 手车在试验位置	
		128		装上分段隔离 4223 手车二次插件	
		129		推入分段隔离 4223 手车至运行位置	
		130		检查分段隔离 4223 手车在运行位置	
		131		检查母联 4223 手车开关在试验位置	
		132		检查母联 4223 手车开关电气指示在开位	
		133		检查母联 4223 手车开关机械指示在开位	
		134		装上母联 4223 手车开关二次插件	
		135		推入母联 4223 手车开关至运行位置	
		136		检查母联 4223 手车开关在运行位置	
		137		检查东电容器 4222 手车开关在试验位置	
		138		检查东电容器 4222 手车开关电气指示在开位	
备注:					
操作人:　　监护人:　　值班负责人:　　站长(运行专工):					

续表

变电站(发电厂)倒闸操作票

单位:光华66kV变电站　　调度指令号:　　编号:GH 14

发令人:				受令人:	发令时间:
操作开始时间:					操作结束时间:
(√)监护下操作　( )单人操作　( )检修人员操作					
操作任务:66kV范光甲线4201、范光乙线4202及站内恢复送电					

模拟	√	顺序	指令项	操作项目	时间
		139		检查东电容器4222手车开关机械指示在开位	
		140		装上东电容器4222手车开关二次插件	
		141		推入东电容器4222手车开关至运行位置	
		142		检查东电容器4222手车开关在运行位置	
		143		检查怡园线4221手车开关在试验位置	
		144		检查怡园线4221手车开关电气指示在开位	
		145		检查怡园线4221手车开关机械指示在开位	
		146		装上怡园线4221手车开关二次插件	
		147		推入怡园线4221手车开关至运行位置	
		148		检查怡园线4221手车开关在运行位置	
		149		检查盼盼线4220手车开关在试验位置	
		150		检查盼盼线4220手车开关电气指示在开位	
		151		检查盼盼线4220手车开关机械指示在开位	
		152		装上盼盼线4220手车开关二次插件	
		153		推入盼盼线4220手车开关至运行位置	
		154		检查盼盼线4220手车开关在运行位置	
		155		检查一号主变二次主4214手车开关至试验位置	
		156		检查一号主变二次主4214手车开关电气指示在开位	
		157		检查一号主变二次主4214手车开关机械指示在开位	
		158		装上一号主变二次主4214手车开关二次插件	
备注:					
操作人:　监护人:　值班负责人:　站长(运行专工):					

续表

变电站(发电厂)倒闸操作票

单位:光华 66kV 变电站　　　　调度指令号:　　　　编号:GH 14

发令人:			受令人:	发令时间:	
操作开始时间:				操作结束时间:	
(√)监护下操作			( )单人操作	( )检修人员操作	
操作任务:66kV 范光甲线 4201、范光乙线 4202 及站内恢复送电					
模拟	√	顺序	指令项	操　作　项　目	时间
		159		推入一号主变二次主 4214 手车开关至运行位置	
		160		检查一号主变二次主 4214 手车开关在运行位置	
		161		检查东站内变 4212 手车开关在试验位置	
		162		检查东站内变 4212 手车开关电气指示在开位	
		163		检查东站内变 4212 手车开关机械指示在开位	
		164		装上东站内变 4212 手车开关二次插件	
		165		推入东站内变 4212 手车开关至运行位置	
		166		检查东站内变 4212 手车开关在运行位置	
		167		检查东母电压互感器 4211 手车在试验位置	
		168		推入东母电压互感器 4211 手车至运行位置	
		169		检查东母电压互感器 4211 手车在运行位置	
		170		合上东母电压互感器 4211 二次开关	
		171		检查范光甲线 4201 开关电气指示在开位	
		172		检查范光甲线 4201 开关机械指示在开位	
		173		合上范光甲线 4201 线路刀闸	
		174		检查范光甲线 4201 线路刀闸电气指示在合位	
		175		检查范光甲线 4201 线路刀闸机械指示在合位	
		176		检查范光乙线 4202 开关电气指示在开位	
		177		检查范光乙线 4202 开关机械指示在开位	
		178		合上范光乙线 4202 线路刀闸	
备注:					
操作人:		监护人:		值班负责人:　　站长(运行专工):	

续表

变电站(发电厂)倒闸操作票

单位:光华66kV变电站　　调度指令号:　　编号:GH 14

发令人:			受令人:		发令时间:	
操作开始时间:					操作结束时间:	
(√)监护下操作			( )单人操作		( )检修人员操作	
操作任务:66kV范光甲线4201、范光乙线4202及站内恢复送电						
模拟	√	顺序	指令项	操　作　项　目		时间
		179		检查范光乙线4202线路刀闸电气指示在合位		
		180		检查范光乙线4202线路刀闸机械指示在合位		
		181		合上范光甲线4201开关一号主变送电		
		182		检查范光甲线4201开关电流正确(　)A		
		183		检查范光甲线4201开关电气指示在合位		
		184		检查范光甲线4201开关机械指示在合位		
		185		合上一号主变二次主4214手车开关与二号主变二次主并列		
		186		检查一号主变二次主4214手车开关电流正确(　)A		
		187		检查一号主变二次主4214手车开关电气指示在合位		
		188		检查一号主变二次主4214手车开关机械指示在合位		
		189		合上母联4223手车开关东西母并列		
		190		检查母联4223手车开关电流正确(　)A		
		191		检查母联4223手车开关电气指示在合位		
		192		检查母联4223手车开关机械指示在合位		
		193		合上西站内变4234手车开关送电		
		194		检查西站内变4234手车开关电流正确(　)A		
		195		检查西站内变4234手车开关电气指示在合位		
		196		检查西站内变4234手车开关机械指示在合位		
		197		合上东站内变4212手车开关送电		
		198		检查东站内变4212手车开关电流正确(　)A		
备注:						
操作人:　　监护人:　　值班负责人:　　站长(运行专工):						

续表

变电站(发电厂)倒闸操作票

单位:光华 66kV 变电站　　调度指令号:　　编号:GH 14

发令人:				受令人:	发令时间:
操作开始时间:					操作结束时间:
(√)监护下操作				( )单人操作	( )检修人员操作
操作任务:66kV 范光甲线 4201、范光乙线 4202 及站内恢复送电					
模拟	√	顺序	指令项	操　作　项　目	时间
		199		检查东站内变 4212 手车开关电气指示在合位	
		200		检查东站内变 4212 手车开关机械指示在合位	
		201		合上交流屏东站内变 4212 二次开关	
		202		合上交流屏西站内变 4234 二次开关	
		203		合上南开线 4228 手车开关送电	
		204		检查南开线 4228 手车开关电流正确(　)A	
		205		检查南开线 4228 手车开关电气指示在合位	
		206		检查南开线 4228 手车开关机械指示在合位	
		207		合上怡通线 4227 手车开关送电	
		208		检查怡通线 4227 手车开关电流正确(　)A	
		209		检查怡通线 4227 手车开关电气指示在合位	
		210		检查怡通线 4227 手车开关机械指示在合位	
		211		合上光太线 4226 手车开关送电	
		212		检查光太线 4226 手车开关电流正确(　)A	
		213		检查光太线 4226 手车开关电气指示在合位	
		214		检查光太线 4226 手车开关机械指示在合位	
		215		合上白庙线 4225 手车开关送电	
		216		检查白庙线 4225 手车开关电流正确(　)A	
		217		检查白庙线 4225 手车开关电气指示在合位	
		218		检查白庙线 4225 手车开关机械指示在合位	
备注:					
操作人:		监护人:		值班负责人:	站长(运行专工):

续表

变电站(发电厂)倒闸操作票

单位:光华 66kV 变电站　　调度指令号:　　编号:GH 14

发令人:			受令人:		发令时间:
操作开始时间:					操作结束时间:
(√)监护下操作			( )单人操作		( )检修人员操作
操作任务:66kV 范光甲线 4201、范光乙线 4202 及站内恢复送电					

模拟	√	顺序	指令项	操 作 项 目	时间
		219		合上怡园线 4221 手车开关送电	
		220		检查怡园线 4221 手车开关电流正确( )A	
		221		检查怡园线 4221 手车开关电气指示在合位	
		222		检查怡园线 4221 手车开关机械指示在合位	
		223		合上盼盼线 4220 手车开关送电	
		224		检查盼盼线 4220 手车开关电流正确( )A	
		225		检查盼盼线 4220 手车开关电气指示在合位	
		226		检查盼盼线 4220 手车开关机械指示在合位	
		227		合上东电容器 4222 手车开关	
		228		检查东电容器 4222 手车开关电流正确( )A	
		229		检查东电容器 4222 手车开关电气指示在合位	
		230		检查东电容器 4222 手车开关机械指示在合位	
		231		合上西电容器 4224 手车开关	
		232		检查西电容器 4224 手车开关电流正确( )A	
		233		检查西电容器 4224 手车开关电气指示在合位	
		234		检查西电容器 4224 手车开关机械指示在合位	
		235		投入备自投保护屏合二号主变高压侧 31LP3 压板	
		236		投入备自投保护屏合二号主变低压侧 31LP4 压板	
		237		投入备自投保护屏跳一号主变低压侧 31LP6 压板	
		238		投入备自投保护屏跳一号主变高压侧 31LP9 压板	
备注:					
操作人:　　监护人:　　值班负责人:　　站长(运行专工):					

续表

变电站(发电厂)倒闸操作票

单位:光华 66kV 变电站　　　　调度指令号:　　　　　　　　　　编号:GH 14

发令人:				受令人:	发令时间:
操作开始时间:					操作结束时间:
(√)监护下操作　　( )单人操作　　( )检修人员操作					
操作任务:66kV 范光甲线 4201、范光乙线 4202 及站内恢复送电					
模拟	√	顺序	指令项	操　作　项　目	时间
		239		投入备自投保护屏跳东电容器 31LP13 压板	
		240		投入备自投保护屏跳西母电容器 31LP16 压板	
		241		投入备自投保护屏过流功能总压板 31YLP2 压板	
		242		投入备自投保护屏备自投总投入 31YLP4 压板	
备注:					
操作人:　　监护人:　　值班负责人:　　站长(运行专工):					

(15)10kV 母联 4223 备自投装置退出操作票见表 1－15。

表 1－15　10kV 母联 4223 备自投装置退出操作票

变电站(发电厂)倒闸操作票

单位:光华 66kV 变电站　　调度指令号:　　编号:GH 15

发令人:				受令人:	发令时间:
操作开始时间:					操作结束时间:
(√)监护下操作				( )单人操作	( )检修人员操作
操作任务:10kV 母联 4223 备自投装置退出					
模拟	√	顺序	指令项	操　作　项　目	时间
		1		退出备自投保护屏合 10kV 母联 31LP5 压板	
		2		退出备自投保护屏跳一号主变低压侧 31LP6 压板	
		3		退出备自投保护屏跳二号主变低压侧 31LP10 压板	
		4		退出备自投保护屏跳 10kV 母联 31LP12 压板	
		5		退出备自投保护屏跳Ⅰ母电容器 31LP13 压板	
		6		退出备自投保护屏跳Ⅱ母电容器 31LP16 压板	
		7		退出备自投保护屏过流功能总压板 31YLP2 压板	
		8		退出备自投保护屏备自投总投入 31YLP4 压板	
备注:					
操作人:　　监护人:　　值班负责人:　　站长(运行专工):					

(16)10kV 母联 4223 备自投装置投入操作票见表 1－16。

表 1－16 10kV 母联 4223 备自投装置投入操作票

变电站(发电厂)倒闸操作票

单位:光华 66kV 变电站　　调度指令号:　　编号:GH 16

发令人:				受令人:	发令时间:
操作开始时间:					操作结束时间:
(√)监护下操作　( )单人操作　( )检修人员操作					
操作任务:10kV 母联 4223 备自投装置投入					
模拟	√	顺序	指令项	操作项目	时间
		1		投入备自投保护屏合 10kV 母联 31LP5 压板	
		2		投入备自投保护屏跳一号主变低压侧 31LP6 压板	
		3		投入备自投保护屏跳二号主变低压侧 31LP10 压板	
		4		投入备自投保护屏跳 10kV 母联 31LP12 压板	
		5		投入备自投保护屏跳Ⅰ母电容器 31LP13 压板	
		6		投入备自投保护屏跳Ⅱ母电容器 31LP16 压板	
		7		投入备自投保护屏过流功能总压板 31YLP2 压板	
		8		投入备自投保护屏备自投总投入 31YLP4 压板	
备注:					
操作人:　监护人:　值班负责人:　站长(运行专工):					

(17)66kV 消弧线圈调整分接头由 5 位置切换至 6 位置操作票见表 1－17。

表 1－17　66kV 消弧线圈调整分接头由 5 位置切换至 6 位置操作票

变电站(发电厂)倒闸操作票

单位:光华 66kV 变电站　　　调度指令号:　　　　　　编号:GH 17

发令人:				受令人:	发令时间:
操作开始时间:					操作结束时间:
(√)监护下操作				( )单人操作	( )检修人员操作
操作任务:66kV 消弧线圈调整分接头由 5 位置切换至 6 位置					

模拟	√	顺序	指令项	操 作 项 目	时间
		1		(联系调度)检查 66kV 系统无接地	
		2		拉开消弧线圈 01 东刀闸	
		3		检查消弧线圈 01 东刀闸在开位	
		4		将消弧线圈分接头由 5 位置切换至 6 位置	
		5		检查消弧线圈分接头在 6 位置	
		6		合上消弧线圈 01 东刀闸	
		7		检查消弧线圈 01 东刀闸在合位	
备注:					
操作人:　　监护人:　　值班负责人:　　站长(运行专工):					

2 220kV变电站倒闸操作

2.1 柳树220kV变电站设备和保护配置

柳树220kV变电站主接线如图2－1所示。

2.1.1 主要设备参数

220kV变压器：型号SFPZ9－180000/220，联结组别Y_Nd11，冷却方式ODAF，容量180 000kVA，额定电压(220±8×1.5%)/69kV，额定电流472.4/1 506.1A。

220kV断路器：LW10B－252/3150－40型六氟化硫断路器，额定电压252kV，额定电流3 150A。

220kV隔离开关：GW17－252型水平断口隔离开关，额定电压252kV，额定电流3 150A。

220kV电压互感器：WVB 3220－10H型电压互感器，一次、二次额定电压变比$\frac{220}{\sqrt{3}}\Big/\frac{0.1}{\sqrt{3}}\Big/\frac{0.1}{\sqrt{3}}\Big/0.1$kV，额定负载/准确等级，150VA/0.2级150VA/0.2级100VA/3级。

66kV断路器：LW9－72.5/2500－31.5高压六氟化硫断路器，额定电压72.5kV，额定电流2 500A，额定短路开断电流31.5kA。

66kV隔离开关：GW5G－66W户外高压隔离开关，额定电压66kV。

2.1.2 运行方式

220kV系统为双母线带侧路接线方式，220kVⅠ、Ⅱ母线并联运行，母联开关在合位。

220kVⅠ母线元件：营柳线，诚柳线，渤柳#3线，一号主变一次主开关，三号主变一次主开关。

220kVⅡ母线元件：柳滨线，渤柳#2线，二号主变一次主开关，四号主变一次主开关。

二、三号主变中性点直接接地。

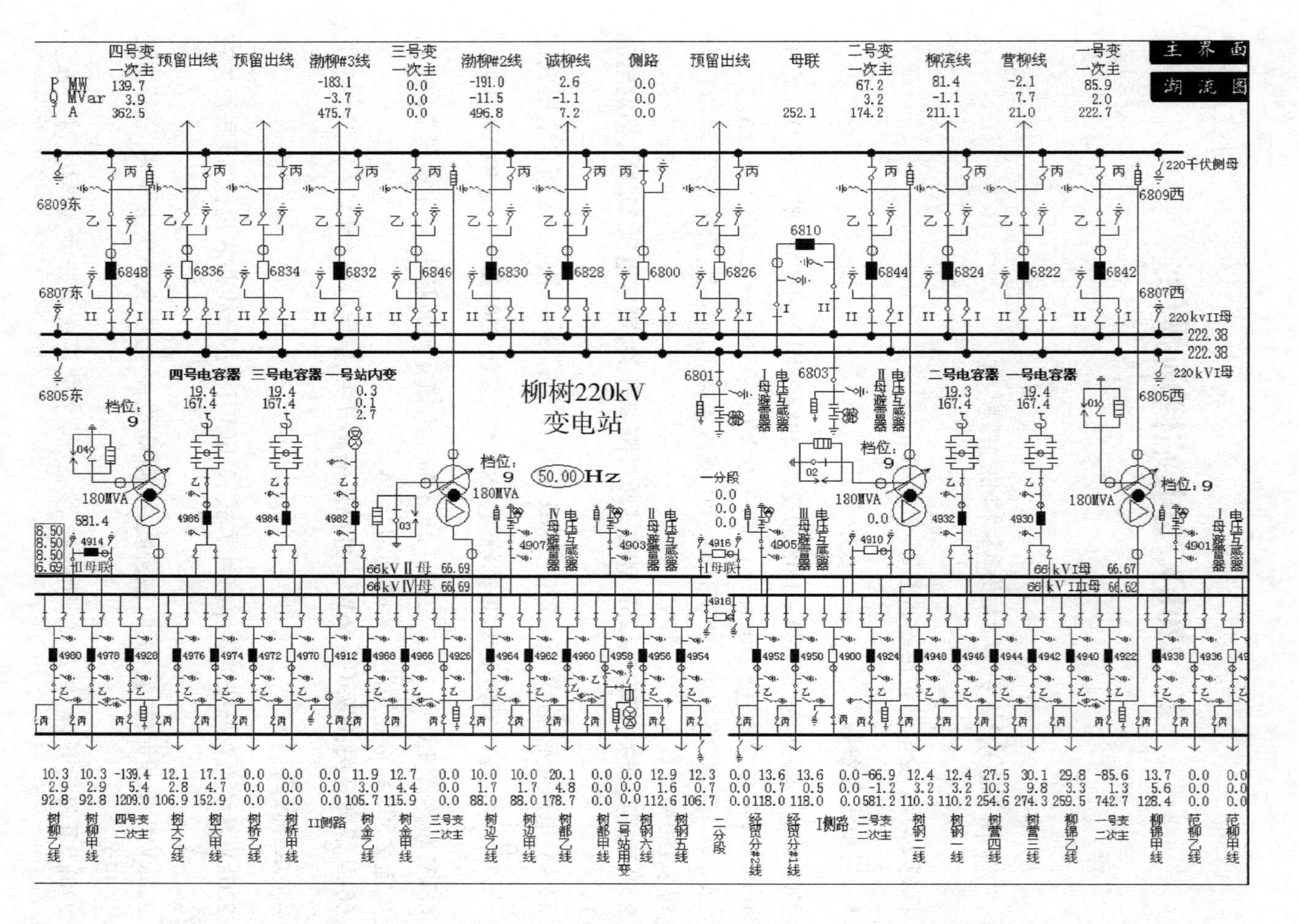

图2-1　柳树220kV变电站主接线图

66kV 系统为双母线双分段带双侧路接线方式，一号主变带 66kV Ⅰ母线运行，二号主变带 66kVⅢ母线运行，三号主变为备用变压器，四号主变带 66kVⅡ、Ⅳ母线运行，66kVⅡ母联开关在合位。66kVⅠ母联开关在开位，66kVⅠ、Ⅱ分段开关在开位。

66kVⅠ母线元件：一号主变二次主，一号电容器，经贸分#2 线，树钢一线，树营三线，树锦乙线，范柳甲线（热备用）。

66kVⅡ母线元件：三号主变二次主，三号电容器，一号站内变，树天乙线，树桥乙线，树金乙线，树边甲线，树都乙线，树钢六线。

66kVⅢ母线元件：二号主变二次主，二号电容器，经贸分#1 线，树钢二线，树营四线，树锦甲线，范柳乙线（热备用）。

66kVⅣ母线元件：四号主变二次主，四号电容器，树柳乙线，树柳甲线，树天甲线，树桥甲线，树金甲线，树边乙线，树都甲线（热备用），树钢五线。

一号站内变带站内全部低压交流，二号站内变接于树都甲线线路侧。

2.1.3 继电保护及安全自动装置配置

（1）220kV 线路保护配置。双套纵联差动保护、距离保护、零序保护、重合闸。

（2）220kV 母线保护配置。双套母差保护及失灵保护，母联断路器配充电保护、失灵保护、三相不一致保护。

（3）220kV 主变保护配置。主保护：差动保护、本体重瓦斯保护和有载调压重瓦斯保护。后备保护：高压侧复合电压过流保护、低压侧复合电压过流保护、零序过流保护、间隙保护、过负荷保护等。

（4）66kV 线路保护配置。三段距离保护、三段电流保护、重合闸。

（5）66kV 母线保护配置。母差保护。

（6）备自投配置情况：I、III 母联备自投，三、四号主变备自投投入运行。进线备自投未投入。

2.2 柳树220kV变电站典型操作票

(1)220kV营柳线停电,220kV侧母停止备用操作票见表2－1。

表2－1 220kV营柳线停电,220kV侧母停止备用操作票

变电站(发电厂)倒闸操作票

单位:柳树220kV变电站　　　　　　　　年　月　日　　　　　　　　编号:LS 01

发令时间		调度指令号:		发令人:	受令人:	
操作开始时间		年　月　日　时　分		操作结束时间	年　月　日　时　分	
操作任务	220kV营柳线停电,220kV侧母停止备用					
预演√	操作√	顺序	指令项	操　作　项　目	时	分
		1		拉开营柳线6822开关停电		
		2		检查营柳线6822开关电流为0A		
		3		检查营柳线6822开关电气指示在开位		
		4		检查营柳线6822开关机械指示在开位		
		5		合上营柳线6822端子箱刀闸操作总电源开关		
		6		检查营柳线6822丙刀闸在开位		
		7		检查营柳线6822乙刀闸瓷柱完好		
		8		拉开营柳线6822乙刀闸		
		9		检查营柳线6822乙刀闸在开位		
		10		检查营柳线6822Ⅱ母刀闸在开位		
		11		检查营柳线6822Ⅰ母刀闸瓷柱完好		
		12		拉开营柳线6822Ⅰ母刀闸		
		13		检查营柳线6822Ⅰ母刀闸在开位		
		14		检查营柳线6822第二套纵联保护屏Ⅰ母刀闸切换灯灭		
		15		检查220kV母差保护屏营柳线Ⅰ母刀闸切换灯灭		
		16		在营柳线6822Ⅱ母刀闸至开关间三相验电确无电压		
		17		合上营柳线6822Ⅱ母刀闸至开关间接地刀闸		
		18		检查营柳线6822Ⅱ母刀闸至开关间接地刀闸在合位		
备注:						
操作人:		监护人:		值班负责人:	站长(运行专工):	

续表

变电站(发电厂)倒闸操作票

单位:柳树 220kV 变电站　　　　年　　月　　日　　　　编号:LS 01

发令时间			调度指令号:		发令人:	受令人:	
操作开始时间	年　月　日　时　分			操作结束时间	年　月　日　时　分		
操作任务	220kV 营柳线停电,220kV 侧母停止备用						
预演√	操作√	顺序	指令项	操　作　项　目		时	分
		19		在营柳线 6822 乙刀闸线路侧三相验电确无电压			
		20		在营柳线 6822 乙刀闸线路侧装设#　接地线			
		21		检查 220kV 侧母所有丙刀闸均在开位			
		22		在 220kV 侧母 6809 西接地刀闸母线侧三相验电确无电压			
		23		合上 220kV 侧母 6809 西接地刀闸			
		24		检查 220kV 侧母 6809 西接地刀闸在合位			
		25		在 220kV 侧母 6809 东接地刀闸母线侧三相验电确无电压			
		26		合上 220kV 侧母 6809 东接地刀闸			
		27		检查 220kV 侧母 6809 东接地刀闸在合位			
		28		拉开营柳线 6822 端子箱刀闸操作总电源开关			
		29		拉开营柳线 6822 端子箱开关操作总电源开关			
		30		拉开营柳线 6822 端子箱在线监测电源开关			
		31		拉开营柳线 6822 第二套纵联保护屏操作 1 电源开关			
		32		拉开营柳线 6822 第二套纵联保护屏操作 2 电源开关			
		33		拉开营柳线 6822 第二套纵联保护屏保护电源开关			
		34		拉开营柳线 6822 第一套纵联保护屏保护电源开关			
		35		退出营柳线 6822 第二套纵联保护屏保护失灵启动压板			
		36		退出营柳线 6822 第二套纵联保护屏断路器失灵启动压板			
		37		退出营柳线 6822 第一套纵联保护屏启动本线失灵压板			
		38		退出营柳线 6822 第一套纵联保护屏纵联保护投入压板			
		39		退出营柳线 6822 第二套纵联保护屏纵联保护投入压板			
备注:							
操作人:		监护人:		值班负责人:	站长(运行专工):		

续表

变电站(发电厂)倒闸操作票

单位:柳树 220kV 变电站　　　　年　月　日　　　　编号:LS 01

发令时间		调度指令号:		发令人:		受令人:
操作开始时间	年　月　日　时　分		操作结束时间	年　月　日　时　分		
操作任务	220kV 营柳线停电,220kV 侧母停止备用					
预演√	操作√	顺序	指令项	操 作 项 目	时	分
		40		退出 220kV 母差保护屏营柳线跳闸出口 1 压板		
		41		退出 220kV 母差保护屏营柳线跳闸出口 2 压板		
备注:						
操作人:		监护人:		值班负责人:	站长(运行专工):	

(2)220kV 营柳线送电,220kV 侧母恢复备用操作票见表 2-2。

表 2-2 220kV 营柳线送电,220kV 侧母恢复备用操作票

变电站(发电厂)倒闸操作票

单位:柳树 220kV 变电站　　　　年　月　日　　　　编号:LS 02

发令时间			调度指令号:	发令人:		受令人:
操作开始时间		年 月 日 时 分		操作结束时间	年 月 日 时 分	
操作任务		220kV 营柳线送电,220kV 侧母恢复备用				
预演√	操作√	顺序	指令项	操 作 项 目	时	分
		1		合上营柳线 6822 第二套纵联保护屏操作 1 电源开关		
		2		合上营柳线 6822 第二套纵联保护屏操作 2 电源开关		
		3		合上营柳线 6822 第二套纵联保护屏保护电源开关		
		4		合上营柳线 6822 第一套纵联保护屏保护电源开关		
		5		投入柳线 6822 第二套纵联保护屏保护失灵启动压板		
		6		投入营柳线 6822 第二套纵联保护屏断路器失灵启动压板		
		7		投入营柳线 6822 第一套纵联保护屏启动本线失灵压板		
		8		投入 220kV 母差保护屏营柳线跳闸出口 1 压板		
		9		投入 220kV 母差保护屏营柳线跳闸出口 2 压板		
		10		拉开 220kV 侧母 6809 东接地刀闸		
		11		检查 220kV 侧母 6809 东接地刀闸在开位		
		12		拉开 220kV 侧母 6809 西接地刀闸		
		13		检查 220kV 侧母 6809 西接地刀闸在开位		
		14		拆除营柳线 6822 乙刀闸线路侧#　接地线		
		15		检查营柳线 6822 乙刀闸线路侧#　接地线确已拆除		
		16		拉开营柳线 6822 Ⅱ母刀闸至开关间接地刀闸		
		17		检查营柳线 6822 Ⅱ母刀闸至开关间接地刀闸在开位		
		18		合上营柳线 6822 端子箱开关操作总电源开关		
		19		合上营柳线 6822 端子箱在线监测电源开关		
		20		合上营柳线 6822 端子箱刀闸操作总电源开关		
备注:						
操作人:		监护人:		值班负责人:	站长(运行专工):	

续表

变电站(发电厂)倒闸操作票

单位:柳树 220kV 变电站　　　　年　　月　　日　　　　编号:LS 02

发令时间		调度指令号:		发令人:		受令人:	
操作开始时间	年　月　日　时　分		操作结束时间	年　月　日　时　分			
操作任务	220kV 营柳线送电,220kV 侧母恢复备用						

预演√	操作√	顺序	指令项	操　作　项　目	时	分
		21		检查营柳线 6822 开关电气指示在开位		
		22		检查营柳线 6822 开关机械指示在开位		
		23		检查营柳线 6822 Ⅱ母刀闸在开位		
		24		检查营柳线 6822 Ⅰ母刀闸瓷柱完好		
		25		合上营柳线 6822 Ⅰ母刀闸		
		26		检查营柳线 6822 Ⅰ母刀闸在合位		
		27		检查营柳线 6822 第二套纵联保护屏Ⅰ母刀闸切换灯亮		
		28		检查 220kV 母差保护屏营柳线Ⅰ母刀闸切换灯亮		
		29		检查营柳线 6822 丙刀闸在开位		
		30		检查营柳线 6822 乙刀闸瓷柱完好		
		31		合上营柳线 6822 乙刀闸		
		32		检查营柳线 6822 乙刀闸在合位		
		33		拉开营柳线 6822 端子箱刀闸操作总电源开关		
		34		合上营柳线 6822 开关送电		
		35		检查营柳线 6822 开关电流正确(　)A		
		36		检查营柳线 6822 开关电气指示在合位		
		37		检查营柳线 6822 开关机械指示在合位		
		38		检查营柳线 6822 第一套纵联保护屏保护装置通道无问题		
		39		投入营柳线 6822 第一套纵联保护屏纵联保护投入压板		
		40		交换营柳线 6822 第二套纵联保护屏保护信号无问题		
		41		投入营柳线 6822 第二套纵联保护屏纵联保护投入压板		

备注:

操作人:　　监护人:　　值班负责人:　　站长(运行专工):

(3)220kV 渤柳#2 线停电,220kV 侧母停止备用操作票见表 2-3。

表 2-3 220kV 渤柳#2 线停电,220kV 侧母停止备用操作票

变电站(发电厂)倒闸操作票

单位:柳树 220kV 变电站　　　　年　　月　　日　　　　编号:LS 03

发令时间		调度指令号:		发令人:		受令人:	
操作开始时间	年　月　日　时　分		操作结束时间	年　月　日　时　分			
操作任务	220kV 渤柳#2 线停电,220kV 侧母停止备用						

预演√	操作√	顺序	指令项	操 作 项 目	时	分
		1		拉开渤柳#2 线 6830 开关停电		
		2		检查渤柳#2 线 6830 开关电流为 0A		
		3		检查渤柳#2 线 6830 开关电气指示在开位		
		4		检查渤柳#2 线 6830 开关机械指示在开位		
		5		合上渤柳#2 线 6830 端子箱刀闸操作总电源开关		
		6		检查渤柳#2 线 6830 丙刀闸在开位		
		7		检查渤柳#2 线 6830 乙刀闸瓷柱完好		
		8		拉开渤柳#2 线 6830 乙刀闸		
		9		检查渤柳#2 线 6830 乙刀闸在开位		
		10		检查渤柳#2 线 6830 Ⅰ母刀闸在开位		
		11		检查渤柳#2 线 6830 Ⅱ母刀闸瓷柱完好		
		12		拉开渤柳#2 线 6830 Ⅱ母刀闸		
		13		检查渤柳#2 线 6830 Ⅱ母刀闸在开位		
		14		检查渤柳#2 线 6830 第二套纵联保护屏Ⅱ母刀闸切换灯灭		
		15		检查 220kV 母差保护屏渤柳#2 线Ⅱ母刀闸切换灯灭		
		16		在渤柳#2 线 6830 Ⅱ母刀闸至开关间三相验电确无电压		
		17		合上渤柳#2 线 6830 Ⅱ母刀闸至开关间接地刀闸		
		18		检查渤柳#2 线 6830 Ⅱ母刀闸至开关间接地刀闸在合位		
		19		在渤柳#2 线 6830 乙刀闸线路侧三相验电确无电压		
		20		在渤柳#2 线 6830 乙刀闸线路侧装设#　接地线		
备注:						
操作人:　　监护人:　　值班负责人:　　站长(运行专工):						

续表

变电站(发电厂)倒闸操作票

单位:柳树 220kV 变电站　　　　年　　月　　日　　　　编号:LS 03

发令时间		调度指令号:		发令人:		受令人:
操作开始时间	年　月　日　时　分		操作结束时间	年　月　日　时　分		
操作任务	220kV 渤柳#2 线停电,220kV 侧母停止备用					
预演√	操作√	顺序	指令项	操　作　项　目	时	分
		21		检查 220kV 侧母所有丙刀闸均在开位		
		22		在 220kV 侧母 6809 西接地刀闸母线侧三相验电确无电压		
		23		合上 220kV 侧母 6809 西接地刀闸		
		24		检查 220kV 侧母 6809 西接地刀闸在合位		
		25		在 220kV 侧母 6809 东接地刀闸母线侧三相验电确无电压		
		26		合上 220kV 侧母 6809 东接地刀闸		
		27		检查 220kV 侧母 6809 东接地刀闸在合位		
		28		拉开渤柳#2 线 6830 端子箱刀闸操作总电源开关		
		29		拉开渤柳#2 线 6830 端子箱开关操作总电源开关		
		30		拉开渤柳#2 线 6830 端子箱在线监测电源开关		
		31		拉开渤柳#2 线 6830 第二套纵联保护屏操作 1 电源开关		
		32		拉开渤柳#2 线 6830 第二套纵联保护屏操作 2 电源开关		
		33		拉开渤柳#2 线 6830 第二套纵联保护屏保护电源 1 开关		
		34		拉开渤柳#2 线 6830 第二套纵联保护屏保护电源 2 开关		
		35		拉开渤柳#2 线 6830 第一套纵联保护屏保护电源开关		
		36		退出渤柳#2 线 6830 第一套纵联保护屏启动线路失灵压板		
		37		退出渤柳#2 线 6830 第二套纵联保护屏失灵启动投入压板		
		38		退出渤柳#2 线 6830 第二套纵联保护屏启动失灵保护 1 压板		
		39		退出渤柳#2 线 6830 第一套纵联保护屏纵联保护投入压板		
		40		退出渤柳#2 线 6830 第二套纵联保护屏分相差动投入压板		
		41		退出渤柳#2 线 6830 第二套纵联保护屏差动总投入压板		
备注:						
操作人:		监护人:		值班负责人:　　站长(运行专工):		

续表

变电站(发电厂)倒闸操作票

单位：柳树 220kV 变电站　　　　年　　月　　日　　　　编号：LS 03

发令时间		调度指令号：		发令人：		受令人：	
操作开始时间	年　月　日　时　分			操作结束时间	年　月　日　时　分		
操作任务	220kV 渤柳#2 线停电，220kV 侧母停止备用						

预演√	操作√	顺序	指令项	操　作　项　目	时	分
		42		退出 220kV 母差保护屏渤柳#2 线跳闸出口 1 压板		
		43		退出 220kV 母差保护屏渤柳#2 线跳闸出口 2 压板		
备注：						
操作人：　　监护人：　　值班负责人：　　站长(运行专工)：						

(4)220kV 渤柳#2 线送电,220kV 侧母恢复备用操作票见表 2－4。

表 2－4　220kV 渤柳#2 线送电,220kV 侧母恢复备用操作票

变电站(发电厂)倒闸操作票

单位:柳树 220kV 变电站　　　　年　　月　　日　　　　编号:LS 04

发令时间		调度指令号:		发令人:		受令人:
操作开始时间	年　月　日　时　分			操作结束时间	年　月　日　时　分	
操作任务	220kV 渤柳#2 线送电,220kV 侧母恢复备用					
预演√	操作√	顺序	指令项	操　作　项　目	时	分
		1		合上渤柳#2 线 6830 第一套纵联保护屏保护电源开关		
		2		合上渤柳#2 线 6830 第二套纵联保护屏保护电源 1 开关		
		3		合上渤柳#2 线 6830 第二套纵联保护屏保护电源 2 开关		
		4		合上渤柳#2 线 6830 第二套纵联保护屏操作 1 电源开关		
		5		合上渤柳#2 线 6830 第二套纵联保护屏操作 2 电源开关		
		6		投入渤柳#2 线 6830 第一套纵联保护屏启动线路失灵压板		
		7		投入渤柳#2 线 6830 第二套纵联保护屏失灵启动投入压板		
		8		投入渤柳#2 线 6830 第二套纵联保护屏启动失灵保护 1 压板		
		9		投入 220kV 母差保护屏渤柳#2 线跳闸出口 1 压板		
		10		投入 220kV 母差保护屏渤柳#2 线跳闸出口 2 压板		
		11		拉开 220kV 侧母 6809 东接地刀闸		
		12		检查 220kV 侧母 6809 东接地刀闸在开位		
		13		拉开 220kV 侧母 6809 西接地刀闸		
		14		检查 220kV 侧母 6809 西接地刀闸在开位		
		15		拆除渤柳#2 线 6830 乙刀闸线路侧#　接地线		
		16		检查渤柳#2 线 6830 乙刀闸线路侧#　接地线确已拆除		
		17		拉开渤柳#2 线 6830 Ⅱ母刀闸至开关间接地刀闸		
		18		检查渤柳#2 线 6830 Ⅱ母刀闸至开关间接地刀闸在开位		
		19		合上渤柳#2 线 6830 端子箱开关操作总电源开关		
		20		合上渤柳#2 线 6830 端子箱在线监测电源开关		
备注:						
操作人:		监护人:		值班负责人:	站长(运行专工):	

续表

变电站(发电厂)倒闸操作票

单位:柳树 220kV 变电站　　　　年　月　日　　　　编号:LS 04

发令时间		调度指令号:		发令人:		受令人:	
操作开始时间	年 月 日 时 分		操作结束时间	年 月 日 时 分			
操作任务	220kV 渤柳#2 线送电,220kV 侧母恢复备用						

预演√	操作√	顺序	指令项	操 作 项 目	时	分
		21		合上渤柳#2 线 6830 端子箱刀闸操作总电源开关		
		22		检查渤柳#2 线 6830 Ⅰ母刀闸在开位		
		23		检查渤柳#2 线 6830 Ⅱ母刀闸瓷柱完好		
		24		合上渤柳#2 线 6830 Ⅱ母刀闸		
		25		检查渤柳#2 线 6830 Ⅱ母刀闸在合位		
		26		检查渤柳#2 线 6830 第二套纵联保护屏Ⅱ母刀闸切换灯亮		
		27		检查 220kV 母差保护屏渤柳#2 线Ⅱ母刀闸切换灯亮		
		28		检查渤柳#2 线 6830 丙刀闸在开位		
		29		检查渤柳#2 线 6830 乙刀闸瓷柱完好		
		30		合上渤柳#2 线 6830 乙刀闸		
		31		检查渤柳#2 线 6830 乙刀闸在合位		
		32		拉开渤柳#2 线 6830 端子箱刀闸操作总电源开关		
		33		合上渤柳#2 线 6830 开关送电		
		34		检查渤柳#2 线 6830 开关电流正确(　)A		
		35		检查渤柳#2 线 6830 开关电气指示在合位		
		36		检查渤柳#2 线 6830 开关机械指示在合位		
		37		检查渤柳#2 线 6830 开关在合位		
		38		检查渤柳#2 线 6830 第一套纵联保护屏保护装置通道无问题		
		39		投入渤柳#2 线 6830 第一套纵联保护屏纵联保护投入压板		
		40		检查渤柳#2 线 6830 第二套纵联保护屏保护装置通道无问题		
		41		投入渤柳#2 线 6830 第二套纵联保护屏分相差动投入压板		
备注:						
操作人:　　监护人:　　值班负责人:　　站长(运行专工):						

续表

变电站(发电厂)倒闸操作票

单位:柳树 220kV 变电站　　　　　　年　　月　　日　　　　　　编号:LS 04

发令时间		调度指令号:	发令人:		受令人:	
操作开始时间	年　月　日　时　分		操作结束时间	年　月　日　时　分		
操作任务	220kV 渤柳#2 线送电,220kV 侧母恢复备用					

预演√	操作√	顺序	指令项	操　作　项　目	时	分
		42		投入渤柳#2 线 6830 第二套纵联保护屏差动总投入压板		

备注:

操作人:　　　　监护人:　　　　值班负责人:　　　　站长(运行专工):

(5)220kV 侧路开关停止备用操作票见表2－5。

表2－5 220kV 侧路开关停止备用操作票

变电站(发电厂)倒闸操作票

单位:柳树220kV 变电站　　年　月　日　　编号:LS 05

发令时间		调度指令号:		发令人:		受令人:	
操作开始时间	年 月 日 时 分			操作结束时间	年 月 日 时 分		
操作任务	220kV 侧路开关停止备用						
预演√	操作√	顺序	指令项	操作项目		时	分
		1		检查220kV 侧路6800 开关电气指示在开位			
		2		检查220kV 侧路6800 开关机械指示在开位			
		3		检查220kV 侧路6800 Ⅰ母刀闸在开位			
		4		检查220kV 侧路6800 Ⅱ母刀闸在开位			
		5		检查220kV 侧路6800 丙刀闸在开位			
		6		在220kV 侧路6800 Ⅱ母刀闸至开关间三相验电确无电压			
		7		合上220kV 侧路6800 Ⅱ母刀闸至开关间接地刀闸			
		8		检查220kV 侧路6800 Ⅱ母刀闸至开关间接地刀闸在合位			
		9		在220kV 侧路6800 丙刀闸至电流互感器间三相验电确无电压			
		10		合上220kV 侧路6800 丙刀闸至电流互感器间接地刀闸			
		11		检查220kV 侧路6800 丙刀闸至电流互感器间接地刀闸在合位			
		12		拉开220kV 侧路6800 开关端子箱开关总电源开关			
		13		拉开220kV 侧路6800 开关端子箱在线监测电源开关			
		14		退出220kV 侧路6800 操作屏断路器失灵启动压板			
		15		退出220kV 侧路6800 保护屏保护失灵启动压板			
		16		退出220kV 母差保护屏侧路跳闸出口1 压板			
		17		退出220kV 母差保护屏侧路跳闸出口2 压板			
		18		拉开220kV 侧路6800 操作屏操作1 电源开关			
		19		拉开220kV 侧路6800 操作屏操作2 电源开关			
备注:							
操作人:		监护人:		值班负责人:	站长(运行专工):		

(6)220kV 侧路开关恢复备用操作票见表 2-6。

表 2-6　220kV 侧路开关恢复备用操作票

变电站(发电厂)倒闸操作票

单位:柳树 220kV 变电站　　　　　年　月　日　　　　　编号:LS 06

发令时间		调度指令号:		发令人:		受令人:
操作开始时间		年　月　日　时　分		操作结束时间	年　月　日　时　分	
操作任务	220kV 侧路开关恢复备用					
预演√	操作√	顺序	指令项	操　作　项　目	时	分
		1		拉开 220kV 侧路 6800 丙刀闸至电流互感器间接地刀闸		
		2		检查 220kV 侧路 6800 丙刀闸至电流互感器间接地刀闸在开位		
		3		拉开 220kV 侧路 6800 Ⅱ 母刀闸至开关间接地刀闸		
		4		检查 220kV 侧路 6800 Ⅱ 母刀闸至开关间接地刀闸在开位		
		5		合上 220kV 侧路 6800 开关端子箱开关总电源开关		
		6		合上 220kV 侧路 6800 开关端子箱在线监测电源开关		
		7		合上 220kV 侧路 6800 操作屏操作 1 电源开关		
		8		合上 220kV 侧路 6800 操作屏操作 2 电源开关		
		9		投入 220kV 母差保护屏侧路跳闸出口 1 压板		
		10		投入 220kV 母差保护屏侧路跳闸出口 2 压板		
		11		投入 220kV 侧路 6800 操作屏断路器失灵启动压板		
		12		投入 220kV 侧路 6800 保护屏保护失灵启动压板		
备注:						
操作人:		监护人:		值班负责人:　　站长(运行专工):		

(7)220kV母联6810开关停电操作票见表2-7。

表2-7 220kV母联6810开关停电操作票

变电站(发电厂)倒闸操作票

单位:柳树220kV变电站　　　　年　　月　　日　　　　编号:LS 07

发令时间		调度指令号:		发令人:		受令人:	
操作开始时间	年　月　日　时　分		操作结束时间	年　月　日　时　分			
操作任务	220kV母联6810开关停电						

预演√	操作√	顺序	指令项	操　作　项　目	时	分
		1		投入220kV母差保护屏倒闸过程中压板		
		2		退出220kV母联6810保护屏断路器失灵启动压板		
		3		退出220kV母联6810保护屏启动失灵投入压板		
		4		退出220kV母联6810保护屏三相不一致出口1压板		
		5		退出220kV母联6810保护屏三相不一致出口2压板		
		6		退出220kV母联6810保护屏三相不一致投入压板		
		7		拉开220kV母联6810保护屏操作1电源开关		
		8		拉开220kV母联6810保护屏操作2电源开关		
		9		合上诚柳线6828端子箱刀闸总电源开关		
		10		检查诚柳线6828Ⅰ母刀闸在合位		
		11		检查诚柳线6828Ⅱ母刀闸瓷柱完好		
		12		合上诚柳线6828Ⅱ母刀闸　　双跨		
		13		检查诚柳线6828Ⅱ母刀闸在合位		
		14		检查220kV母联6810开关电流正确(　)A		
		15		检查诚柳线6828第二套纵联保护屏Ⅱ母切换灯亮		
		16		检查220kV母差保护屏诚柳线Ⅱ母刀闸切换灯亮		
		17		检查220kV母差保护屏切换异常灯亮		
		18		按220kV母差保护屏信号复归按钮		
		19		检查220kV母差保护屏切换异常灯灭		
		20		拉开诚柳线6828端子箱刀闸总电源开关		
备注:						
操作人:　　监护人:　　值班负责人:　　站长(运行专工):						

续表

变电站(发电厂)倒闸操作票

单位:柳树220kV 变电站　　　　年　　月　　日　　　　编号:LS 07

发令时间		调度指令号:		发令人:		受令人:	
操作开始时间	年 月 日 时 分		操作结束时间	年 月 日 时 分			
操作任务	220kV 母联6810 开关停电						

预演√	操作√	顺序	指令项	操 作 项 目	时	分
		21		合上220kV 母联6810 保护屏操作1 电源开关		
		22		合上220kV 母联6810 保护屏操作2 电源开关		
		23		拉开220kV 母联6810 开关		
		24		检查220kV 母联6810 开关电气指示在开位		
		25		检查220kV 母联6810 开关机械指示在开位		
		26		检查220kV 母联6810 开关电流为0A		
		27		检查220kV 母差保护屏 TWJ 灯亮		
		28		合上220kV 母联6810 端子箱刀闸总电源开关		
		29		检查220kV 母联6810Ⅱ母刀闸瓷柱完好		
		30		拉开220kV 母联6810Ⅱ母刀闸		
		31		检查220kV 母联6810Ⅱ母刀闸在开位		
		32		检查220kV 母差保护屏母联Ⅱ母刀闸切换灯灭		
		33		检查220kV 母联6810Ⅰ母刀闸瓷柱完好		
		34		拉开220kV 母联6810 Ⅰ母刀闸		
		35		检查220kV 母联6810 Ⅰ母刀闸在开位		
		36		检查220kV 母差保护屏母联Ⅰ母刀闸切换灯灭		
		37		在220kV 母联6810Ⅱ母刀闸至开关间三相验电确无电压		
		38		合上220kV 母联6810Ⅱ母刀闸至开关间接地刀闸		
		39		检查220kV 母联6810Ⅱ母刀闸至开关间接地刀闸在合位		
		40		在220kV 母联6810Ⅰ母刀闸至电流互感器间三相验电确无电压		
		41		合上220kV 母联6810Ⅰ母刀闸至电流互感器间接地刀闸		
备注:						
操作人:		监护人:		值班负责人:　　站长(运行专工):		

续表

变电站(发电厂)倒闸操作票

单位:柳树 220kV 变电站　　　　年　月　日　　　　编号:LS 07

发令时间		调度指令号:	发令人:		受令人:	
操作开始时间	年 月 日 时 分		操作结束时间	年 月 日 时 分		
操作任务	220kV 母联 6810 开关停电					
预演√	操作√	顺序	指令项	操　作　项　目	时	分
		42		检查 220kV 母联 6810 Ⅰ母刀闸至电流互感器间接地刀闸在合位		
		43		拉开 220kV 母联 6810 开关端子箱刀闸总电源开关		
		44		拉开 220kV 母联 6810 开关端子箱开关总电源开关		
		45		拉开 220kV 母联 6810 开关端子箱在线监测电源开关		
		46		拉开 220kV 母联 6810 保护屏操作 1 电源开关		
		47		拉开 220kV 母联 6810 保护屏操作 2 电源开关		
		48		退出 220kV 母差保护屏跳母联出口 1 压板		
		49		退出 220kV 母差保护屏跳母联出口 2 压板		
备注:						
操作人:	监护人:		值班负责人:	站长(运行专工):		

(8)220kV 母联 6810 开关送电操作票见表 2－8。

表 2－8　220kV 母联 6810 开关送电操作票

变电站(发电厂)倒闸操作票

单位:柳树 220kV 变电站　　　　年　　月　　日　　　　编号:LS 08

发令时间		调度指令号:		发令人:		受令人:
操作开始时间		年　月　日　时　分		操作结束时间		年　月　日　时　分
操作任务	220kV 母联 6810 开关送电					
预演√	操作√	顺序	指令项	操作项目	时	分
		1		合上 220kV 母联 6810 开关端子箱内开关总电源开关		
		2		合上 220kV 母联 6810 开关端子箱内在线监测电源开关		
		3		合上 220kV 母联 6810 开关端子箱内刀闸总电源开关		
		4		拉开 220kV 母联 6810 Ⅱ 母刀闸至开关间接地刀闸		
		5		检查 220kV 母联 6810 Ⅱ 母刀闸至开关间接地刀闸在开位		
		6		拉开 220kV 母联 6810 Ⅱ 母刀闸至电流互感器间接地刀闸		
		7		检查 220kV 母联 6810Ⅱ母刀闸至电流互感器间接地刀闸在开位		
		8		检查 220kV 母联 6810 开关在开位		
		9		检查 220kV 母联 6810 Ⅱ 母刀闸瓷柱完好		
		10		合上 220kV 母联 6810 Ⅱ 母刀闸		
		11		检查 220kV 母联 6810 Ⅱ 母刀闸在合位		
		12		检查 220kV 母差保护屏母联 Ⅱ 母刀闸切换灯亮		
		13		检查 220kV 母联 6810 Ⅰ 母刀闸瓷柱完好		
		14		合上 220kV 母联 6810 Ⅰ 母刀闸		
		15		检查 220kV 母联 6810 Ⅰ 母刀闸在合位		
		16		检查 220kV 母差保护屏母联 Ⅰ 母刀闸切换灯亮		
		17		拉开 220kV 母联 6810 开关端子箱内刀闸总电源开关		
		18		合上 220kV 母联 6810 保护屏操作 1 电源开关		
		19		合上 220kV 母联 6810 保护屏操作 2 电源开关		
		20		合上 220kV 母联 6810 开关		
备注:						
操作人:		监护人:		值班负责人:		站长(运行专工):

续表

变电站(发电厂)倒闸操作票

单位:柳树 220kV 变电站　　　　年　月　日　　　　编号:LS 08

发令时间		调度指令号:		发令人:		受令人:	
操作开始时间	年 月 日 时 分		操作结束时间	年 月 日 时 分			
操作任务	220kV 母联 6810 开关送电						

预演√	操作√	顺序	指令项	操作项目	时	分
		21		检查 220kV 母联 6810 开关电流正确(　)A		
		22		检查 220kV 母联 6810 开关电气指示在合位		
		23		检查 220kV 母联 6810 开关机械指示在合位		
		24		检查 220kV 母差保护屏 TWJ 灯灭		
		25		拉开 220kV 母联 6810 保护屏操作 1 电源开关		
		26		拉开 220kV 母联 6810 保护屏操作 2 电源开关		
		27		合上诚柳线 6828 端子箱刀闸总电源开关		
		28		检查诚柳线 6828 Ⅰ母刀闸在合位		
		29		检查诚柳线 6828 Ⅱ母刀闸瓷柱完好		
		30		拉开诚柳线 6828 Ⅱ母刀闸　　双跨		
		31		检查诚柳线 6828 Ⅱ母刀闸在开位		
		32		检查诚柳线 6828 第二套纵联保护屏Ⅱ母切换灯灭		
		33		检查 220kV 母差保护屏诚柳线Ⅱ母刀闸切换灯灭		
		34		按 220kV 母差保护屏信号复归按钮		
		35		检查 220kV 母差保护屏切换异常灯灭		
		36		拉开诚柳线 6828 端子箱刀闸总电源开关		
		37		合上 220kV 母联 6810 保护屏操作 1 电源开关		
		38		合上 220kV 母联 6810 保护屏操作 2 电源开关		
		39		投入 220kV 母联 6810 保护屏断路器失灵启动压板		
		40		投入 220kV 母联 6810 保护屏启动失灵投入压板		
		41		投入 220kV 母联 6810 保护屏三相不一致出口 1 压板		

备注:

操作人:　　监护人:　　值班负责人:　　站长(运行专工):

续表

变电站(发电厂)倒闸操作票

单位:柳树 220kV 变电站　　　　　　年　　月　　日　　　　　　编号:LS 08

发令时间		调度指令号:		发令人:		受令人:
操作开始时间	年　月　日　时　分		操作结束时间	年　月　日　时　分		
操作任务	220kV 母联 6810 开关送电					
预演√	操作√	顺序	指令项	操　作　项　目	时	分
		42		投入 220kV 母联 6810 保护屏三相不一致出口 2 压板		
		43		投入 220kV 母联 6810 保护屏三相不一致投入压板		
		44		投入 220kV 母差保护屏跳母联出口 1 压板		
		45		投入 220kV 母差保护屏跳母联出口 2 压板		
		46		退出 220kV 母差保护屏倒闸过程中压板		
备注:						
操作人:	监护人:		值班负责人:	站长(运行专工):		

(9)220kV Ⅰ母电压互感器停电操作票见表2－9。

表2－9 220kV Ⅰ母电压互感器停电操作票

变电站(发电厂)倒闸操作票

单位:柳树220kV变电站　　　　年　月　日　　　　编号:LS 09

发令时间		调度指令号:		发令人:		受令人:
操作开始时间	年 月 日 时 分		操作结束时间	年 月 日 时 分		
操作任务	220kV Ⅰ母电压互感器停电					

预演√	操作√	顺序	指令项	操作项目	时	分
		1		检查220kV母联6810开关在合位		
		2		将公用屏220kVPT投退控制把手切至投入位置		
		3		检查公用屏220kV电压切换装置电压并列灯亮		
		4		拉开220kV Ⅰ母电压互感器6801端子箱保护遥测A、B、C三相开关		
		5		拉开220kV Ⅰ母电压互感器6801端子箱保护电度表用A相开关		
		6		拉开220kV Ⅰ母电压互感器6801端子箱保护电度表用B相开关		
		7		拉开220kV Ⅰ母电压互感器6801端子箱保护电度表用C相开关		
		8		拉开220kV Ⅰ母电压互感器6801端子箱3U0开关		
		9		合上220kV二号动力箱220kV Ⅰ母电压互感器6801刀闸操作电源开关		
		10		检查220kV Ⅰ母电压互感器6801刀闸瓷柱完好		
		11		拉开220kV Ⅰ母电压互感器6801刀闸		
		12		检查220kV Ⅰ母电压互感器6801刀闸在开位		
		13		检查公用屏220kV电压切换装置Ⅰ母电压灯灭		
		14		检查后台机220kV Ⅰ段母线三相电压正确(　)kV		
		15		检查后台机220kV Ⅱ段母线三相电压正确(　)kV		
		16		拉开220kV二号动力箱220kV Ⅰ母电压互感器6801刀闸操作电源开关		
		17		在220kV Ⅰ母电压互感器6801刀闸至电压互感器间三相验电确无电压		
		18		合上220kV Ⅰ母电压互感器6801刀闸至电压互感器间接地刀闸		
		19		检查220kV Ⅰ母电压互感器6801刀闸至电压互感器间接地刀闸在合位		
备注:						
操作人:		监护人:		值班负责人:	站长(运行专工):	

(10)220kV Ⅰ母电压互感器送电操作票见表2-10。

表2-10 220kV Ⅰ母电压互感器送电操作票

变电站(发电厂)倒闸操作票

单位:柳树220kV变电站　　　　年　月　日　　　　编号:LS 10

<table>
<tr><td colspan="2">发令时间</td><td colspan="2"></td><td>调度指令号:</td><td colspan="3">发令人:　　受令人:</td></tr>
<tr><td colspan="2">操作开始时间</td><td colspan="3">年　月　日　时　分</td><td colspan="3">操作结束时间　年　月　日　时　分</td></tr>
<tr><td colspan="2">操作任务</td><td colspan="6">220kV Ⅰ母电压互感器送电</td></tr>
<tr><td>预演√</td><td>操作√</td><td>顺序</td><td>指令项</td><td colspan="2">操 作 项 目</td><td>时</td><td>分</td></tr>
<tr><td></td><td></td><td>1</td><td></td><td colspan="2">拉开220kV Ⅰ母电压互感器6801刀闸至电压互感器间接地刀闸</td><td></td><td></td></tr>
<tr><td></td><td></td><td>2</td><td></td><td colspan="2">检查220kV Ⅰ母电压互感器6801刀闸至电压互感器间接地刀闸在开位</td><td></td><td></td></tr>
<tr><td></td><td></td><td>3</td><td></td><td colspan="2">合上220kV二号动力箱220kV Ⅰ母电压互感器6801刀闸操作电源开关</td><td></td><td></td></tr>
<tr><td></td><td></td><td>4</td><td></td><td colspan="2">检查220kV Ⅰ母电压互感器6801刀闸瓷柱完好</td><td></td><td></td></tr>
<tr><td></td><td></td><td>5</td><td></td><td colspan="2">合上220kV Ⅰ母电压互感器6801刀闸</td><td></td><td></td></tr>
<tr><td></td><td></td><td>6</td><td></td><td colspan="2">检查220kV Ⅰ母电压互感器6801刀闸在合位</td><td></td><td></td></tr>
<tr><td></td><td></td><td>7</td><td></td><td colspan="2">检查公用屏220kV电压切换装置Ⅰ母电压灯亮</td><td></td><td></td></tr>
<tr><td></td><td></td><td>8</td><td></td><td colspan="2">拉开220kV二号动力箱220kV Ⅰ母电压互感器6801刀闸操作电源开关</td><td></td><td></td></tr>
<tr><td></td><td></td><td>9</td><td></td><td colspan="2">合上220kV Ⅰ母电压互感器6801端子箱保护电度表用A相开关</td><td></td><td></td></tr>
<tr><td></td><td></td><td>10</td><td></td><td colspan="2">合上220kV Ⅰ母电压互感器6801端子箱保护电度表用B相开关</td><td></td><td></td></tr>
<tr><td></td><td></td><td>11</td><td></td><td colspan="2">合上220kV Ⅰ母电压互感器6801端子箱保护电度表用C相开关</td><td></td><td></td></tr>
<tr><td></td><td></td><td>12</td><td></td><td colspan="2">合上220kV Ⅰ母电压互感器6801端子箱保护遥测A、B、C三相开关</td><td></td><td></td></tr>
<tr><td></td><td></td><td>13</td><td></td><td colspan="2">合上220kV Ⅰ母电压互感器6801端子箱3U0开关</td><td></td><td></td></tr>
<tr><td></td><td></td><td>14</td><td></td><td colspan="2">将公用屏220kV PT投退控制把手切至退出位置</td><td></td><td></td></tr>
<tr><td></td><td></td><td>15</td><td></td><td colspan="2">检查公用屏220kV电压切换装置电压并列灯灭</td><td></td><td></td></tr>
<tr><td></td><td></td><td>16</td><td></td><td colspan="2">检查后台机220kV Ⅰ段母线三相电压正确(　)kV</td><td></td><td></td></tr>
<tr><td></td><td></td><td>17</td><td></td><td colspan="2">检查后台机220kV Ⅱ段母线三相电压正确(　)kV</td><td></td><td></td></tr>
<tr><td colspan="8">备注:</td></tr>
<tr><td colspan="8">操作人:　　监护人:　　值班负责人:　　站长(运行专工):</td></tr>
</table>

(11)220kV Ⅰ母线停电操作票见表 2－11。

表 2－11 220kV Ⅰ母线停电操作票

变电站(发电厂)倒闸操作票

单位:柳树 220kV 变电站　　　　年　月　日　　　　编号:LS 11

发令时间		调度指令号:		发令人:		受令人:	
操作开始时间	年 月 日 时 分		操作结束时间	年 月 日 时 分			
操作任务	220kV Ⅰ母线停电						

预演√	操作√	顺序	指令项	操 作 项 目	时	分
		1		投入 220kV 母差保护屏倒闸过程中压板		
		2		退出 220kV 母联 6810 保护屏三相不一致出口 1 压板		
		3		退出 220kV 母联 6810 保护屏三相不一致出口 2 压板		
		4		退出 220kV 母联 6810 保护屏三相不一致投入压板		
		5		退出 220kV 母联 6810 保护屏启动失灵投入压板		
		6		退出 220kV 母联 6810 保护屏断路器失灵启动压板		
		7		拉开 220kV 母联 6810 保护屏操作 1 电源开关		
		8		拉开 220kV 母联 6810 保护屏操作 2 电源开关		
		9		合上三号主变一次主 6846 端子箱刀闸总电源开关		
		10		检查三号主变一次主 6846 Ⅱ母刀闸瓷柱完好		
		11		合上三号主变一次主 6846 Ⅱ母刀闸　双跨		
		12		检查三号主变一次主 6846 Ⅱ母刀闸在合位		
		13		检查 220kV 母联 6810 开关电流正确(　)A		
		14		检查三号主变保护 A 屏Ⅱ母切换灯亮		
		15		检查 220kV 母差保护屏三号主变一次主Ⅱ母切换灯亮		
		16		检查 220kV 母差保护屏切换异常灯亮		
		17		检查三号主变一次主 6846 Ⅰ母刀闸瓷柱完好		
		18		拉开三号主变一次主 6846 Ⅰ母刀闸改Ⅱ母		
		19		检查三号主变一次主 6846 Ⅰ母刀闸在开位		
		20		检查三号主变保护 A 屏Ⅰ母切换灯灭		
备注:						
操作人:　监护人:　值班负责人:　站长(运行专工):						

续表

变电站(发电厂)倒闸操作票

单位:柳树 220kV 变电站　　　　　　年　　月　　日　　　　　　　　编号:LS 11

发令时间		调度指令号:		发令人:		受令人:
操作开始时间	年　月　日　时　分		操作结束时间	年　月　日　时　分		
操作任务	220kV Ⅰ母线停电					
预演√	操作√	顺序	指令项	操　作　项　目	时	分
		21		检查 220kV 母差保护屏三号主变一次主Ⅰ母切换灯灭		
		22		按 220kV 母差保护屏信号复归按钮		
		23		检查 220kV 母差保护屏切换异常灯灭		
		24		拉开三号主变一次主 6846 端子箱刀闸总电源开关		
		25		合上渤柳#3 线 6832 端子箱刀闸总电源开关		
		26		检查渤柳#3 线 6832 Ⅱ母刀闸瓷柱完好		
		27		合上渤柳#3 线 6832 Ⅱ母刀闸　　双跨		
		28		检查渤柳#3 线 6832 Ⅱ母刀闸在合位		
		29		检查 220kV 母联 6810 开关电流正确(　　)A		
		30		检查渤柳#3 线第二套纵联保护屏Ⅱ母切换灯亮		
		31		检查 220kV 母差保护屏渤柳#3 线Ⅱ母切换灯亮		
		32		检查 220kV 母差保护屏切换异常灯亮		
		33		检查渤柳#3 线 6832 Ⅰ母刀闸瓷柱完好		
		34		拉开渤柳#3 线 6832 Ⅰ母刀闸改Ⅱ母		
		35		检查渤柳#3 线 6832 Ⅰ母刀闸在开位		
		36		检查渤柳#3 线第二套纵联保护屏Ⅰ母切换灯灭		
		37		检查 220kV 母差保护屏渤柳#3 线Ⅰ母切换灯灭		
		38		按 220kV 母差保护屏信号复归按钮		
		39		检查 220kV 母差保护屏切换异常灯灭		
		40		拉开渤柳#3 线 6832 端子箱刀闸总电源开关		
		41		合上诚柳线 6828 端子箱刀闸总电源开关		
备注:						
操作人:		监护人:		值班负责人:		站长(运行专工):

续表

变电站(发电厂)倒闸操作票

单位:柳树220kV变电站　　　　年　　月　　日　　　　编号:LS 11

发令时间		调度指令号:		发令人:		受令人:	
操作开始时间	年　月　日　时　分		操作结束时间	年　月　日　时　分			
操作任务	220kV Ⅰ母线停电						

预演√	操作√	顺序	指令项	操　作　项　目	时	分
		42		检查诚柳线6828Ⅱ母刀闸瓷柱完好		
		43		合上诚柳线6828Ⅱ母刀闸　　双跨		
		44		检查诚柳线6828Ⅱ母刀闸在合位		
		45		检查220kV 母联6810开关电流正确(　)A		
		46		检查诚柳线第二套纵联保护屏Ⅱ母切换灯亮		
		47		检查220kV 母差保护屏诚柳线Ⅱ母切换灯亮		
		48		检查220kV 母差保护屏切换异常灯亮		
		49		检查诚柳线6828Ⅰ母刀闸瓷柱完好		
		50		拉开诚柳线6828Ⅰ母刀闸改Ⅱ母		
		51		检查诚柳线6828Ⅰ母刀闸在开位		
		52		检查诚柳线第二套纵联保护屏Ⅰ母切换灯亮灭		
		53		检查220kV 母差保护屏诚柳线Ⅰ母切换灯灭		
		54		按220kV 母差保护屏信号复归按钮		
		55		检查220kV 母差保护屏切换异常灯灭		
		56		拉开诚柳线6828端子箱刀闸总电源开关		
		57		合上一号主变一次主6842端子箱刀闸总电源开关		
		58		检查一号主变一次主6842Ⅱ母刀闸完好		
		59		合上一号主变一次主6842Ⅱ母刀闸　　双跨		
		60		检查一号主变一次主6842Ⅱ母刀闸在合位		
		61		检查220kV 母联6810开关电流正确(　)A		
		62		检查一号主变保护A屏Ⅱ母切换灯亮		
备注:						
操作人:　　监护人:　　值班负责人:　　站长(运行专工):						

续表

变电站(发电厂)倒闸操作票

单位:柳树220kV变电站　　　　　　　　年　　月　　日　　　　　　　　编号:LS 11

<table>
<tr><td colspan="2">发令时间</td><td colspan="2"></td><td>调度指令号:</td><td>发令人:</td><td colspan="2">受令人:</td></tr>
<tr><td colspan="2">操作开始时间</td><td colspan="3">年　月　日　时　分</td><td>操作结束时间</td><td colspan="2">年　月　日　时　分</td></tr>
<tr><td colspan="2">操作任务</td><td colspan="6">220kV Ⅰ母线停电</td></tr>
<tr><td>预演√</td><td>操作√</td><td>顺序</td><td>指令项</td><td colspan="2">操　作　项　目</td><td>时</td><td>分</td></tr>
<tr><td></td><td></td><td>63</td><td></td><td colspan="2">检查220kV母差保护屏一号主变一次主Ⅱ母切换灯亮</td><td></td><td></td></tr>
<tr><td></td><td></td><td>64</td><td></td><td colspan="2">检查220kV母差保护屏切换异常灯亮</td><td></td><td></td></tr>
<tr><td></td><td></td><td>65</td><td></td><td colspan="2">检查一号主变一次主6842Ⅰ母刀闸瓷柱完好</td><td></td><td></td></tr>
<tr><td></td><td></td><td>66</td><td></td><td colspan="2">拉开一号主变一次主6842Ⅰ母刀闸改Ⅱ母</td><td></td><td></td></tr>
<tr><td></td><td></td><td>67</td><td></td><td colspan="2">检查一号主变一次主6842Ⅰ母刀闸在开位</td><td></td><td></td></tr>
<tr><td></td><td></td><td>68</td><td></td><td colspan="2">检查一号主变保护A屏Ⅰ母切换灯灭</td><td></td><td></td></tr>
<tr><td></td><td></td><td>69</td><td></td><td colspan="2">检查220kV母差保护屏一号主变一次主Ⅰ母切换灯灭</td><td></td><td></td></tr>
<tr><td></td><td></td><td>70</td><td></td><td colspan="2">按220kV母差保护屏信号复归按钮</td><td></td><td></td></tr>
<tr><td></td><td></td><td>71</td><td></td><td colspan="2">检查220kV母差保护屏切换异常灯灭</td><td></td><td></td></tr>
<tr><td></td><td></td><td>72</td><td></td><td colspan="2">拉开一号主变一次主6842端子箱刀闸总电源开关</td><td></td><td></td></tr>
<tr><td></td><td></td><td>73</td><td></td><td colspan="2">退出220kV母差保护屏Ⅰ母PT投入压板</td><td></td><td></td></tr>
<tr><td></td><td></td><td>74</td><td></td><td colspan="2">拉开220kVⅠ母电压互感器二次端子箱内供保护电度表用A相开关</td><td></td><td></td></tr>
<tr><td></td><td></td><td>75</td><td></td><td colspan="2">拉开220kVⅠ母电压互感器二次端子箱内供保护电度表用B相开关</td><td></td><td></td></tr>
<tr><td></td><td></td><td>76</td><td></td><td colspan="2">拉开220kVⅠ母电压互感器二次端子箱内供保护电度表用C相开关</td><td></td><td></td></tr>
<tr><td></td><td></td><td>77</td><td></td><td colspan="2">拉开220kVⅠ母电压互感器二次端子箱内供保护遥测用A、B、C三相开关</td><td></td><td></td></tr>
<tr><td></td><td></td><td>78</td><td></td><td colspan="2">拉开220kVⅠ母电压互感器二次端子箱内3U0开关</td><td></td><td></td></tr>
<tr><td></td><td></td><td>79</td><td></td><td colspan="2">检查220kVⅠ母电压正确(　)kV</td><td></td><td></td></tr>
<tr><td></td><td></td><td>80</td><td></td><td colspan="2">合上220kV二号动力箱220kVⅠ母电压互感器6801刀闸操作电源开关</td><td></td><td></td></tr>
<tr><td></td><td></td><td>81</td><td></td><td colspan="2">检查220kVⅠ母电压互感器6801刀闸瓷柱完好</td><td></td><td></td></tr>
<tr><td colspan="8">备注:</td></tr>
<tr><td colspan="8">操作人:　　　监护人:　　　值班负责人:　　　站长(运行专工):</td></tr>
</table>

续表

变电站(发电厂)倒闸操作票

单位:柳树 220kV 变电站　　　　年　月　日　　　　编号:LS 11

发令时间			调度指令号:	发令人:		受令人:
操作开始时间	年 月 日 时 分		操作结束时间	年 月 日 时 分		
操作任务	220kV Ⅰ母线停电					
预演√	操作√	顺序	指令项	操作项目	时	分
		82		拉开 220kV Ⅰ母电压互感器 6801 刀闸		
		83		检查 220kV Ⅰ母电压互感器 6801 刀闸在开位		
		84		检查公用屏 220kV 电压切换装置Ⅰ母电压灯灭		
		85		拉开 220kV 二号动力箱 220kV Ⅰ母电压互感器 6801 刀闸操作电源开关		
		86		投入 220kV 母联 6810 保护屏三相不一致出口 1 压板		
		87		投入 220kV 母联 6810 保护屏三相不一致出口 2 压板		
		88		投入 220kV 母联 6810 保护屏三相不一致投入压板		
		89		投入 220kV 母联 6810 保护屏启动失灵投入压板		
		90		投入 220kV 母联 6810 保护屏断路器失灵启动压板		
		91		合上 220kV 母联 6810 保护屏操作 1 电源开关		
		92		合上 220kV 母联 6810 保护屏操作 2 电源开关		
		93		退出 220kV 母差保护屏倒闸过程中压板		
		94		拉开 220kV 母联 6810 开关Ⅰ母停电		
		95		检查 220kV 母联 6810 开关在开位		
		96		检查 220kV 母联 6810 开关电流指示为 0 A		
		97		检查 220kV 母差保护屏 TWJ 灯亮		
		98		合上 220kV 母联 6810 端子箱刀闸总电源开关		
		99		检查 220kV 母联 6810 Ⅱ母刀闸瓷柱完好		
		100		拉开 220kV 母联 6810 Ⅱ母刀闸		
		101		检查 220kV 母联 6810 Ⅱ母刀闸在开位		
备注:						
操作人:	监护人:		值班负责人:	站长(运行专工):		

续表

变电站(发电厂)倒闸操作票

单位:柳树220kV变电站　　　　　　年　　月　　日　　　　　　编号:LS 11

发令时间		调度指令号:		发令人:		受令人:	
操作开始时间	年　月　日　时　分		操作结束时间	年　月　日　时　分			
操作任务	220kV Ⅰ母线停电						

预演√	操作√	顺序	指令项	操作项目	时	分
		102		检查220kV母差保护屏母联Ⅱ母切换灯灭		
		103		检查220kV母联6810Ⅰ母刀闸瓷柱完好		
		104		拉开220kV母联6810Ⅰ母刀闸		
		105		检查220kV母联6810Ⅰ母刀闸在开位		
		106		检查220kV母差保护屏母联Ⅰ母切换灯灭		
		107		拉开220kV母联6810端子箱刀闸总电源开关		
		108		检查220kVⅠ母线所有Ⅰ刀闸均在开位		
		109		在220kVⅠ母6805西接地刀闸母线侧三相验电确无电压		
		110		合上220kVⅠ母6805西接地刀闸		
		111		检查220kVⅠ母6805西接地刀闸在合位		
		112		在220kVⅠ母6805东接地刀闸母线侧三相验电确无电压		
		113		合上220kVⅠ母6805东接地刀闸		
		114		检查220kVⅠ母6805东接地刀闸在合位		
				注:1. 装设其他接地线或合接地刀闸根据具体工作内容确定		
				2. 若220kV母联开关有作业,最后还应退出相关(86~90条)压板		

备注:

操作人:　　　　监护人:　　　　值班负责人:　　　　站长(运行专工):

(12)220kV Ⅰ母线送电操作票见表2-12。

表2-12 220kV Ⅰ母线送电操作票

变电站(发电厂)倒闸操作票

单位:柳树220kV变电站　　　　年　月　日　　　　编号:LS 12

发令时间		调度指令号:		发令人:		受令人:	
操作开始时间	年 月 日 时 分			操作结束时间	年 月 日 时 分		
操作任务	220kV Ⅰ母线送电						

预演√	操作√	顺序	指令项	操作项目	时	分
		1		合上220kV母联6810保护屏操作1电源开关		
		2		合上220kV母联6810保护屏操作2电源开关		
		3		投入220kV母差保护屏充电保护投入压板		
		4		投入220kV母差保护屏充电保护速动压板		
		5		投入220kV母联6810保护屏充电保护出口1压板		
		6		投入220kV母联6810保护屏充电保护出口2压板		
		7		投入220kV母联6810保护屏充电保护投入压板		
		8		投入220kV母联6810保护屏三相不一致出口1压板		
		9		投入220kV母联6810保护屏三相不一致出口2压板		
		10		投入220kV母联6810保护屏三相不一致投入压板		
		11		投入220kV母联6810保护屏启动失灵投入压板		
		12		投入220kV母联6810保护屏断路器失灵启动压板		
		13		拉开220kV Ⅰ母6805西接地刀闸		
		14		检查220kV Ⅰ母6805西接地刀闸在开位		
		15		拉开220kV Ⅰ母6805东接地刀闸		
		16		检查220kV Ⅰ母6805东接地刀闸在开位		
		17		检查220kV母联6810开关在开位		
		18		合上220kV母联6810端子箱刀闸总电源开关		
		19		检查220kV母联6810Ⅱ母刀闸瓷柱完好		
		20		合上220kV母联6810Ⅱ母刀闸		
备注:						
操作人:　　监护人:　　值班负责人:　　站长(运行专工):						

续表

变电站(发电厂)倒闸操作票

单位:柳树220kV变电站　　　　　　年　月　日　　　　　　编号:LS 12

<table>
<tr><td colspan="2">发令时间</td><td colspan="2"></td><td>调度指令号:</td><td>发令人:</td><td>受令人:</td><td></td></tr>
<tr><td colspan="2">操作开始时间</td><td colspan="3">年　月　日　时　分</td><td>操作结束时间</td><td colspan="2">年　月　日　时　分</td></tr>
<tr><td colspan="2">操作任务</td><td colspan="6">220kV Ⅰ母线送电</td></tr>
<tr><td>预演√</td><td>操作√</td><td>顺序</td><td>指令项</td><td colspan="2">操　作　项　目</td><td>时</td><td>分</td></tr>
<tr><td></td><td></td><td>21</td><td></td><td colspan="2">检查220kV母联6810Ⅱ母刀闸在合位</td><td></td><td></td></tr>
<tr><td></td><td></td><td>22</td><td></td><td colspan="2">检查220kV母差保护屏母联Ⅱ母刀闸灯亮</td><td></td><td></td></tr>
<tr><td></td><td></td><td>23</td><td></td><td colspan="2">检查220kV母联6810Ⅰ母刀闸瓷柱完好</td><td></td><td></td></tr>
<tr><td></td><td></td><td>24</td><td></td><td colspan="2">合上220kV母联6810Ⅰ母刀闸</td><td></td><td></td></tr>
<tr><td></td><td></td><td>25</td><td></td><td colspan="2">检查220kV母联6810Ⅰ母刀闸在合位</td><td></td><td></td></tr>
<tr><td></td><td></td><td>26</td><td></td><td colspan="2">检查220kV母差保护屏母联Ⅰ母刀闸灯亮</td><td></td><td></td></tr>
<tr><td></td><td></td><td>27</td><td></td><td colspan="2">拉开220kV母联6810端子箱刀闸总电源开关</td><td></td><td></td></tr>
<tr><td></td><td></td><td>28</td><td></td><td colspan="2">合上220kV母联6810开关Ⅰ母充电</td><td></td><td></td></tr>
<tr><td></td><td></td><td>29</td><td></td><td colspan="2">检查220kV母联6810开关在合位</td><td></td><td></td></tr>
<tr><td></td><td></td><td>30</td><td></td><td colspan="2">检查220kV母联6810开关电流正确(　)A</td><td></td><td></td></tr>
<tr><td></td><td></td><td>31</td><td></td><td colspan="2">检查220kV母差保护屏TWJ灯灭</td><td></td><td></td></tr>
<tr><td></td><td></td><td>32</td><td></td><td colspan="2">合上220kV二号动力箱220kVⅠ母电压互感器6801刀闸操作电源开关</td><td></td><td></td></tr>
<tr><td></td><td></td><td>33</td><td></td><td colspan="2">检查220kVⅠ母电压互感器6801刀闸瓷柱完好</td><td></td><td></td></tr>
<tr><td></td><td></td><td>34</td><td></td><td colspan="2">合上220kVⅠ母电压互感器6801刀闸</td><td></td><td></td></tr>
<tr><td></td><td></td><td>35</td><td></td><td colspan="2">检查220kVⅠ母电压互感器6801刀闸在合位</td><td></td><td></td></tr>
<tr><td></td><td></td><td>36</td><td></td><td colspan="2">检查公用屏220kV电压切换装置Ⅰ母电压灯亮</td><td></td><td></td></tr>
<tr><td></td><td></td><td>37</td><td></td><td colspan="2">拉开220kV二号动力箱220kVⅠ母电压互感器6801刀闸操作电源开关</td><td></td><td></td></tr>
<tr><td></td><td></td><td>38</td><td></td><td colspan="2">合上220kVⅠ母电压互感器二次端子箱内供保护电度表用A相开关</td><td></td><td></td></tr>
<tr><td></td><td></td><td>39</td><td></td><td colspan="2">合上220kVⅠ母电压互感器二次端子箱内供保护电度表用B相开关</td><td></td><td></td></tr>
<tr><td colspan="8">备注:</td></tr>
<tr><td colspan="8">操作人:　　　　监护人:　　　　值班负责人:　　　　站长(运行专工):</td></tr>
</table>

续表

变电站(发电厂)倒闸操作票

单位:柳树 220kV 变电站　　　　年　月　日　　　　编号:LS 12

发令时间		调度指令号:		发令人:		受令人:	
操作开始时间	年　月　日　时　分		操作结束时间	年　月　日　时　分			
操作任务	220kV Ⅰ母线送电						
预演√	操作√	顺序	指令项	操　作　项　目		时	分
		40		合上 220kVⅠ母电压互感器二次端子箱内供保护电度表用 C 相开关			
		41		合上 220kV Ⅰ母电压互感器二次端子箱内供保护遥测用 A、B、C 三相开关			
		42		合上 220kV Ⅰ母电压互感器二次端子箱内 3U0 开关			
		43		检查 220kV Ⅰ母电压正确(　)kV			
		44		投入 220kV 母差保护屏Ⅰ母 PT 投入压板			
		45		投入 220kV 母差保护屏倒闸过程中压板			
		46		退出 220kV 母差保护屏充电保护投入压板			
		47		退出 220kV 母差保护屏充电保护速动压板			
		48		退出 220kV 母联 6810 保护屏充电保护出口 1 压板			
		49		退出 220kV 母联 6810 保护屏充电保护出口 2 压板			
		50		退出 220kV 母联 6810 保护屏充电保护投入压板			
		51		退出 220kV 母联 6810 保护屏三相不一致出口 1 压板			
		52		退出 220kV 母联 6810 保护屏三相不一致出口 2 压板			
		53		退出 220kV 母联 6810 保护屏三相不一致投入压板			
		54		退出 220kV 母联 6810 保护屏启动失灵投入压板			
		55		退出 220kV 母联 6810 保护屏断路器失灵启动压板			
		56		拉开 220kV 母联 6810 保护屏操作 1 电源开关			
		57		拉开 220kV 母联 6810 保护屏操作 2 电源开关			
		58		合上一号主变一次主 6842 端子箱刀闸总电源开关			
		59		检查一号主变一次主 6842 Ⅰ母刀闸瓷柱完好			
备注:							
操作人:　　监护人:　　值班负责人:　　站长(运行专工):							

续表

变电站(发电厂)倒闸操作票

单位:柳树220kV变电站　　年　月　日　　编号:LS 12

发令时间		调度指令号:		发令人:		受令人:	
操作开始时间	年　月　日　时　分			操作结束时间	年　月　日　时　分		
操作任务	220kV Ⅰ母线送电						
预演√	操作√	顺序	指令项	操　作　项　目		时	分
		60		合上一号主变一次主6842Ⅰ母刀闸　　双跨			
		61		检查一号主变一次主6842Ⅰ母刀闸在合位			
		62		检查220kV母联6810开关电流正确(　)A			
		63		检查一号主变保护A屏Ⅰ母切换灯灭亮			
		64		检查220kV母差保护屏一号主变一次主Ⅰ母切换灯亮			
		65		检查220kV母差保护屏切换异常灯亮			
		66		检查一号主变一次主6842Ⅱ母刀闸瓷柱完好			
		67		拉开一号主变一次主6842Ⅱ母刀闸改Ⅰ母			
		68		检查一号主变一次主6842Ⅱ母刀闸在开位			
		69		检查一号主变保护A屏Ⅱ母切换灯灭			
		70		检查220kV母差保护屏一号主变一次主Ⅱ母切换灯灭			
		71		按220kV母差保护屏信号复归按钮			
		72		检查220kV母差保护屏切换异常灯灭			
		73		拉开一号主变一次主6842端子箱刀闸总电源开关			
		74		合上诚柳线6828端子箱刀闸总电源开关			
		75		检查诚柳线6828Ⅰ母刀闸瓷柱完好			
		76		合上诚柳线6828Ⅰ母刀闸　　双跨			
		77		检查诚柳线6828Ⅰ母刀闸在合位			
		78		检查220kV母联6810开关电流正确(　)A			
		79		检查诚柳线6828第二套纵联保护屏Ⅰ母切换灯亮			
		80		检查220kV母差保护屏诚柳线Ⅰ母切换灯亮			
备注:							
操作人:		监护人:		值班负责人:	站长(运行专工):		

续表

变电站(发电厂)倒闸操作票

单位:柳树 220kV 变电站　　　　年　月　日　　　　编号:LS 12

发令时间		调度指令号:		发令人:		受令人:	
操作开始时间	年 月 日 时 分			操作结束时间	年 月 日 时 分		
操作任务	220kV Ⅰ母线送电						
预演√	操作√	顺序	指令项	操作项目		时	分
		81		检查 220kV 母差保护屏切换异常灯亮			
		82		检查诚柳线 6828 Ⅱ母刀闸瓷柱完好			
		83		拉开诚柳线 6828 Ⅱ母刀闸改Ⅰ母			
		84		检查诚柳线 6828 Ⅱ母刀闸在开位			
		85		检查诚柳线 6828 第二套纵联保护屏Ⅱ母切换灯灭			
		86		检查 220kV 母差保护屏诚柳线Ⅱ母切换灯灭			
		87		按 220kV 母差保护屏信号复归按钮			
		88		检查 220kV 母差保护屏切换异常灯灭			
		89		拉开诚柳线 6828 端子箱刀闸总电源开关			
		90		合上渤柳#3 线 6832 端子箱刀闸总电源开关			
		91		检查渤柳#3 线 6832 Ⅰ母刀闸瓷柱完好			
		92		合上渤柳#3 线 6832 Ⅰ母刀闸　　双跨			
		93		检查渤柳#3 线 6832 Ⅰ母刀闸在合位			
		94		检查 220kV 母联 6810 开关电流正确(　)A			
		95		检查渤柳#3 线 6832 第二套纵联保护屏Ⅰ母切换灯亮			
		96		检查 220kV 母差保护屏渤柳#3 线Ⅰ母切换灯亮			
		97		检查 220kV 母差保护屏切换异常灯亮			
		98		检查渤柳#3 线 6832 Ⅱ母刀闸瓷柱完好			
		99		拉开渤柳#3 线 6832 Ⅱ母刀闸改Ⅰ母			
		100		检查渤柳#3 线 6832 Ⅱ母刀闸在开位			
		101		检查渤柳#3 线 6832 第二套纵联保护屏Ⅱ母切换灯灭			
备注:							
操作人:		监护人:		值班负责人:		站长(运行专工):	

续表

变电站(发电厂)倒闸操作票

单位:柳树220kV变电站　　　　　　　　　年　　月　　日　　　　　　　　　　　　编号:LS 12

<table>
<tr><td>发令时间</td><td colspan="3"></td><td>调度指令号:</td><td>发令人:</td><td>受令人:</td><td colspan="2"></td></tr>
<tr><td>操作开始时间</td><td colspan="4">年　月　日　时　分</td><td>操作结束时间</td><td colspan="3">年　月　日　时　分</td></tr>
<tr><td>操作任务</td><td colspan="8">220kV Ⅰ母线送电</td></tr>
<tr><td>预演√</td><td>操作√</td><td>顺序</td><td>指令项</td><td colspan="3">操　作　项　目</td><td>时</td><td>分</td></tr>
<tr><td></td><td></td><td>102</td><td></td><td colspan="3">检查220kV母差保护屏渤柳#3线Ⅱ母切换灯灭</td><td></td><td></td></tr>
<tr><td></td><td></td><td>103</td><td></td><td colspan="3">按220kV母差保护屏信号复归按钮</td><td></td><td></td></tr>
<tr><td></td><td></td><td>104</td><td></td><td colspan="3">检查220kV母差保护屏切换异常灯灭</td><td></td><td></td></tr>
<tr><td></td><td></td><td>105</td><td></td><td colspan="3">拉开渤柳#3线6832端子箱刀闸总电源开关</td><td></td><td></td></tr>
<tr><td></td><td></td><td>106</td><td></td><td colspan="3">合上三号主变一次主6846端子箱刀闸总电源开关</td><td></td><td></td></tr>
<tr><td></td><td></td><td>107</td><td></td><td colspan="3">检查三号主变一次主6846Ⅰ母刀闸瓷柱完好</td><td></td><td></td></tr>
<tr><td></td><td></td><td>108</td><td></td><td colspan="3">合上三号主变一次主6846Ⅰ母刀闸　　双跨</td><td></td><td></td></tr>
<tr><td></td><td></td><td>109</td><td></td><td colspan="3">检查三号主变一次主6846Ⅰ母刀闸在合位</td><td></td><td></td></tr>
<tr><td></td><td></td><td>110</td><td></td><td colspan="3">检查220kV母联6810开关电流正确(　　)A</td><td></td><td></td></tr>
<tr><td></td><td></td><td>111</td><td></td><td colspan="3">检查三号主变保护A屏Ⅰ母切换灯亮</td><td></td><td></td></tr>
<tr><td></td><td></td><td>112</td><td></td><td colspan="3">检查220kV母差保护屏三号主变一次主Ⅰ母切换灯亮</td><td></td><td></td></tr>
<tr><td></td><td></td><td>113</td><td></td><td colspan="3">检查220kV母差保护屏切换异常灯亮</td><td></td><td></td></tr>
<tr><td></td><td></td><td>114</td><td></td><td colspan="3">检查三号主变一次主6846Ⅱ母刀闸瓷柱完好</td><td></td><td></td></tr>
<tr><td></td><td></td><td>115</td><td></td><td colspan="3">拉开三号主变一次主6846Ⅱ母刀闸改Ⅰ母</td><td></td><td></td></tr>
<tr><td></td><td></td><td>116</td><td></td><td colspan="3">检查三号主变一次主6846Ⅱ母刀闸在开位</td><td></td><td></td></tr>
<tr><td></td><td></td><td>117</td><td></td><td colspan="3">检查三号主变保护A屏Ⅱ母切换灯灭</td><td></td><td></td></tr>
<tr><td></td><td></td><td>118</td><td></td><td colspan="3">检查220kV母差保护屏三号主变一次主Ⅱ母切换灯灭</td><td></td><td></td></tr>
<tr><td></td><td></td><td>119</td><td></td><td colspan="3">按220kV母差保护屏信号复归按钮</td><td></td><td></td></tr>
<tr><td></td><td></td><td>120</td><td></td><td colspan="3">检查220kV母差保护屏切换异常灯灭</td><td></td><td></td></tr>
<tr><td></td><td></td><td>121</td><td></td><td colspan="3">拉开三号主变一次主6846端子箱刀闸总电源开关</td><td></td><td></td></tr>
<tr><td></td><td></td><td>122</td><td></td><td colspan="3">合上220kV母联6810保护屏操作1电源开关</td><td></td><td></td></tr>
<tr><td colspan="9">备注:</td></tr>
<tr><td colspan="9">操作人:　　　　监护人:　　　　值班负责人:　　　　站长(运行专工):</td></tr>
</table>

续表

变电站(发电厂)倒闸操作票

单位:柳树 220kV 变电站　　　　年　月　日　　　　编号:LS 12

发令时间		调度指令号:		发令人:		受令人:	
操作开始时间	年 月 日 时 分			操作结束时间	年 月 日 时 分		
操作任务	220kV Ⅰ母线送电						

预演√	操作√	顺序	指令项	操 作 项 目	时	分
		123		合上 220kV 母联 6810 保护屏操作 2 电源开关		
		124		投入 220kV 母联 6810 保护屏三相不一致出口 1 压板		
		125		投入 220kV 母联 6810 保护屏三相不一致出口 2 压板		
		126		投入 220kV 母联 6810 保护屏三相不一致投入压板		
		127		投入 220kV 母联 6810 保护屏启动失灵投入压板		
		128		投入 220kV 母联 6810 保护屏断路器失灵启动压板		
		129		退出 220kV 母差保护屏倒闸过程中压板		
备注:						
操作人:　　监护人:　　值班负责人:　　站长(运行专工):						

(13)220kV 营柳线改侧路开关代送电操作票见表 2－13。

表 2－13　220kV 营柳线改侧路开关代送电操作票

变电站(发电厂)倒闸操作票

单位:�柳树 220kV 变电站　　　　年　月　日　　　　编号:LS 13

<table>
<tr><td>发令时间</td><td colspan="3"></td><td colspan="2">调度指令号:</td><td colspan="2">发令人:</td><td>受令人:</td></tr>
<tr><td>操作开始时间</td><td colspan="4">年　月　日　时　分</td><td>操作结束时间</td><td colspan="3">年　月　日　时　分</td></tr>
<tr><td>操作任务</td><td colspan="8">220kV 营柳线改侧路开关代送电</td></tr>
<tr><td>预演√</td><td>操作√</td><td>顺序</td><td>指令项</td><td colspan="3">操　作　项　目</td><td>时</td><td>分</td></tr>
<tr><td></td><td></td><td>1</td><td></td><td colspan="3">将 220kV 侧路 6800 保护屏保护定值切至区,打印与调度核对定值无误</td><td></td><td></td></tr>
<tr><td></td><td></td><td>2</td><td></td><td colspan="3">220kV 侧路 6800 保护屏线路综合重合方式把手切至三相(与营柳线一致)位置</td><td></td><td></td></tr>
<tr><td></td><td></td><td>3</td><td></td><td colspan="3">检查 220kV 侧路 6800 操作屏断路器失灵启动压板已投入</td><td></td><td></td></tr>
<tr><td></td><td></td><td>4</td><td></td><td colspan="3">检查 220kV 侧路 6800 保护屏 A 相跳闸 1 压板已投入</td><td></td><td></td></tr>
<tr><td></td><td></td><td>5</td><td></td><td colspan="3">检查 220kV 侧路 6800 保护屏 B 相跳闸 1 压板已投入</td><td></td><td></td></tr>
<tr><td></td><td></td><td>6</td><td></td><td colspan="3">检查 220kV 侧路 6800 保护屏 C 相跳闸 1 压板已投入</td><td></td><td></td></tr>
<tr><td></td><td></td><td>7</td><td></td><td colspan="3">检查 220kV 侧路 6800 保护屏三跳跳闸 1 压板已投入</td><td></td><td></td></tr>
<tr><td></td><td></td><td>8</td><td></td><td colspan="3">检查 220kV 侧路 6800 保护屏保护失灵启动压板已投入</td><td></td><td></td></tr>
<tr><td></td><td></td><td>9</td><td></td><td colspan="3">检查 220kV 侧路 6800 保护屏 A 相跳闸 2 压板已投入</td><td></td><td></td></tr>
<tr><td></td><td></td><td>10</td><td></td><td colspan="3">检查 220kV 侧路 6800 保护屏 B 相跳闸 2 压板已投入</td><td></td><td></td></tr>
<tr><td></td><td></td><td>11</td><td></td><td colspan="3">检查 220kV 侧路 6800 保护屏 C 相跳闸 2 压板已投入</td><td></td><td></td></tr>
<tr><td></td><td></td><td>12</td><td></td><td colspan="3">检查 220kV 侧路 6800 保护屏三跳跳闸 2 压板已投入</td><td></td><td></td></tr>
<tr><td></td><td></td><td>13</td><td></td><td colspan="3">检查 220kV 侧路 6800 保护屏距离Ⅰ段投入压板已投入</td><td></td><td></td></tr>
<tr><td></td><td></td><td>14</td><td></td><td colspan="3">检查 220kV 侧路 6800 保护屏距离Ⅱ、Ⅲ段投入压板已投入</td><td></td><td></td></tr>
<tr><td></td><td></td><td>15</td><td></td><td colspan="3">检查 220kV 侧路 6800 保护屏零序Ⅰ段保护投入压板已投入</td><td></td><td></td></tr>
<tr><td></td><td></td><td>16</td><td></td><td colspan="3">检查 220kV 侧路 6800 保护屏零序其他段保护投入压板已投入</td><td></td><td></td></tr>
<tr><td></td><td></td><td>17</td><td></td><td colspan="3">投入 220kV 母差保护屏侧路跳闸出口 1 压板</td><td></td><td></td></tr>
<tr><td></td><td></td><td>18</td><td></td><td colspan="3">投入 220kV 母差保护屏侧路跳闸出口 2 压板</td><td></td><td></td></tr>
<tr><td colspan="9">备注:</td></tr>
<tr><td colspan="9">操作人:　　　监护人:　　　值班负责人:　　　站长(运行专工):</td></tr>
</table>

续表

变电站(发电厂)倒闸操作票

单位:柳树 220kV 变电站　　　　　　年　　月　　日　　　　　　编号:LS 13

发令时间		调度指令号:		发令人:		受令人:	
操作开始时间	年 月 日 时 分		操作结束时间	年 月 日 时 分			
操作任务	220kV 营柳线改侧路开关代送电						
预演√	操作√	顺序	指令项	操　作　项　目		时	分
		19		检查 220kV 侧路母线完好无异物			
		20		检查 220kV 侧母所有丙刀闸均在开位			
		21		检查 220kV 侧母 6809 东接地刀闸在开位			
		22		检查 220kV 侧母 6809 西接地刀闸在开位			
		23		检查 220kV 侧路 6800 开关在开位			
		24		合上 220kV 侧路 6800 端子箱刀闸总电源开关			
		25		检查 220kV 侧路 6800 Ⅱ 母刀闸在开位			
		26		检查 220kV 侧路 6800 Ⅰ 母刀闸瓷柱完好			
		27		合上 220kV 侧路 6800 Ⅰ 母刀闸			
		28		检查 220kV 侧路 6800 Ⅰ 母刀闸在合位			
		29		检查 220kV 母差保护屏侧路 Ⅰ 母刀闸切换灯亮			
		30		检查 220kV 侧路 6800 操作屏 Ⅰ 母切换灯亮			
		31		检查 220kV 侧路 6800 丙刀闸瓷柱完好			
		32		合上 220kV 侧路 6800 丙刀闸			
		33		检查 220kV 侧路 6800 丙刀闸在合位			
		34		拉开 220kV 侧路 6800 端子箱刀闸总电源开关			
		35		合上 220kV 侧路 6800 开关			
		36		检查 220kV 侧路 6800 开关在合位			
		37		拉开 220kV 侧路 6800 开关			
		38		检查 220kV 侧路 6800 开关在开位			
		39		检查 220kV 侧路 6800 开关电流为 0A			
备注:							
操作人:	监护人:		值班负责人:		站长(运行专工):		

续表

变电站(发电厂)倒闸操作票

单位:柳树 220kV 变电站 年 月 日 编号:LS 13

<table>
<tr><td colspan="2">发令时间</td><td colspan="2"></td><td colspan="2">调度指令号:</td><td>发令人:</td><td>受令人:</td><td colspan="2"></td></tr>
<tr><td colspan="2">操作开始时间</td><td colspan="3">年 月 日 时 分</td><td>操作结束时间</td><td colspan="4">年 月 日 时 分</td></tr>
<tr><td colspan="2">操作任务</td><td colspan="8">220kV 营柳线改侧路开关代送电</td></tr>
<tr><td>预演√</td><td>操作√</td><td>顺序</td><td>指令项</td><td colspan="4">操 作 项 目</td><td>时</td><td>分</td></tr>
<tr><td></td><td></td><td>40</td><td></td><td colspan="4">合上营柳线 6822 端子箱刀闸总电源开关</td><td></td><td></td></tr>
<tr><td></td><td></td><td>41</td><td></td><td colspan="4">检查营柳线 6822 乙刀闸在合位</td><td></td><td></td></tr>
<tr><td></td><td></td><td>42</td><td></td><td colspan="4">检查营柳线 6822 丙刀闸瓷柱完好</td><td></td><td></td></tr>
<tr><td></td><td></td><td>43</td><td></td><td colspan="4">合上营柳线 6822 丙刀闸</td><td></td><td></td></tr>
<tr><td></td><td></td><td>44</td><td></td><td colspan="4">检查营柳线 6822 丙刀闸在合位</td><td></td><td></td></tr>
<tr><td></td><td></td><td>45</td><td></td><td colspan="4">退出营柳线 6822 第一套纵联保护屏跳闸 1 公共端压板</td><td></td><td></td></tr>
<tr><td></td><td></td><td>46</td><td></td><td colspan="4">退出营柳线 6822 第一套纵联保护屏 A 相跳闸 1 压板</td><td></td><td></td></tr>
<tr><td></td><td></td><td>47</td><td></td><td colspan="4">退出营柳线 6822 第一套纵联保护屏 B 相跳闸 1 压板</td><td></td><td></td></tr>
<tr><td></td><td></td><td>48</td><td></td><td colspan="4">退出营柳线 6822 第一套纵联保护屏 C 相跳闸 1 压板</td><td></td><td></td></tr>
<tr><td></td><td></td><td>49</td><td></td><td colspan="4">退出营柳线 6822 第一套纵联保护屏三跳压板</td><td></td><td></td></tr>
<tr><td></td><td></td><td>50</td><td></td><td colspan="4">退出营柳线 6822 第一套纵联保护屏启动本线失灵压板</td><td></td><td></td></tr>
<tr><td></td><td></td><td>51</td><td></td><td colspan="4">营柳线 6822 第一套纵联保护屏本线/旁线切换把手 1 切至停用位置</td><td></td><td></td></tr>
<tr><td></td><td></td><td>52</td><td></td><td colspan="4">营柳线 6822 第一套纵联保护屏本线/旁线切换把手 2 切至停用位置</td><td></td><td></td></tr>
<tr><td></td><td></td><td>53</td><td></td><td colspan="4">取下营柳线 6822 第一套纵联保护屏本装置至营柳线电流互感器端子外层切换顺片</td><td></td><td></td></tr>
<tr><td></td><td></td><td>54</td><td></td><td colspan="4">营柳线 6822 第一套纵联保护屏营柳线电流互感器端子 A、B、C、N 端子外层用顺片短路</td><td></td><td></td></tr>
<tr><td></td><td></td><td>55</td><td></td><td colspan="4">取下营柳线 6822 第一套纵联保护屏本装置至营柳线电流互感器端子内层切换顺片</td><td></td><td></td></tr>
<tr><td></td><td></td><td>56</td><td></td><td colspan="4">营柳线 6822 第一套纵联保护屏营柳线电流互感器端子 A、B、C、N 端子内层用顺片短路</td><td></td><td></td></tr>
<tr><td colspan="10">备注:</td></tr>
<tr><td colspan="10">操作人: 监护人: 值班负责人: 站长(运行专工):</td></tr>
</table>

续表

变电站(发电厂)倒闸操作票

单位:柳树 220kV 变电站　　　　年　月　日　　　　编号:LS 13

发令时间		调度指令号:		发令人:		受令人:	
操作开始时间	年 月 日 时 分		操作结束时间	年 月 日 时 分			
操作任务	220kV 营柳线改侧路开关代送电						

预演√	操作√	顺序	指令项	操 作 项 目	时	分
		57		装上营柳线 6822 第一套纵联保护屏本装置至侧路电流互感器端外层切换顺片		
		58		装上营柳线 6822 第一套纵联保护屏本装置至侧路电流互感器端内层切换顺片		
		59		营柳线 6822 第一套纵联保护屏本线/旁线切换把手 1 切至侧路位置		
		60		营柳线 6822 第一套纵联保护屏本线/旁线切换把手 2 切至侧路位置		
		61		营柳线 6822 第一套纵联保护屏跳闸 1 公共端压板切至侧路位置		
		62		营柳线 6822 第一套纵联保护屏 A 相跳闸 1 压板切至侧路位置		
		63		营柳线 6822 第一套纵联保护屏 B 相跳闸 1 压板切至侧路位置		
		64		营柳线 6822 第一套纵联保护屏 C 相跳闸 1 压板切至侧路位置		
		65		营柳线 6822 第一套纵联保护屏三跳压板切至侧路位置		
		64		退出营柳线 6822 第一套纵联保护屏零序其他段投入压板		
		65		退出营柳线 6822 第二套纵联保护屏零序其他段投入压板		
		66		退出营柳线 6822 第二套纵联保护屏纵联保护投入压板		
		67		退出营柳线 6822 第一套纵联保护屏纵联保护投入压板		
		68		取下 220kV 侧路 6800 操作屏侧路电流互感器端子 A、B、C、N 内层短路顺片		
		69		装上 220kV 侧路 6800 操作屏侧路至线路 A、B、C、N 电流互感器端子切换顺片(内层)		
		70		取下 220kV 侧路 6800 操作屏侧路电流互感器端子 A、B、C、N 外层短路顺片		

备注:			
操作人:	监护人:	值班负责人:	站长(运行专工):

续表

变电站(发电厂)倒闸操作票

单位:柳树 220kV 变电站　　　　年　　月　　日　　　　编号:LS 13

发令时间		调度指令号:		发令人:		受令人:	
操作开始时间	年　月　日　时　分		操作结束时间	年　月　日　时　分			
操作任务	220kV 营柳线改侧路开关代送电						

预演√	操作√	顺序	指令项	操 作 项 目	时	分
		71		装上 220kV 侧路 6800 操作屏侧路至线路 A、B、C、N 电流互感器端子切换顺片(外层)		
		72		退出营柳线 6822 第二套纵联保护屏重合闸出口压板		
		73		投入 220kV 侧路 6800 保护屏重合出口压板		
		74		退出 220kV 侧路 6800 保护屏零序其他段保护投入压板		
		75		220kV 侧路 6800 开关电度表示数:有功　　无功		
		76		合上 220kV 侧路 6800 开关		
		77		检查 220kV 侧路 6800 开关在合位		
		78		检查 220kV 侧路 6800 开关电流正确(　)A		
		79		拉开营柳线 6822 开关与 220kV 侧路 6800 开关解列		
		80		检查营柳线 6822 开关在开位		
		81		检查营柳线 6822 开关电流为 0A		
		82		检查 220kV 侧路 6800 开关电流正确(　)A		
		83		投入 220kV 侧路 6800 保护屏零序其他段投入压板		
		84		投入营柳线 6822 第一套纵联保护屏零序其他段投入压板		
		85		投入营柳线 6822 第一套纵联保护屏启动侧路失灵压板		
		86		检查营柳线 6822 第一套纵联保护屏保护装置无问题		
		87		投入营柳线 6822 第一套纵联保护屏纵联保护投入压板		
		88		检查营柳线 6822 丙刀闸在合位		
		89		检查营柳线 6822 乙刀闸瓷柱完好		
		90		拉开营柳线 6822 乙刀闸		
备注:						
操作人:　　监护人:　　值班负责人:　　站长(运行专工):						

续表

变电站(发电厂)倒闸操作票

单位:柳树 220kV 变电站　　　　年　　月　　日　　　　编号:LS 13

发令时间		调度指令号:		发令人:	受令人:	
操作开始时间	年　月　日　时　分		操作结束时间	年　月　日　时　分		
操作任务	220kV 营柳线改侧路开关代送电					
预演√	操作√	顺序	指令项	操　作　项　目	时	分
		91		检查营柳线 6822 乙刀闸在开位		
		92		检查营柳线 6822 Ⅱ母刀闸在开位		
		93		检查营柳线 6822 Ⅰ母刀闸瓷柱完好		
		94		拉开营柳线 6822 Ⅰ母刀闸		
		95		检查营柳线 6822 Ⅰ母刀闸在开位		
		96		检查 220kV 母差保护屏营柳线Ⅰ母刀闸切换灯灭		
		97		检查营柳线 6822 第二套纵联保护屏Ⅰ母刀闸切换灯灭		
		98		在营柳线 6822 Ⅱ母刀闸至开关间三相验电确无电压		
		99		合上营柳线 6822 Ⅱ母刀闸至开关间接地刀闸		
		100		检查营柳线 6822 Ⅱ母刀闸至开关间接地刀闸在合位		
		101		在营柳线 6822 乙刀闸至电流互感器间三相验电确无电压		
		102		合上营柳线 6822 乙刀闸至电流互感器间接地刀闸		
		103		检查营柳线 6822 乙刀闸至电流互感器间接地刀闸在合位		
		104		拉开营柳线 6822 端子箱刀闸总电源开关		
		105		拉开营柳线 6822 开关端子箱内开关总电源开关		
		106		拉开营柳线 6822 开关端子箱内在线监测电源开关		
		107		退出营柳线 6822 第二套纵联保护屏断路器失灵启动压板		
		108		退出营柳线 6822 第二套纵联保护屏保护失灵启动压板		
		109		退出 220kV 母差保护屏营柳线跳闸出口 1 压板		
		110		退出 220kV 母差保护屏营柳线跳闸出口 2 压板		
		111		拉开营柳线 6822 第二套纵联保护屏操作 1 电源开关		
备注:						
操作人:　　监护人:　　值班负责人:　　站长(运行专工):						

续表

变电站(发电厂)倒闸操作票

单位:柳树 220kV 变电站　　　　年　月　日　　　　编号:LS 13

发令时间		调度指令号:		发令人:		受令人:
操作开始时间	年　月　日　时　分		操作结束时间	年　月　日　时　分		
操作任务	220kV 营柳线改侧路开关代送电					
预演√	操作√	顺序	指令项	操　作　项　目	时	分
		112		拉开营柳线 6822 第二套纵联保护屏操作 2 电源开关		
		113		拉开营柳线 6822 第二套纵联保护屏保护直流开关		
备注:						
操作人:	监护人:		值班负责人:	站长(运行专工):		

(14)220kV 营柳线恢复本线开关送电操作票见表 2－14。

表 2－14　220kV 营柳线恢复本线开关送电操作票

变电站(发电厂)倒闸操作票

单位:柳树 220kV 变电站　　　　年　月　日　　　　编号:LS 14

发令时间		调度指令号:		发令人:		受令人:	
操作开始时间	年　月　日　时　分		操作结束时间	年　月　日　时　分			
操作任务	220kV 营柳线恢复本线开关送电						
预演√	操作√	顺序	指令项	操　作　项　目	时	分	
		1		检查营柳线第二套纵联保护屏保护装置无问题			
		2		合上营柳线第二套纵联保护屏操作 1 电源开关			
		3		合上营柳线第二套纵联保护屏操作 2 电源开关			
		4		合上营柳线 6822 第二套纵联保护屏保护直流开关			
		5		投入营柳线 6822 第二套纵联保护屏保护失灵启动压板			
		6		投入营柳线 6822 第二套纵联保护屏断路器失灵启动压板			
		7		投入 220kV 母差保护屏营柳线跳闸出口 1 压板			
		8		投入 220kV 母差保护屏营柳线跳闸出口 2 压板			
		9		合上营柳线 6822 开关端子箱内在线监测电源开关			
		10		合上营柳线 6822 开关端子箱内开关总电源开关			
		11		合上营柳线 6822 端子箱刀闸总电源开关			
		12		拉开营柳线 6822 乙刀闸至电流互感器间接地刀闸			
		13		检查营柳线 6822 乙刀闸至电流互感器间接地刀闸在开位			
		14		拉开营柳线 6822 Ⅱ母刀闸至开关间接地刀闸			
		15		检查营柳线 6822 Ⅱ母刀闸至开关间接地刀闸在开位			
		16		检查营柳线 6822 开关在开位			
		17		检查营柳线 6822 Ⅱ母刀闸在开位			
		18		检查营柳线 6822 Ⅰ母刀闸瓷柱完好			
		19		合上营柳线 6822 Ⅰ母刀闸			
		20		检查营柳线 6822 Ⅰ母刀闸在合位			
备注:							
操作人:	监护人:		值班负责人:	站长(运行专工):			

续表

变电站(发电厂)倒闸操作票

单位:柳树 220kV 变电站　　　　年　月　日　　　　编号:LS 14

发令时间		调度指令号:		发令人:		受令人:	
操作开始时间	年　月　日　时　分		操作结束时间	年　月　日　时　分			
操作任务	220kV 营柳线恢复本线开关送电						

预演√	操作√	顺序	指令项	操作项目	时	分
		21		检查 220kV 母差保护屏营柳线Ⅰ母刀闸切换灯亮		
		22		检查营柳线 6822 第二套纵联保护屏Ⅰ母刀闸切换灯亮		
		23		检查营柳线 6822 丙刀闸在合位		
		24		检查营柳线 6822 乙刀闸瓷柱完好		
		25		合上营柳线 6822 乙刀闸		
		26		检查营柳线 6822 乙刀闸在合位		
		27		退出营柳线 6822 第一套纵联保护屏纵联保护投入压板		
		28		退出营柳线 6822 第一套纵联保护屏零序其他段投入压板		
		29		检查营柳线 6822 第二套纵联保护屏纵联保护投入压板确已退出		
		30		检查营柳线 6822 第二套纵联保护屏零序其他段投入压板确已退出		
		31		退出 220kV 侧路 6800 保护屏零序其他段投入压板		
		32		合上营柳线 6822 开关与 220kV 侧路 6800 开关并列		
		33		检查营柳线 6822 开关在合位		
		34		检查营柳线 6822 开关电流正确(　)A		
		35		检查 220kV 侧路 6800 开关电流正确(　)A		
		36		拉开 220kV 侧路 6800 开关		
		37		检查 220kV 侧路 6800 开关在开位		
		38		检查 220kV 侧路 6800 开关电流为 0A		
		39		检查营柳线 6822 开关电流正确(　)A		
		40		220kV 侧路 6800 开关电度表示数:有功　　无功		
		41		投入营柳线 6822 第二套纵联保护屏重合闸出口压板		
备注:						
操作人:　　监护人:　　值班负责人:　　站长(运行专工):						

续表

变电站(发电厂)倒闸操作票

单位:柳树 220kV 变电站　　　　年　月　日　　　　编号:LS 14

发令时间		调度指令号:		发令人:		受令人:	
操作开始时间	年 月 日 时 分			操作结束时间	年 月 日 时 分		
操作任务	220kV 营柳线恢复本线开关送电						

预演√	操作√	顺序	指令项	操作项目	时	分
		42		投入营柳线 6822 第二套纵联保护屏零序其他段投入压板		
		43		取下 220kV 侧路 6800 操作屏侧路至线路电流互感器端子外层切换顺片		
		44		将 220kV 侧路 6800 操作屏侧路电流互感器端子 A、B、C、N 端子外层用顺片短路		
		45		取下 220kV 侧路 6800 操作屏侧路至线路电流互感器端子内层切换顺片		
		46		将 220kV 侧路 6800 操作屏侧路电流互感器端子 A、B、C、N 端子内层用顺片短路		
		47		退出营柳线 6822 第一套纵联保护屏跳闸 1 公共端压板		
		48		退出营柳线 6822 第一套纵联保护屏 A 相跳闸 1 压板		
		49		退出营柳线 6822 第一套纵联保护屏 B 相跳闸 1 压板		
		50		退出营柳线 6822 第一套纵联保护屏 C 相跳闸 1 压板		
		51		退出营柳线 6822 第一套纵联保护屏三跳压板		
		52		退出营柳线 6822 第一套纵联保护屏启动侧路失灵压板		
		53		营柳线 6822 第一套纵联保护屏本线/旁线切换把手 1 切至停用位置		
		54		营柳线 6822 第一套纵联保护屏本线/旁线切换把手 2 切至停用位置		
		55		取下营柳线 6822 第一套纵联保护屏本装置至侧路电流互感器端子外层切换顺片		
		56		取下营柳线 6822 第一套纵联保护屏本装置至侧路电流互感器端子内层切换顺片		

备注:

操作人:　　　监护人:　　　值班负责人:　　　站长(运行专工):

续表

变电站(发电厂)倒闸操作票

单位:柳树220kV变电站　　　　年　月　日　　　　编号:LS 14

发令时间		调度指令号:		发令人:		受令人:	
操作开始时间	年　月　日　时　分		操作结束时间	年　月　日　时　分			
操作任务	220kV营柳线恢复本线开关送电						

预演√	操作√	顺序	指令项	操作项目	时	分
		57		取下营柳线6822第一套纵联保护屏营柳线电流互感器端子外层短路顺片		
		58		装上营柳线6822第一套纵联保护屏本装置至营柳线电流互感器端子外层切换顺片		
		59		取下营柳线6822第一套纵联保护屏营柳线电流互感器端子内层短路顺片		
		60		装上营柳线6822第一套纵联保护屏本装置至营柳线电流互感器端子内层切换顺片		
		61		营柳线6822第一套纵联保护屏本线/旁线切换把手1切至本线位置		
		62		营柳线6822第一套纵联保护屏本线/旁线切换把手2切至本线位置		
		63		营柳线6822第一套纵联保护屏跳闸1公共端压板切至本线位置		
		64		营柳线6822第一套纵联保护屏A相跳闸1压板切至本线位置		
		65		营柳线6822第一套纵联保护屏B相跳闸1压板切至本线位置		
		66		营柳线6822第一套纵联保护屏C相跳闸1压板切至本线位置		
		67		营柳线6822第一套纵联保护屏三跳压板切至本线位置		
		68		投入营柳线6822第一套纵联保护屏启动本线失灵压板		
		69		投入营柳线6822第一套纵联保护屏零序其他段投入压板		
		70		检查营柳线6822乙刀闸在合位		
		71		检查营柳线6822丙刀闸瓷柱完好		
		72		拉开营柳线6822丙刀闸		
		73		检查营柳线6822丙刀闸在开位		

备注:

操作人:　　监护人:　　值班负责人:　　站长(运行专工):

续表

变电站(发电厂)倒闸操作票

单位:柳树 220kV 变电站　　　　年　月　日　　　　编号:LS 14

发令时间		调度指令号:		发令人:		受令人:	
操作开始时间	年　月　日　时　分		操作结束时间	年　月　日　时　分			
操作任务	220kV 营柳线恢复本线开关送电						

预演√	操作√	顺序	指令项	操作项目	时	分
		74		拉开营柳线 6822 开关端子箱内刀闸总电源开关		
		75		合上 220kV 侧路 6800 开关端子箱刀闸总电源开关		
		76		检查 220kV 侧路 6800 丙刀闸瓷柱完好		
		77		拉开 220kV 侧路 6800 丙刀闸		
		78		检查 220kV 侧路 6800 丙刀闸在开位		
		79		检查 220kV 侧路 6800 Ⅱ母刀闸在开位		
		80		检查 220kV 侧路 6800 Ⅰ母刀闸瓷柱完好		
		81		拉开 220kV 侧路 6800 Ⅰ母刀闸		
		82		检查 220kV 侧路 6800 Ⅰ母刀闸在开位		
		83		检查 220kV 母差保护屏侧路Ⅰ母刀闸切换灯灭		
		84		检查 220kV 侧路 6800 操作屏Ⅰ母切换灯灭		
		85		拉开 220kV 侧路 6800 开关端子箱刀闸总电源开关		
		86		退出 220kV 母差保护屏侧路跳闸出口 1 压板		
		87		退出 220kV 母差保护屏侧路跳闸出口 2 压板		
		88		退出 220kV 侧路 6800 操作屏断路器失灵启动压板		
		89		退出 220kV 侧路 6800 保护屏保护失灵启动压板		
		90		退出 220kV 侧路 6800 保护屏重合出口压板		
		91		检查营柳线 6822 第一套纵联保护屏保护装置通道无问题		
		92		投入营柳线 6822 第一套纵联保护屏纵联保护投入压板		
		93		交换营柳线 6822 第二套纵联保护屏保护信号无问题		
		94		投入营柳线 6822 第二套纵联保护屏纵联保护投入压板		

备注:

操作人:　　　监护人:　　　值班负责人:　　　站长(运行专工):

(15)220kV 渤柳#2 线改侧路开关代送电操作票见表 2 - 15。

表 2 - 15　220kV 渤柳#2 线改侧路开关代送电操作票

变电站(发电厂)倒闸操作票

单位:柳树 220kV 变电站　　　　　年　　月　　日　　　　　　编号:LS 15

发令时间		调度指令号:		发令人:		受令人:	
操作开始时间	年　月　日　时　分		操作结束时间	年　月　日　时　分			
操作任务	220kV 渤柳#2 线改侧路开关代送电						

预演√	操作√	顺序	指令项	操　作　项　目	时	分
		1		将 220kV 侧路 6800 保护屏保护定值切至(　)区,打印与调度核对定值无误		
		2		220kV 侧路 6800 保护屏线路综合重合方式把手切至三相(与渤柳#2 线一致)位置		
		3		检查 220kV 侧路 6800 操作屏断路器失灵启动压板已投入		
		4		检查 220kV 侧路 6800 保护屏 A 相跳闸 1 压板已投入		
		5		检查 220kV 侧路 6800 保护屏 B 相跳闸 1 压板已投入		
		6		检查 220kV 侧路 6800 保护屏 C 相跳闸 1 压板已投入		
		7		检查 220kV 侧路 6800 保护屏三跳跳闸 1 压板已投入		
		8		检查 220kV 侧路 6800 保护屏保护失灵启动压板已投入		
		9		检查 220kV 侧路 6800 保护屏 A 相跳闸 2 压板已投入		
		10		检查 220kV 侧路 6800 保护屏 B 相跳闸 2 压板已投入		
		11		检查 220kV 侧路 6800 保护屏 C 相跳闸 2 压板已投入		
		12		检查 220kV 侧路 6800 保护屏三跳跳闸 2 压板已投入		
		13		检查 220kV 侧路 6800 保护屏距离Ⅰ段投入压板已投入		
		14		检查 220kV 侧路 6800 保护屏距离Ⅱ、Ⅲ段投入压板已投入		
		15		检查 220kV 侧路 6800 保护屏零序Ⅰ段保护投入压板已投入		
		16		检查 220kV 侧路 6800 保护屏零序其他段保护投入压板已投入		
		17		投入 220kV 母差保护屏侧路跳闸出口 1 压板		
		18		投入 220kV 母差保护屏侧路跳闸出口 2 压板		
备注:						
操作人:　　　　监护人:　　　　值班负责人:　　　　站长(运行专工):						

续表

变电站(发电厂)倒闸操作票

单位:柳树 220kV 变电站　　　　年　　月　　日　　　　编号:LS 15

发令时间		调度指令号:		发令人:		受令人:	
操作开始时间	年 月 日 时 分		操作结束时间	年 月 日 时 分			
操作任务	220kV 渤柳#2 线改侧路开关代送电						

预演√	操作√	顺序	指令项	操作项目	时	分
		19		检查 220kV 侧路母线完好无异物		
		20		检查 220kV 侧母所有丙刀闸均在开位		
		21		检查 220kV 侧母 6809 东接地刀闸在开位		
		22		检查 220kV 侧母 6809 西接地刀闸在开位		
		23		检查 220kV 侧路 6800 开关在开位		
		24		合上 220kV 侧路 6800 端子箱刀闸总电源开关		
		25		检查 220kV 侧路 6800 Ⅰ 母刀闸在开位		
		26		检查 220kV 侧路 6800 Ⅱ 母刀闸瓷柱完好		
		27		合上 220kV 侧路 6800 Ⅱ 母刀闸		
		28		检查 220kV 侧路 6800 Ⅱ 母刀闸在合位		
		29		检查 220kV 母差保护屏侧路 Ⅱ 母刀闸切换灯亮		
		30		检查 220kV 侧路 6800 操作屏 Ⅱ 母切换灯亮		
		31		检查 220kV 侧路 6800 丙刀闸瓷柱完好		
		32		合上 220kV 侧路 6800 丙刀闸		
		33		检查 220kV 侧路 6800 丙刀闸在合位		
		34		拉开 220kV 侧路 6800 端子箱刀闸总电源开关		
		35		合上 220kV 侧路 6800 开关		
		36		检查 220kV 侧路 6800 开关在合位		
		37		拉开 220kV 侧路 6800 开关		
		38		检查 220kV 侧路 6800 开关在开位		
		39		检查 220kV 侧路 6800 开关电流为 0A		
备注:						
操作人:　　监护人:　　值班负责人:　　站长(运行专工):						

续表

变电站(发电厂)倒闸操作票

单位:柳树 220kV 变电站　　　　年　月　日　　　　编号:LS 15

发令时间		调度指令号:		发令人:		受令人:	
操作开始时间	年　月　日　时　分			操作结束时间	年　月　日　时　分		
操作任务	220kV 渤柳#2 线改侧路开关代送电						

预演√	操作√	顺序	指令项	操作项目	时	分
		40		合上渤柳#2 线 6830 端子箱刀闸总电源开关		
		41		检查渤柳#2 线 6830 乙刀闸在合位		
		42		检查渤柳#2 线 6830 丙刀闸瓷柱完好		
		43		合上渤柳#2 线 6830 丙刀闸		
		44		检查渤柳#2 线 6830 丙刀闸在合位		
		45		退出渤柳#2 线 6830 第一套纵联保护屏分相跳闸公共端压板		
		46		退出渤柳#2 线 6830 第一套纵联保护屏 A 相跳闸压板		
		47		退出渤柳#2 线 6830 第一套纵联保护屏 B 相跳闸压板		
		48		退出渤柳#2 线 6830 第一套纵联保护屏 C 相跳闸压板		
		49		退出渤柳#2 线 6830 第一套纵联保护屏三跳及永跳公共端压板		
		50		退出渤柳#2 线 6830 第一套纵联保护屏三相跳闸跳压板		
		51		退出渤柳#2 线 6830 第一套纵联保护屏启动线路失灵压板		
		52		渤柳#2 线 6830 第一套纵联保护屏本线/旁线切换把手 1 切至停用位置		
		53		渤柳#2 线 6830 第一套纵联保护屏本线/旁线切换把手 2 切至停用位置		
		54		取下渤柳#2 线 6830 第一套纵联保护屏本装置至渤柳#2 线电流互感器端子外层切换顺片		
		55		渤柳#2 线 6830 第一套纵联保护屏渤柳#2 线电流互感器端子 A、B、C、N 端子外层用顺片短路		
备注:						
操作人:　　监护人:　　值班负责人:　　站长(运行专工):						

续表

变电站(发电厂)倒闸操作票

单位:柳树 220kV 变电站　　年　月　日　　编号:LS 15

发令时间		调度指令号:		发令人:		受令人:	
操作开始时间	年 月 日 时 分		操作结束时间	年 月 日 时 分			
操作任务	220kV 渤柳#2 线改侧路开关代送电						
预演√	操作√	顺序	指令项	操作项目		时	分
		56		取下渤柳#2 线 6830 第一套纵联保护屏本装置至渤柳#2 线电流互感器端子内层切换顺片			
		57		渤柳#2 线 6830 第一套纵联保护屏渤柳#2 线电流互感器端子 A、B、C、N 端子内层用顺片短路			
		58		装上渤柳#2 线 6830 第一套纵联保护屏本装置至侧路电流互感器端外层切换顺片			
		59		装上渤柳#2 线 6830 第一套纵联保护屏本装置至侧路电流互感器端内层切换顺片			
		60		渤柳#2 线 6830 第一套纵联保护屏本线/旁线切换把手 1 切至侧路位置			
		61		渤柳#2 线 6830 第一套纵联保护屏本线/旁线切换把手 2 切至侧路位置			
		62		渤柳#2 线 6830 第一套纵联保护屏分相跳闸公共端压板切至侧路位置			
		63		渤柳#2 线 6830 第一套纵联保护屏 A 相跳闸压板切至侧路位置			
		64		渤柳#2 线 6830 第一套纵联保护屏 B 相跳闸压板切至侧路位置			
		65		渤柳#2 线 6830 第一套纵联保护屏 C 相跳闸压板切至侧路位置			
		66		渤柳#2 线 6830 第一套纵联保护屏三跳及永跳公共端压板切至侧路位置			
		67		渤柳#2 线 6830 第一套纵联保护屏三相跳闸压板切至侧路位置			
		68		退出渤柳#2 线 6830 第一套纵联保护屏零序Ⅱ段投入压板			
备注:							
操作人:		监护人:		值班负责人:		站长(运行专工):	

续表

变电站(发电厂)倒闸操作票

单位:柳树220kV变电站　　　　年　　月　　日　　　　编号:LS 15

发令时间		调度指令号:		发令人:		受令人:	
操作开始时间	年　月　日　时　分	操作结束时间	年　月　日　时　分				
操作任务	220kV 渤柳#2 线改侧路开关代送电						

预演√	操作√	顺序	指令项	操 作 项 目	时	分
		69		退出渤柳#2 线 6830 第二套纵联保护屏零序Ⅱ段投入压板		
		70		退出渤柳#2 线 6830 第二套纵联保护屏纵联保护投入压板		
		71		退出渤柳#2 线 6830 第一套纵联保护屏分相差动投入压板		
		72		退出渤柳#2 线 6830 第一套纵联保护屏差动总投入压板		
		73		取下 220kV 侧路 6800 操作屏侧路电流互感器端子 A、B、C、N 内层短路顺片		
		74		装上 220kV 侧路 6800 操作屏侧路至线路 A、B、C、N 电流互感器端子切换顺片(内层)		
		75		取下 220kV 侧路 6800 操作屏侧路电流互感器端子 A、B、C、N 外层短路顺片		
		76		装上 220kV 侧路 6800 操作屏侧路至线路 A、B、C、N 电流互感器端子切换顺片(外层)		
		77		退出渤柳#2 线 6830 第二套纵联保护屏重合闸投入压板		
		78		投入 220kV 侧路 6800 保护屏重合出口压板		
		79		退出 220kV 侧路 6800 保护屏零序其他段保护投入压板		
		80		220kV 侧路 6800 开关电度表示数:有功　　无功		
		81		合上 220kV 侧路 6800 开关		
		82		检查 220kV 侧路 6800 开关在合位		
		83		检查 220kV 侧路 6800 开关电流正确(　　)A		
		84		拉开渤柳#2 线 6830 开关		
		85		检查渤柳#2 线 6830 开关在开位		

备注:

操作人:　　　　监护人:　　　　值班负责人:　　　　站长(运行专工):

续表

变电站(发电厂)倒闸操作票

单位:柳树 220kV 变电站　　　　年　月　日　　　　编号:LS 15

发令时间		调度指令号:		发令人:		受令人:	
操作开始时间	年 月 日 时 分		操作结束时间	年 月 日 时 分			
操作任务	220kV 渤柳#2 线改侧路开关代送电						

预演√	操作√	顺序	指令项	操　作　项　目	时	分
		86		检查渤柳#2 线 6830 开关电流为 0A		
		87		检查 220kV 侧路 6800 开关电流正确(　)A		
		88		投入 220kV 侧路 6800 保护屏零序其他段投入压板		
		89		投入渤柳#2 线 6830 第一套纵联保护屏零序Ⅱ段投入压板		
		90		投入渤柳#2 线 6830 第一套纵联保护屏启动侧路失灵压板		
		91		检查渤柳#2 线 6830 第一套纵联保护屏保护装置无问题		
		92		投入渤柳#2 线 6830 第一套纵联保护屏保护投入压板		
		93		检查渤柳#2 线 6830 丙刀闸在合位		
		94		检查渤柳#2 线 6830 乙刀闸瓷柱完好		
		95		拉开渤柳#2 线 6830 乙刀闸		
		96		检查渤柳#2 线 6830 乙刀闸在开位		
		97		检查渤柳#2 线 6830 Ⅰ母刀闸在开位		
		98		检查渤柳#2 线 6830 Ⅱ母刀闸瓷柱完好		
		99		拉开渤柳#2 线 6830 Ⅱ母刀闸		
		100		检查渤柳#2 线 6830 Ⅱ母刀闸在开位		
		101		检查 220kV 母差保护屏渤柳#2 线Ⅱ母刀闸切换灯灭		
		102		检查渤柳#2 线 6830 第二套纵联保护屏 Ⅱ母刀闸切换灯灭		
		103		在渤柳#2 线 6830 Ⅱ母刀闸至开关间三相验电确无电压		
		104		合上渤柳#2 线 6830 Ⅱ母刀闸至开关间接地刀闸		
		105		检查渤柳#2 线 6830 Ⅱ母刀闸至开关间接地刀闸在合位		
		106		在渤柳#2 线 6830 乙刀闸至电流互感器间三相验电确无电压		
备注:						
操作人:　监护人:　值班负责人:　站长(运行专工):						

续表

变电站(发电厂)倒闸操作票

单位:柳树220kV变电站　　　　　年　　月　　日　　　　　编号:LS 15

发令时间		调度指令号:		发令人:		受令人:
操作开始时间	年　月　日　时　分	操作结束时间	年　月　日　时　分			
操作任务	220kV渤柳#2线改侧路开关代送电					

预演√	操作√	顺序	指令项	操 作 项 目	时	分
		107		合上渤柳#2线6830乙刀闸至电流互感器间接地刀闸		
		108		检查渤柳#2线6830乙刀闸至电流互感器间接地刀闸在合位		
		109		拉开渤柳#2线6830端子箱刀闸总电源开关		
		110		拉开渤柳#2线6830开关端子箱内开关总电源开关		
		111		拉开渤柳#2线6830开关端子箱内在线监测电源开关		
		112		退出渤柳#2线6830第二套纵联保护屏失灵启动投入压板		
		113		退出渤柳#2线6830第二套纵联保护屏启动失灵保护1压板		
		114		退出220kV母差保护屏渤柳#2线跳闸出口1压板		
		115		退出220kV母差保护屏渤柳#2线跳闸出口2压板		
		116		拉开渤柳#2线6830第二套纵联保护屏操作1电源开关		
		117		拉开渤柳#2线6830第二套纵联保护屏操作2电源开关		
		118		拉开渤柳#2线6830第二套纵联保护屏保护电源1开关		
		119		拉开渤柳#2线6830第二套纵联保护屏保护电源2开关		

备注:

操作人:　　　　监护人:　　　　值班负责人:　　　　站长(运行专工):

(16)220kV 渤柳#2 线恢复本线开关送电操作票见表 2－16。

表 2－16 220kV 渤柳#2 线恢复本线开关送电操作票

变电站(发电厂)倒闸操作票

单位:柳树 220kV 变电站　　年　月　日　　编号:LS 16

发令时间		调度指令号:		发令人:		受令人:
操作开始时间	年 月 日 时 分		操作结束时间	年 月 日 时 分		
操作任务	220kV 渤柳#2 线恢复本线开关送电					

预演√	操作√	顺序	指令项	操 作 项 目	时	分
		1		检查渤柳#2 线第二套纵联保护屏保护装置无问题		
		2		合上渤柳#2 线 6830 第二套纵联保护屏操作 1 电源开关		
		3		合上渤柳#2 线 6830 第二套纵联保护屏操作 2 电源开关		
		4		合上渤柳#2 线 6830 第二套纵联保护屏保护电源 1 开关		
		5		合上渤柳#2 线 6830 第二套纵联保护屏保护电源 2 开关		
		6		投入渤柳#2 线 6830 第二套纵联保护屏失灵启动投入压板		
		7		投入渤柳#2 线 6830 第二套纵联保护屏启动失灵保护 1 压板		
		8		投入 220kV 母差保护屏渤柳#2 线跳闸出口 1 压板		
		9		投入 220kV 母差保护屏渤柳#2 线跳闸出口 2 压板		
		10		合上渤柳#2 线 6830 开关端子箱内在线监测电源开关		
		11		合上渤柳#2 线 6830 开关端子箱内开关总电源开关		
		12		合上渤柳#2 线 6830 端子箱刀闸总电源开关		
		13		拉开渤柳#2 线 6830 乙刀闸至电流互感器间接地刀闸		
		14		检查渤柳#2 线 6830 乙刀闸至电流互感器间接地刀闸在开位		
		15		拉开渤柳#2 线 6830 Ⅱ母刀闸至开关间接地刀闸		
		16		检查渤柳#2 线 6830 Ⅱ母刀闸至开关间接地刀闸在开位		
		17		检查渤柳#2 线 6830 开关在开位		
		18		检查渤柳#2 线 6830 Ⅰ母刀闸在开位		
		19		检查渤柳#2 线 6830 Ⅱ母刀闸瓷柱完好		
		20		合上渤柳#2 线 6830 Ⅱ母刀闸		
备注:						
操作人:		监护人:		值班负责人:	站长(运行专工):	

续表

变电站(发电厂)倒闸操作票

单位:柳树220kV变电站　　　　年　　月　　日　　　　编号:LS 16

发令时间		调度指令号:	发令人:		受令人:	
操作开始时间	年　月　日　时　分		操作结束时间	年　月　日　时　分		
操作任务	220kV 渤柳#2 线恢复本线开关送电					

预演√	操作√	顺序	指令项	操　作　项　目	时	分
		21		检查渤柳#2 线 6830 Ⅱ母刀闸在合位		
		22		检查 220kV 母差保护屏渤柳#2 线Ⅱ母刀闸切换灯亮		
		23		检查渤柳#2 线 6830 第二套纵联保护屏Ⅱ母切换灯亮		
		24		检查渤柳#2 线 6830 丙刀闸在合位		
		25		检查渤柳#2 线 6830 乙刀闸瓷柱完好		
		26		合上渤柳#2 线 6830 乙刀闸		
		27		检查渤柳#2 线 6830 乙刀闸在合位		
		28		退出渤柳#2 线 6830 第一套纵联保护屏纵联保护投入压板		
		29		退出渤柳#2 线 6830 第一套纵联保护屏零序Ⅱ段投入压板		
		30		检查渤柳#2 线 6830 第二套纵联保护屏分相差动投入压板确已退出		
		31		检查渤柳#2 线 6830 第二套纵联保护屏差动总投入压板确已退出		
		32		检查渤柳#2 线 6830 第二套纵联保护屏零序Ⅱ段投入压板确已退出		
		33		退出 220kV 侧路 6800 保护屏零序其他段投入压板		
		34		合上渤柳#2 线 6830 开关		
		35		检查渤柳#2 线 6830 开关在合位		
		36		检查渤柳#2 线 6830 开关电流正确(　)A		
		37		检查 220kV 侧路 6800 开关电流正确(　)A		
		38		拉开 220kV 侧路 6800 开关		
		39		检查 220kV 侧路 6800 开关在开位		
		40		检查 220kV 侧路 6800 开关电流为 0A		
备注:						
操作人:　　　监护人:　　　值班负责人:　　　站长(运行专工):						

续表

变电站(发电厂)倒闸操作票

单位:柳树 220kV 变电站　　　　年　月　日　　　　编号:LS 16

发令时间		调度指令号:		发令人:		受令人:	
操作开始时间	年 月 日 时 分		操作结束时间	年 月 日 时 分			
操作任务	220kV 渤柳#2 线恢复本线开关送电						

预演√	操作√	顺序	指令项	操　作　项　目	时	分
		41		检查渤柳#2 线 6830 开关电流正确(　)A		
		42		220kV 侧路 6800 开关电度表示数:有功　　无功		
		43		投入渤柳#2 线 6830 第二套纵联保护屏重合闸投入压板		
		44		投入渤柳#2 线 6830 第二套纵联保护屏零序Ⅱ段投入压板		
		45		取下 220kV 侧路 6800 操作屏侧路至线路电流互感器端子外层切换顺片		
		46		将 220kV 侧路 6800 操作屏侧路电流互感器端子 A、B、C、N 端子外层用顺片短路		
		47		取下 220kV 侧路 6800 操作屏侧路至线路电流互感器端子内层切换顺片		
		48		将 220kV 侧路 6800 操作屏侧路电流互感器端子 A、B、C、N 端子内层用顺片短路		
		49		退出渤柳#2 线 6830 第一套纵联保护屏分相跳闸公共端压板		
		50		退出渤柳#2 线 6830 第一套纵联保护屏 A 相跳闸压板		
		51		退出渤柳#2 线 6830 第一套纵联保护屏 B 相跳闸压板		
		52		退出渤柳#2 线 6830 第一套纵联保护屏 C 相跳闸压板		
		53		退出渤柳#2 线 6830 第一套纵联保护屏三跳及永跳公共端压板		
		54		退出渤柳#2 线 6830 第一套纵联保护屏三相跳闸跳压板		
		55		退出渤柳#2 线 6830 第一套纵联保护屏启动侧路失灵压板		
		56		渤柳#2 线 6830 第一套纵联保护屏本线/旁线切换把手 1 切至停用位置		
备注:						
操作人:　　监护人:　　值班负责人:　　站长(运行专工):						

续表

变电站(发电厂)倒闸操作票

单位:柳树 220kV 变电站　　　　年　月　日　　　　编号:LS 16

<table>
<tr><td>发令时间</td><td></td><td colspan="2">调度指令号:</td><td>发令人:</td><td></td><td>受令人:</td><td></td></tr>
<tr><td>操作开始时间</td><td colspan="2">年　月　日　时　分</td><td colspan="2">操作结束时间</td><td colspan="3">年　月　日　时　分</td></tr>
<tr><td>操作任务</td><td colspan="7">220kV 渤柳#2 线恢复本线开关送电</td></tr>
</table>

预演√	操作√	顺序	指令项	操作项目	时	分
		57		渤柳#2 线 6830 第一套纵联保护屏本线/旁线切换把手 2 切至停用位置		
		58		取下渤柳#2 线 6830 第一套纵联保护屏本装置至侧路电流互感器端子外层切换顺片		
		59		取下渤柳#2 线 6830 第一套纵联保护屏本装置至侧路电流互感器端子内层切换顺片		
		60		取下渤柳#2 线 6830 第一套纵联保护屏渤柳#2 线电流互感器端子外层短路顺片		
		61		装上渤柳#2 线 6830 第一套纵联保护屏本装置至渤柳#2 线电流互感器端子外层切换顺片		
		62		取下渤柳#2 线 6830 第一套纵联保护屏渤柳#2 线电流互感器端子内层短路顺片		
		63		装上渤柳#2 线 6830 第一套纵联保护屏本装置至渤柳#2 线电流互感器端子内层切换顺片		
		64		渤柳#2 线 6830 第一套纵联保护屏本线/旁线切换把手 1 切至本线位置		
		65		渤柳#2 线 6830 第一套纵联保护屏本线/旁线切换把手 2 切至本线位置		
		66		渤柳#2 线 6830 第一套纵联保护屏分相跳闸公共端压板切至本线位置		
		67		渤柳#2 线 6830 第一套纵联保护屏 A 相跳闸压板切至本线位置		

备注:

操作人:　　监护人:　　值班负责人:　　站长(运行专工):

续表

变电站(发电厂)倒闸操作票

单位:柳树 220kV 变电站　　　　年　　月　　日　　　　编号:LS 16

发令时间		调度指令号:		发令人:		受令人:	
操作开始时间	年　月　日　时　分		操作结束时间	年　月　日　时　分			
操作任务	220kV 渤柳#2 线恢复本线开关送电						

预演√	操作√	顺序	指令项	操　作　项　目	时	分
		68		渤柳#2 线 6830 第一套纵联保护屏 B 相跳闸压板切至本线位置		
		69		渤柳#2 线 6830 第一套纵联保护屏 C 相跳闸压板切至本线位置		
		70		渤柳#2 线 6830 第一套纵联保护屏三跳及永跳公共端压板切至本线位置		
		71		渤柳#2 线 6830 第一套纵联保护屏三相跳闸跳压板切至本线位置		
		72		投入渤柳#2 线 6830 第一套纵联保护屏启动线路失灵压板		
		73		投入渤柳#2 线 6830 第一套纵联保护屏零序Ⅱ段投入压板		
		74		检查渤柳#2 线 6830 乙刀闸在合位		
		75		检查渤柳#2 线 6830 丙刀闸瓷柱完好		
		76		拉开渤柳#2 线 6830 丙刀闸		
		77		检查渤柳#2 线 6830 丙刀闸在开位		
		78		拉开渤柳#2 线 6830 开关端子箱内刀闸总电源开关		
		79		合上 220kV 侧路 6800 开关端子箱刀闸总电源开关		
		80		检查 220kV 侧路 6800 丙刀闸瓷柱完好		
		81		拉开 220kV 侧路 6800 丙刀闸		
		82		检查 220kV 侧路 6800 丙刀闸在开位		
		83		检查 220kV 侧路 6800 Ⅰ母刀闸在开位		
		84		检查 220kV 侧路 6800 Ⅱ母刀闸瓷柱完好		
		85		拉开 220kV 侧路 6800 Ⅱ母刀闸		
		86		检查 220kV 侧路 6800 Ⅱ母刀闸在开位		
		87		检查 220kV 母差保护屏侧路Ⅱ母刀闸切换灯灭		
备注:						
操作人:　　监护人:　　值班负责人:　　站长(运行专工):						

续表

变电站(发电厂)倒闸操作票

单位:柳树 220kV 变电站　　　　　　　　年　　月　　日　　　　　　　　编号:LS 16

发令时间		调度指令号:		发令人:		受令人:
操作开始时间	年　月　日　时　分		操作结束时间	年　月　日　时　分		
操作任务	220kV 渤柳#2 线恢复本线开关送电					
预演√	操作√	顺序	指令项	操　作　项　目	时	分
		88		检查 220kV 侧路 6800 操作屏Ⅱ母切换灯灭		
		89		拉开 220kV 侧路 6800 开关端子箱刀闸总电源开关		
		90		退出 220kV 母差保护屏侧路跳闸出口 1 压板		
		91		退出 220kV 母差保护屏侧路跳闸出口 2 压板		
		92		退出 220kV 侧路 6800 操作屏断路器失灵启动压板		
		93		退出 220kV 侧路 6800 保护屏保护失灵启动压板		
		94		退出 220kV 侧路 6800 保护屏重合出口压板		
		95		检查渤柳#2 线 6830 第一套纵联保护屏保护装置通道无问题		
		96		投入渤柳#2 线 6830 第一套纵联保护屏纵联保护投入压板		
		97		检查渤柳#2 线 6830 第二套纵联保护屏保护装置通道无问题		
		98		投入渤柳#2 线 6830 第二套纵联保护屏分相差动投入压板		
		99		投入渤柳#2 线 6830 第二套纵联保护屏差动总投入压板		
备注:						
操作人:　　　监护人:　　　值班负责人:　　　站长(运行专工):						

(17)66kV 范柳甲线停电，I 侧母停止备用操作票见表 2－17。

表 2－17 66kV 范柳甲线停电，I 侧母停止备用操作票

变电站(发电厂)倒闸操作票

单位：柳树 220kV 变电站　　　　年　　月　　日　　　　编号：LS 17

发令时间		调度指令号：		发令人：		受令人：	
操作开始时间	年　月　日　时　分		操作结束时间	年　月　日　时　分			
操作任务	66kV 范柳甲线停电，I 侧母停止备用						

预演√	操作√	顺序	指令项	操 作 项 目	时	分
		1		拉开范柳甲线 4938 开关		
		2		检查范柳甲线 4938 开关电流为 0A		
		3		检查范柳甲线 4938 开关在开位		
		4		检查范柳甲线 4938 丙刀闸在开位		
		5		检查范柳甲线 4938 乙刀闸瓷柱完好		
		6		拉开范柳甲线 4938 乙刀闸		
		7		检查范柳甲线 4938 乙刀闸在开位		
		8		检查范柳甲线 4938 I 母刀闸在开位		
		9		检查范柳甲线 4938 Ⅲ母刀闸瓷柱完好		
		10		拉开范柳甲线 4938 Ⅲ母刀闸		
		11		检查范柳甲线 4938 Ⅲ母刀闸在开位		
		12		检查范柳甲线 4938 保护屏 Ⅲ 母刀闸切换灯灭		
		13		检查 66kV Ⅰ－Ⅲ母差屏范柳甲线Ⅲ母刀闸切换灯灭		
		14		检查 66kV I 侧母所有丙刀闸均在开位		
		15		在范柳甲线 4938 Ⅲ母刀闸至开关间三相验电确无电压		
		16		合上范柳甲线 4938 Ⅲ母刀闸至开关间接地刀闸		
		17		检查范柳甲线 4938 Ⅲ母刀闸至开关间接地刀闸在合位		
		18		在范柳甲线 4938 乙刀闸线路侧三相验电确无电压		
		19		在范柳甲线 4938 乙刀闸线路侧装设#　接地线		
		20		在范柳甲线 4938 丙刀闸母线侧三相验电确无电压		
备注：						
操作人：　　监护人：　　值班负责人：　　站长(运行专工)：						

续表

变电站(发电厂)倒闸操作票

单位:柳树 220kV 变电站　　　　年　月　日　　　　编号:LS 17

发令时间		调度指令号:	发令人:	受令人:
操作开始时间	年　月　日　时　分	操作结束时间	年　月　日　时　分	
操作任务	66kV 范柳甲线停电,Ⅰ侧母停止备用			

预演√	操作√	顺序	指令项	操作项目	时	分
		21		在范柳甲线 4938 丙刀闸母线侧装设#　接地线		
		22		拉开范柳甲线 4938 开关端子箱开关总电源开关		
		23		拉开范柳甲线 4938 开关端子箱在线监测电源开关		
		24		拉开范柳甲线 4938 保护屏保护直流开关		
		25		退出 66kV Ⅰ－Ⅲ母差保护屏范柳甲线出口压板		
		26		退出 66kV 备自投 A 屏Ⅰ－Ⅲ母合范柳甲线压板		
		37		退出 66kV 备自投 A 屏Ⅰ－Ⅲ母跳范柳甲线压板		
				注:如果此回路刀闸是电动操作机构,拉开刀闸前合上刀闸操作箱内操作电源,检查刀闸在开位后拉开操作电源		

备注:

操作人:　　　监护人:　　　值班负责人:　　　站长(运行专工):

(18)66kV 范柳甲线送电，Ⅰ侧母恢复备用操作票见表 2－18。

表 2－18 66kV 范柳甲线送电，Ⅰ侧母恢复备用操作票

变电站(发电厂)倒闸操作票

单位:柳树 220kV 变电站　　年　月　日　　编号:LS 18

发令时间		调度指令号:		发令人:		受令人:	
操作开始时间	年 月 日 时 分			操作结束时间	年 月 日 时 分		
操作任务	66kV 范柳甲线送电，Ⅰ侧母恢复备用						
预演√	操作√	顺序	指令项	操 作 项 目		时	分
		1		合上范柳甲线 4938 保护屏保护直流开关			
		2		投入 66kV Ⅰ－Ⅲ母差保护屏范柳甲线出口压板			
		3		合上范柳甲线 4938 开关端子箱开关总电源开关			
		4		合上范柳甲线 4938 开关端子箱在线监测电源开关			
		5		拆除范柳甲线 4938 丙刀闸母线侧#　接地线			
		6		检查范柳甲线 4938 丙刀闸母线侧#　接地线确已拆除			
		7		拆除范柳甲线 4938 乙刀闸线路侧#　接地线			
		8		检查范柳甲线 4938 乙刀闸线路侧#　接地线确已拆除			
		9		拉开范柳甲线 4938Ⅲ母刀闸至开关间接地刀闸			
		10		检查范柳甲线 4938Ⅲ母刀闸至开关间接地刀闸在开位			
		11		检查范柳甲线 4938 开关在开位			
		12		检查范柳甲线 4938Ⅰ母刀闸在开位			
		13		检查范柳甲线 4938Ⅲ母刀闸瓷柱完好			
		14		合上范柳甲线 4938Ⅲ母刀闸			
		15		检查范柳甲线 4938Ⅲ母刀闸在合位			
		16		检查范柳甲线 4938 保护屏Ⅲ母刀闸切换灯亮			
		17		检查 66kVⅠ－Ⅲ母差屏范柳甲线Ⅲ母刀闸切换灯亮			
		18		检查范柳甲线 4938 丙刀闸在开位			
		19		检查范柳甲线 4938 乙刀闸瓷柱完好			
		20		合上范柳甲线 4938 乙刀闸			
备注:							
操作人:		监护人:		值班负责人:		站长(运行专工):	

续表

变电站(发电厂)倒闸操作票

单位:柳树 220kV 变电站　　　　年　月　日　　　　编号:LS 18

发令时间		调度指令号:		发令人:		受令人:	
操作开始时间	年 月 日 时 分		操作结束时间	年 月 日 时 分			
操作任务	66kV 范柳甲线送电,I 侧母恢复备用						

预演√	操作√	顺序	指令项	操 作 项 目	时	分
		21		检查范柳甲线 4938 乙刀闸在合位		
		22		合上范柳甲线 4938 开关		
		23		检查范柳甲线 4938 开关电流正确(　)A		
		24		检查范柳甲线 4938 开关电气指示在合位		
		25		检查范柳甲线 4938 开关机械指示在合位		
				注:1. 如果此回路刀闸是电动操作机构,合上刀闸前合上刀闸操作箱内操作电源。检查刀闸在合位后拉开操作电源		
				2. 范柳甲线送电进线备自投放电。进线备自投失去作用		
备注:						
操作人:		监护人:		值班负责人: 站长(运行专工):		

(19)66kV 范柳甲线改Ⅰ侧路开关代送电操作票见表2－19。

表2－19 66kV 范柳甲线改Ⅰ侧路开关代送电操作票

变电站(发电厂)倒闸操作票

单位:柳树220kV 变电站　　年　月　日　　编号:LS 19

<table>
<tr><td colspan="2">发令时间</td><td colspan="2"></td><td>调度指令号:</td><td colspan="2">发令人:</td><td>受令人:</td><td></td></tr>
<tr><td colspan="2">操作开始时间</td><td colspan="3">年 月 日 时 分</td><td>操作结束时间</td><td colspan="3">年 月 日 时 分</td></tr>
<tr><td colspan="2">操作任务</td><td colspan="7">66kV 范柳甲线改Ⅰ侧路开关代送电</td></tr>
<tr><td>预演√</td><td>操作√</td><td>顺序</td><td>指令项</td><td colspan="3">操 作 项 目</td><td>时</td><td>分</td></tr>
<tr><td></td><td></td><td>1</td><td></td><td colspan="3">将66kVⅠ侧路4900保护屏保护定值切至(　)区,打印并与调度核对正确</td><td></td><td></td></tr>
<tr><td></td><td></td><td>2</td><td></td><td colspan="3">投入(或检查)66kVⅠ侧路4900保护屏跳闸出口压板</td><td></td><td></td></tr>
<tr><td></td><td></td><td>3</td><td></td><td colspan="3">投入(或检查)66kVⅠ侧路4900保护屏距离投入压板</td><td></td><td></td></tr>
<tr><td></td><td></td><td>4</td><td></td><td colspan="3">投入(或检查)66kVⅠ侧路4900保护屏过流投入压板</td><td></td><td></td></tr>
<tr><td></td><td></td><td>5</td><td></td><td colspan="3">投入(或检查)66kVⅠ－Ⅲ母差保护屏侧路出口压板</td><td></td><td></td></tr>
<tr><td></td><td></td><td>6</td><td></td><td colspan="3">检查66kVⅠ侧母线完好无异物</td><td></td><td></td></tr>
<tr><td></td><td></td><td>7</td><td></td><td colspan="3">检查66kVⅠ侧母所有丙刀闸均在开位</td><td></td><td></td></tr>
<tr><td></td><td></td><td>8</td><td></td><td colspan="3">检查66kVⅠ侧路4900开关在开位</td><td></td><td></td></tr>
<tr><td></td><td></td><td>9</td><td></td><td colspan="3">检查66kVⅠ侧路4900Ⅰ母刀闸在开位</td><td></td><td></td></tr>
<tr><td></td><td></td><td>10</td><td></td><td colspan="3">检查66kVⅠ侧路4900Ⅲ母刀闸瓷柱完好</td><td></td><td></td></tr>
<tr><td></td><td></td><td>11</td><td></td><td colspan="3">合上66kVⅠ侧路4900Ⅲ母刀闸操作电源开关</td><td></td><td></td></tr>
<tr><td></td><td></td><td>12</td><td></td><td colspan="3">合上66kVⅠ侧路4900Ⅲ母刀闸</td><td></td><td></td></tr>
<tr><td></td><td></td><td>13</td><td></td><td colspan="3">检查66kVⅠ侧路4900Ⅲ母刀闸在合位</td><td></td><td></td></tr>
<tr><td></td><td></td><td>14</td><td></td><td colspan="3">检查66kVⅠ－Ⅲ母差保护屏Ⅰ侧路Ⅲ母刀闸切换灯亮</td><td></td><td></td></tr>
<tr><td></td><td></td><td>15</td><td></td><td colspan="3">检查66kVⅠ侧路4900保护屏Ⅲ母切换灯亮</td><td></td><td></td></tr>
<tr><td></td><td></td><td>16</td><td></td><td colspan="3">拉开66kVⅠ侧路4900Ⅲ母刀闸操作电源开关</td><td></td><td></td></tr>
<tr><td></td><td></td><td>17</td><td></td><td colspan="3">检查66kVⅠ侧路4900丙刀闸瓷柱完好</td><td></td><td></td></tr>
<tr><td></td><td></td><td>18</td><td></td><td colspan="3">合上66kVⅠ侧路4900丙刀闸操作电源开关</td><td></td><td></td></tr>
<tr><td></td><td></td><td>19</td><td></td><td colspan="3">合上66kVⅠ侧路4900丙刀闸</td><td></td><td></td></tr>
<tr><td colspan="9">备注:</td></tr>
<tr><td colspan="9">操作人:　　监护人:　　值班负责人:　　站长(运行专工):</td></tr>
</table>

续表

变电站(发电厂)倒闸操作票

单位:柳树 220kV 变电站　　　　年　月　日　　　　编号:LS 19

发令时间		调度指令号:		发令人:		受令人:	
操作开始时间	年 月 日 时 分		操作结束时间	年 月 日 时 分			
操作任务	66kV 范柳甲线改Ⅰ侧路开关代送电						

预演√	操作√	顺序	指令项	操 作 项 目	时	分
		20		检查 66kVⅠ侧路 4900 丙刀闸在合位		
		21		拉开 66kVⅠ侧路 4900 丙刀闸操作电源开关		
		22		合上 66kVⅠ侧路 4900 开关		
		23		检查 66kVⅠ侧路 4900 开关在合位		
		24		拉开 66kVⅠ侧路 4900 开关		
		25		检查 66kVⅠ侧路 4900 开关在开位		
		26		检查范柳甲线 4938 乙刀闸在合位		
		27		检查范柳甲线 4938 丙刀闸瓷柱完好		
		28		合上范柳甲线 4938 丙刀闸		
		29		检查范柳甲线 4938 丙刀闸在合位		
		30		投入 66kVⅠ侧路 4900 保护屏重合闸投入压板		
		31		投入 66kVⅠ侧路 4900 保护屏合闸出口压板		
		32		66kVⅠ侧路 4900 电度表数为(　)		
		33		合上 66kVⅠ侧路 4900 开关		
		34		检查 66kVⅠ侧路 4900 开关电流正确(　)A		
		35		检查 66kVⅠ侧路 4900 开关在合位		
		36		拉开范柳甲线 4938 开关与 66kVⅠ侧路 4900 开关解列		
		37		检查范柳甲线 4938 开关电流为 0A		
		38		检查 66kVⅠ侧路 4900 开关电流正确(　)A		
		39		检查范柳甲线 4938 开关在开位		
		40		检查范柳甲线 4938 丙刀闸在合位		
备注:						
操作人:　监护人:　值班负责人:　站长(运行专工):						

续表

变电站(发电厂)倒闸操作票

单位:柳树 220kV 变电站　　　　年　月　日　　　　编号:LS 19

发令时间		调度指令号:		发令人:		受令人:	
操作开始时间	年 月 日 时 分		操作结束时间	年 月 日 时 分			
操作任务	66kV 范柳甲线改Ⅰ侧路开关代送电						

预演√	操作√	顺序	指令项	操作项目	时	分
		41		范柳甲线 4938 乙刀闸瓷柱完好		
		42		拉开范柳甲线 4938 乙刀闸		
		43		检查范柳甲线 4938 乙刀闸在开位		
		44		检查范柳甲线 4938 Ⅰ母刀闸在开位		
		45		检查范柳甲线 4938 Ⅲ母刀闸瓷柱完好		
		46		拉开范柳甲线 4938 Ⅲ母刀闸		
		47		检查范柳甲线 4938 Ⅲ母刀闸在开位		
		48		检查 66kV Ⅰ－Ⅲ母差保护屏范柳甲线Ⅲ母刀闸切换灯灭		
		49		检查范柳甲线 4938 保护屏Ⅲ母刀闸切换灯灭		
		50		在范柳甲线 4938 Ⅲ母刀闸至开关间三相验电确无电压		
		51		合上范柳甲线 4938 Ⅲ母刀闸至开关间接地刀闸		
		52		检查范柳甲线 4938 Ⅲ母刀闸至开关间接地刀闸在合位		
		53		在范柳甲线 4938 乙刀闸至电流互感器间三相验电确无电压		
		54		合上范柳甲线 4938 乙刀闸至电流互感器间接地刀闸		
		55		检查范柳甲线 4938 乙刀闸至电流互感器间接地刀闸在合位		
		56		拉开范柳甲线 4938 端子箱开关总电源开关		
		57		拉开范柳甲线 4938 端子箱在线检测电源开关		
		58		拉开范柳甲线 4938 保护屏保护电源开关		
		59		退出 66kV Ⅰ－Ⅲ母差保护屏范柳甲线出口压板		

备注:

操作人:　　监护人:　　值班负责人:　　站长(运行专工):

(20)66kV 范柳甲线恢复本线开关送电操作票见表 2－20。

表 2－20　66kV 范柳甲线恢复本线开关送电操作票

变电站(发电厂)倒闸操作票

单位:柳树 220kV 变电站　　　　年　月　日　　　　编号:LS 20

发令时间			调度指令号:	发令人:	受令人:	
操作开始时间	年　月　日　时　分		操作结束时间	年　月　日　时　分		
操作任务	66kV 范柳甲线恢复本线开关送电					
预演√	操作√	顺序	指令项	操　作　项　目	时	分
		1		合上范柳甲线 4938 保护屏保护直流开关		
		2		投入 66kV Ⅰ－Ⅲ母差保护屏范柳甲线出口压板		
		3		合上范柳甲线 4938 端子箱开关总电源开关		
		4		合上范柳甲线 4938 端子箱在线检测电源开关		
		5		拉开范柳甲线 4938 乙刀闸至电流互感器间接地刀闸		
		6		检查范柳甲线 4938 乙刀闸至电流互感器间接地刀闸在开位		
		7		拉开范柳甲线 4938Ⅲ母刀闸至开关间接地刀闸		
		8		检查范柳甲线 4938Ⅲ母刀闸至开关间接地刀闸在开位		
		9		检查范柳甲线 4938 开关在开位		
		10		检查范柳甲线 4938 Ⅰ母刀闸在开位		
		11		检查范柳甲线 4938Ⅲ母刀闸瓷柱完好		
		12		合上范柳甲线 4938Ⅲ母刀闸		
		13		检查范柳甲线 4938Ⅲ母刀闸在合位		
		14		检查范柳甲线 4938 保护屏Ⅲ母刀闸切换灯亮		
		15		检查 66kV Ⅰ－Ⅲ母差保护屏范柳甲线Ⅲ母刀闸切换灯亮		
		16		检查范柳甲线 4938 丙刀闸在合位		
		17		检查范柳甲线 4938 乙母刀闸瓷柱完好		
		18		合上范柳甲线 4938 乙刀闸		
		19		检查范柳甲线 4938 乙刀闸在合位		
		20		合上范柳甲线 4938 开关与 66kV Ⅰ侧路 4900 开关并列		
备注:						
操作人:　　监护人:　　值班负责人:　　站长(运行专工):						

续表

变电站(发电厂)倒闸操作票

单位:柳树 220kV 变电站　　　　年　月　日　　　　编号:LS 20

发令时间		调度指令号:		发令人:		受令人:	
操作开始时间	年 月 日 时 分			操作结束时间	年 月 日 时 分		
操作任务	66kV 范柳甲线恢复本线开关送电						

预演√	操作√	顺序	指令项	操作项目	时	分
		21		检查范柳甲线 4938 开关电流正确(　)A		
		22		检查范柳甲线 4938 开关在合位		
		23		拉开 66kV Ⅰ 侧路 4900 开关		
		24		检查范柳甲线 4938 开关电流正确(　)A		
		25		检查 66kV Ⅰ 侧路 4900 开关在开位		
		26		66kV Ⅰ 侧路 4900 电度表数为(　)		
		27		检查范柳甲线 4938 乙刀闸在合位		
		28		检查范柳甲线 4938 丙刀闸瓷柱完好		
		29		拉开范柳甲线 4938 丙刀闸		
		30		检查范柳甲线 4938 丙刀闸在开位		
		31		检查 66kV Ⅰ 侧路 4900 丙刀闸瓷柱完好		
		32		合上 66kV Ⅰ 侧路 4900 丙刀闸操作电源开关		
		33		拉开 66kV Ⅰ 侧路 4900 丙刀闸		
		34		检查 66kV Ⅰ 侧路 4900 丙刀闸在开位		
		35		拉开 66kV Ⅰ 侧路 4900 丙刀闸操作电源开关		
		36		检查 66kV Ⅰ 侧路 4900 Ⅰ 母刀闸在开位		
		37		检查 66kV Ⅰ 侧路 4900 Ⅲ 母刀闸瓷柱完好		
		38		合上 66kV Ⅰ 侧路 4900 Ⅲ 母刀闸操作电源开关		
		39		拉开 66kV Ⅰ 侧路 4900 Ⅲ 母刀闸		
		40		检查 66kV Ⅰ 侧路 4900 Ⅲ 母刀闸在开位		
		41		拉开 66kV Ⅰ 侧路 4900 Ⅲ 母刀闸操作电源开关		
备注:						
操作人:　　监护人:　　值班负责人:　　站长(运行专工):						

续表

变电站(发电厂)倒闸操作票

单位:柳树 220kV 变电站　　　　年　　月　　日　　　　编号:LS 20

发令时间		调度指令号:		发令人:		受令人:
操作开始时间	年　月　日　时　分			操作结束时间	年　月　日　时　分	
操作任务	66kV 范柳甲线恢复本线开关送电					
预演√	操作√	顺序	指令项	操作项目	时	分
		42		检查 66kV Ⅰ侧路 4900 保护屏Ⅲ母切换灯灭		
		43		检查 66kV Ⅰ－Ⅲ母差保护屏Ⅰ侧路Ⅲ母刀闸切换灯灭		
		44		退出 66kV Ⅰ侧路 4900 保护屏重合闸投入压板		
		45		退出 66kV Ⅰ侧路 4900 保护屏合闸出口压板		
备注:						
操作人:		监护人:		值班负责人:	站长(运行专工):	

(21)一号站内变停电操作票见表2－21。

表2－21　一号站内变停电操作票

变电站(发电厂)倒闸操作票

单位:柳树220kV 变电站　　　　年　　月　　日　　　　编号:LS 21

发令时间		调度指令号:		发令人:		受令人:	
操作开始时间	年　月　日　时　分		操作结束时间	年　月　日　时　分			
操作任务	一号站内变停电						

预演√	操作√	顺序	指令项	操作项目	时	分
		1		拉开一号交流屏站内变交流断线报警装置一号站内变信号正电源直流开关		
		2		检查二号交流屏二号站内变进线表记三相正确(　)A		
		3		检查二号交流屏站用变电源开关把手在自动位置		
		4		拉开一号站内变4982 开关		
		5		检查一号站内变二次三相电流正确(　)A		
		6		检查二号交流屏二号站内变进线合闸指示灯亮		
		7		检查二号交流屏二号站内变二次交流总开关在合位		
		8		检查二号交流屏二号站内变二次三相电流正确(　)A		
		9		检查六号交流屏一号站内变进线合闸指示灯灭		
		10		检查六号交流屏一号站内变二次交流总开关在开位		
		11		检查二号交流屏一号站内变进线分闸及指示灯亮		
		12		检查一号站内变4982 开关在开位		
		13		检查一号站内变4982 乙刀闸瓷柱完好		
		14		拉开一号站内变4982 乙刀闸		
		15		检查一号站内变4982 乙刀闸在开位		
		16		检查一号站内变4982Ⅳ母刀闸在开位		
		17		检查一号站内变4982Ⅱ母刀闸瓷柱完好		
		18		拉开一号站内变4982Ⅱ母刀闸		
		19		检查一号站内变4982Ⅱ母刀闸在开位		
备注:						
操作人:　　监护人:　　值班负责人:　　站长(运行专工):						

续表

变电站(发电厂)倒闸操作票

单位:柳树 220kV 变电站　　　　　　年　　月　　日　　　　　　　　编号:LS 21

发令时间		调度指令号:		发令人:		受令人:	
操作开始时间	年　月　日　时　分		操作结束时间		年　月　日　时　分		
操作任务	一号站内变停电						

预演√	操作√	顺序	指令项	操作项目	时	分
		20		检查 66kV Ⅱ－Ⅳ母差保护屏一号站内变Ⅱ母切换灯灭		
		21		检查一号站内变 4982 Ⅳ母刀闸在开位		
		22		打开一号站内变 4982 栅栏门		
		23		拉开一号站内变 4982 二次 01 刀闸		
		24		检查一号站内变 4982 二次 01 刀闸在开位		
		25		在一号站内变 4982 Ⅳ母刀闸至开关间三相验电确无电压		
		26		合上一号站内变 4982 Ⅳ母刀闸至开关间接地刀闸		
		27		检查一号站内变 4982 Ⅳ母刀闸至开关间接地刀闸在合位		
		28		在一号站内变 4982 乙刀闸至电流互感器间三相验电确无电压		
		29		合上一号站内变 4982 乙刀闸至电流互感器间接地刀闸		
		30		检查一号站内变 4982 乙刀闸至电流互感器间接地刀闸在合位		
		31		在一号站内变 4982 二次 01 刀闸负荷侧(下端)三相验电确无电压		
		32		在一号站内变 4982 二次 01 刀闸负荷侧(下端)装设#　接地线		
		33		拉开一号站内变 4982 端子箱开关电源开关		
		34		拉开一号站内变 4982 端子箱在线监测电源开关		
		35		拉开一号站内变 4982 保护屏保护直流开关		
		36		退出 66kV Ⅰ－Ⅲ母差保护屏一号站内变出口压板		

备注:

操作人:　　　　监护人:　　　　值班负责人:　　　　站长(运行专工):

（22）一号站内变送电操作票见表 2－22。

表 2－22　一号站内变送电操作票

变电站（发电厂）倒闸操作票

单位：柳树 220kV 变电站　　　　　　年　　月　　日　　　　　　编号：LS 22

发令时间		调度指令号：		发令人：		受令人：
操作开始时间		年　月　日　时　分		操作结束时间	年　月　日　时　分	
操作任务	一号站内变送电					
预演√	操作√	顺序	指令项	操　作　项　目	时	分
		1		合上一号站内变 4982 保护屏保护直流开关		
		2		投入 66kV Ⅰ－Ⅲ母差保护屏一号站内变出口压板		
		3		合上一号站内变 4982 端子箱开关电源开关		
		4		合上一号站内变 4982 端子箱在线监测电源开关		
		5		拆除一号站内变 4982 二次 01 负荷侧（下端）刀闸装设#　接地线		
		6		检查一号站内变 4982 二次 01 刀闸负荷侧（下端）装设#　接地线确已拆除		
		7		拉开一号站内变 4982 乙刀闸至电流互感器间接地刀闸		
		8		检查一号站内变 4982 乙刀闸至电流互感器间接地刀闸在开位		
		9		拉开一号站内变 4982Ⅳ母刀闸至开关间接地刀闸		
		10		检查一号站内变 4982Ⅳ母刀闸至开关间接地刀闸在开位		
		11		检查一号站内变 4982 开关在开位		
		12		检查一号站内变 4982Ⅳ母刀闸在开位		
		13		检查一号站内变 4982Ⅱ母刀闸瓷柱完好		
		14		合上一号站内变 4982Ⅱ母刀闸		
		15		检查一号站内变 4982Ⅱ母刀闸在合位		
		16		检查 66kVⅡ－Ⅳ母差保护屏一号站内变Ⅱ母切换灯亮		
		17		检查一号站内变 4982 乙母刀闸瓷柱完好		
		18		合上一号站内变 4982 乙刀闸		
		19		检查一号站内变 4982 乙刀闸在合位		
备注：						
操作人：		监护人：		值班负责人：	站长（运行专工）：	

续表

变电站(发电厂)倒闸操作票

单位:柳树 220kV 变电站　　　　年　月　日　　　　编号:LS 22

发令时间		调度指令号:		发令人:		受令人:	
操作开始时间	年　月　日　时　分		操作结束时间	年　月　日　时　分			
操作任务	一号站内变送电						

预演√	操作√	顺序	指令项	操作项目	时	分
		20		合上一号站内变 4982 二次 01 刀闸		
		21		检查一号站内变 4982 二次 01 刀闸在合位		
		22		关上一号站内变 4982 栅栏门		
		23		合上一号站内变 4982 开关		
		24		检查一号站内变 4982 开关在合位		
		25		检查六号交流屏一号站内变进线表记三相正确(　)V		
		26		将二号交流屏站用变电源开关切至手动位置		
		27		拉开二号交流屏二号站内变二次交流总开关		
		28		检查二号交流屏二号站内变二次交流总开关在开位		
		29		检查二号交流屏二号站内变进线分闸指示灯亮		
		30		合上六号交流屏一号站内变二次交流总开关		
		31		检查六号交流屏一号站内变二次交流总开关在合位		
		32		检查六号交流屏一号站内变进线合闸指示灯亮		
		33		检查六号交流屏一号站内变二次电流三相正确(　)A		
		34		将二号交流屏站用变电源开关切至自动位置		
		35		合上一号交流屏站内变交流断线报警装置一号站内变信号正电源直流开关		

备注:

操作人:　　监护人:　　值班负责人:　　站长(运行专工):

(23)66kV Ⅰ母电压互感器停电操作票见表2－23。

表2－23 66kV Ⅰ母电压互感器停电操作票

变电站(发电厂)倒闸操作票

单位:柳树220kV变电站　　年　月　日　　编号:LS 23

发令时间		调度指令号:		发令人:		受令人:	
操作开始时间	年 月 日 时 分			操作结束时间	年 月 日 时 分		
操作任务	66kV Ⅰ母电压互感器停电						
预演√	操作√	顺序	指令项	操作项目		时	分
		1		检查(或投入)66kV Ⅰ母联4910保护屏保护跳闸压板在投入位置			
		2		检查(或投入)66kV Ⅰ－Ⅲ母差保护屏Ⅰ母联出口压板在投入位置			
		3		退出66kV母联备自投A屏主变/母联备自投装置检修压板			
		4		退出66kV母联备自投A屏一号主变检修压板			
		5		退出66kV母联备自投A屏二号主变检修压板			
		6		退出66kV母联备自投A屏Ⅰ母联备自投投退压板			
		7		退出66kV母联备自投A屏主变备自投投退压板			
		8		退出66kV母联备自投A屏主变备自投合一号主变低压侧开关压板			
		9		退出66kV母联备自投A屏主变/母联备自投跳一号主变低压侧开关压板			
		10		退出66kV母联备自投A屏主变备自投合一号主变高压侧开关压板			
		11		退出66kV母联备自投A屏主变备自投跳一号主变高压侧开关压板			
		12		退出66kV母联备自投A屏主变备自投合二号主变低压侧开关压板			
		13		退出66kV母联备自投A屏主变/母联备自投跳二号主变低压侧开关压板			
		14		退出66kV母联备自投A屏主变备自投合二号主变高压侧开关压板			
		15		退出66kV母联备自投A屏主变备自投跳二号主变高压侧开关压板			
		16		退出66kV母联备自投A屏母联备自投合66kV Ⅰ母联开关压板			
		17		退出66kV母联备自投A屏母联备自投跳66kV Ⅰ母联开关压板			
		18		退出66kV母联备自投A屏主变/母联备自投联切一号电容器压板			
备注:							
操作人:		监护人:		值班负责人:	站长(运行专工):		

续表

变电站(发电厂)倒闸操作票

单位:柳树220kV变电站　　　　年　月　日　　　　编号:LS 23

发令时间		调度指令号:		发令人:		受令人:	
操作开始时间	年　月　日　时　分		操作结束时间	年　月　日　时　分			
操作任务	66kVⅠ母电压互感器停电						

预演√	操作√	顺序	指令项	操作项目	时	分
		19		退出66kV母联备自投A屏主变/母联备自投联切二号电容器压板		
		20		退出66kV母联备自投A屏主变/母联备自投联切树钢一线压板		
		21		退出66kV母联备自投A屏主变/母联备自投联切树钢二线压板		
		22		退出66kV母联备自投A屏主变/母联备自投联切树营三线压板		
		23		退出66kV母联备自投A屏主变/母联备自投联切树钢三压板		
		24		退出66kV母联备自投A屏主变/母联备自投联切树钢四线压板		
		25		合上66kVⅠ母联4910开关		
		26		检查66kVⅠ母联4910开关电流正确(　)A		
		27		检查66kVⅠ母联4910开关在合位		
		28		检查66kVⅠ-Ⅲ母差保护屏Ⅰ母联TWJ灯灭		
		29		将公用屏66kVⅠ-Ⅲ母PT投退控制把手切至投入位置		
		30		检查公用屏66kVⅠ-Ⅲ母电压切换装置电压并列灯亮		
		31		拉开66kVⅠ母电压互感器供电度表A相开关		
		32		拉开66kVⅠ母电压互感器供电度表B相开关		
		33		拉开66kVⅠ母电压互感器供电度表C相开关		
		34		拉开66kVⅠ母电压互感器供保护遥测用A、B、C三相开关		
		35		检查66kVⅠ母电压互感器4901刀闸瓷柱完好		
		36		拉开66kVⅠ母电压互感器4901刀闸		
		37		检查66kVⅠ母电压互感器4901刀闸在开位		
		38		检查公用屏66kVⅠ-Ⅲ母电压切换装置Ⅰ母电压灯灭		
		39		在66kVⅠ母电压互感器4901刀闸至电压互感器间三相验电确无电压		
备注:						
操作人:		监护人:		值班负责人:　　站长(运行专工):		

续表

变电站(发电厂)倒闸操作票

单位:柳树 220kV 变电站　　　　年　月　日　　　　编号:LS 23

发令时间		调度指令号:		发令人:		受令人:	
操作开始时间	年 月 日 时 分		操作结束时间	年 月 日 时 分			
操作任务	66kV Ⅰ母电压互感器停电						

预演√	操作√	顺序	指令项	操　作　项　目	时	分
		40		合上 66kV Ⅰ母电压互感器 4901 刀闸至电压互感器间接地刀闸		
		41		检查 66kV Ⅰ母电压互感器 4901 刀闸至电压互感器间接地刀闸在合位		
		42		拉开 66kV Ⅰ母联 4910 开关		
		43		检查 66kV Ⅰ母联 4910 开关开位		
		44		检查 66kV Ⅰ母联 4910 开关电流为 0A		
		45		检查 66kV Ⅰ－Ⅲ母差保护屏Ⅰ母联 TWJ 灯亮		
备注:						
操作人:　监护人:　值班负责人:　站长(运行专工):						

(24)66kV Ⅰ母电压互感器送电操作票见表2-24。

表2-24　66kV Ⅰ母电压互感器送电操作票

变电站(发电厂)倒闸操作票

单位:柳树220kV变电站　　　　年　　月　　日　　　　编号:LS 24

<table>
<tr><td colspan="2">发令时间</td><td colspan="2"></td><td>调度指令号:　　发令人:</td><td colspan="2">受令人:</td></tr>
<tr><td colspan="2">操作开始时间</td><td colspan="3">年　月　日　时　分　　操作结束时间</td><td colspan="2">年　月　日　时　分</td></tr>
<tr><td colspan="2">操作任务</td><td colspan="5">66kV Ⅰ母电压互感器送电</td></tr>
<tr><td>预演√</td><td>操作√</td><td>顺序</td><td>指令项</td><td>操作项目</td><td>时</td><td>分</td></tr>
<tr><td></td><td></td><td>1</td><td></td><td>合上66kV Ⅰ母联4910开关</td><td></td><td></td></tr>
<tr><td></td><td></td><td>2</td><td></td><td>检查66kV Ⅰ母联4910开关电流正确(　)A</td><td></td><td></td></tr>
<tr><td></td><td></td><td>3</td><td></td><td>检查66kV Ⅰ母联4910开关在合位</td><td></td><td></td></tr>
<tr><td></td><td></td><td>4</td><td></td><td>检查66kV Ⅰ-Ⅲ母差保护屏Ⅰ母联TWJ灯灭</td><td></td><td></td></tr>
<tr><td></td><td></td><td>5</td><td></td><td>拉开66kV Ⅰ母电压互感器4901刀闸至电压互感器间接地刀闸</td><td></td><td></td></tr>
<tr><td></td><td></td><td>6</td><td></td><td>检查66kV Ⅰ母电压互感器4901刀闸至电压互感器间接地刀闸在开位</td><td></td><td></td></tr>
<tr><td></td><td></td><td>7</td><td></td><td>检查66kV Ⅰ母电压互感器4901刀闸瓷柱完好</td><td></td><td></td></tr>
<tr><td></td><td></td><td>8</td><td></td><td>合上66kV Ⅰ母电压互感器4901刀闸</td><td></td><td></td></tr>
<tr><td></td><td></td><td>9</td><td></td><td>检查66kV Ⅰ母电压互感器4901刀闸在合位</td><td></td><td></td></tr>
<tr><td></td><td></td><td>10</td><td></td><td>检查公用屏66kV Ⅰ-Ⅲ母电压切换装置Ⅰ母电压灯亮</td><td></td><td></td></tr>
<tr><td></td><td></td><td>11</td><td></td><td>合上66kV Ⅰ母电压互感器供电度表A相开关</td><td></td><td></td></tr>
<tr><td></td><td></td><td>12</td><td></td><td>合上66kV Ⅰ母电压互感器供电度表B相开关</td><td></td><td></td></tr>
<tr><td></td><td></td><td>13</td><td></td><td>合上66kV Ⅰ母电压互感器供电度表C相开关</td><td></td><td></td></tr>
<tr><td></td><td></td><td>14</td><td></td><td>合上66kV Ⅰ母电压互感器供保护遥测用A、B、C三相开关</td><td></td><td></td></tr>
<tr><td></td><td></td><td>15</td><td></td><td>将公用屏66kV Ⅰ-Ⅲ母PT投退控制把手切至退出位置</td><td></td><td></td></tr>
<tr><td></td><td></td><td>16</td><td></td><td>检查公用屏66kV Ⅰ-Ⅲ母电压切换装置电压并列灯灭</td><td></td><td></td></tr>
<tr><td></td><td></td><td>17</td><td></td><td>拉开66kV Ⅰ母联4910开关</td><td></td><td></td></tr>
<tr><td></td><td></td><td>18</td><td></td><td>检查66kV Ⅰ母联4910开关电流为0A</td><td></td><td></td></tr>
<tr><td></td><td></td><td>19</td><td></td><td>检查66kV Ⅰ母联4910开关在开位</td><td></td><td></td></tr>
<tr><td colspan="7">备注:</td></tr>
<tr><td colspan="7">操作人:　　　监护人:　　　值班负责人:　　　站长(运行专工):</td></tr>
</table>

续表

变电站(发电厂)倒闸操作票

单位:柳树 220kV 变电站　　　　年　月　日　　　　编号:LS 24

发令时间			调度指令号:		发令人:		受令人:	
操作开始时间	年 月 日 时 分			操作结束时间	年 月 日 时 分			
操作任务	66kV Ⅰ母电压互感器送电							
预演√	操作√	顺序	指令项	操 作 项 目			时	分
		20		检查 66kV Ⅰ－Ⅲ母差保护屏Ⅰ母联 TWJ 灯亮				
		21		投入 66kV 母联备自投 A 屏主变/母联备自投装置检修压板				
		22		投入 66kV 母联备自投 A 屏一号主变检修压板				
		23		投入 66kV 母联备自投 A 屏二号主变检修压板				
		24		投入 66kV 母联备自投 A 屏Ⅰ母联备自投投退压板				
		25		投入 66kV 母联备自投 A 屏主变备自投投退压板				
		26		投入 66kV 母联备自投 A 屏主变备自投合一号主变低压侧开关压板				
		27		投入 66kV 母联备自投 A 屏主变/母联备自投跳一号主变低压侧开关压板				
		28		投入 66kV 母联备自投 A 屏主变备自投合一号主变高压侧开关压板				
		29		投入 66kV 母联备自投 A 屏主变备自投跳一号主变高压侧开关压板				
		30		投入 66kV 母联备自投 A 屏主变备自投合二号主变低压侧开关压板				
		31		投入 66kV 母联备自投 A 屏主变/母联备自投跳二号主变低压侧开关压板				
		32		投入 66kV 母联备自投 A 屏主变备自投合二号主变高压侧开关压板				
		33		投入 66kV 母联备自投 A 屏主变备自投跳二号主变高压侧开关压板				
		34		投入 66kV 母联备自投 A 屏母联备自投合 66kV Ⅰ母联开关压板				
		35		投入 66kV 母联备自投 A 屏母联备自投跳 66kV Ⅰ母联开关压板				
		36		投入 66kV 母联备自投 A 屏主变/母联备自投联切一号电容器压板				
		37		投入 66kV 母联备自投 A 屏主变/母联备自投联切二号电容器压板				
		38		投入 66kV 母联备自投 A 屏主变/母联备自投联切树钢一线压板				
备注:								
操作人: 监护人: 值班负责人: 站长(运行专工):								

续表

变电站(发电厂)倒闸操作票

单位:柳树220kV变电站　　　　　　　　年　　月　　日　　　　　　　　编号:LS 24

发令时间			调度指令号:	发令人:		受令人:	
操作开始时间		年　月　日　时　分		操作结束时间	年　月　日　时　分		
操作任务		66kVⅠ母电压互感器送电					
预演√	操作√	顺序	指令项	操　作　项　目		时	分
		39		投入66kV母联备自投A屏主变/母联备自投联切树钢二线压板			
		40		投入66kV母联备自投A屏主变/母联备自投联切树营三线压板			
		41		投入66kV母联备自投A屏主变/母联备自投联切树钢三压板			
		42		投入66kV母联备自投A屏主变/母联备自投联切树钢四线压板			
备注:							
操作人:		监护人:		值班负责人:	站长(运行专工):		

(25)66kV Ⅰ母线停电操作票见表2－25。

表2－25 66kV Ⅰ母线停电操作票

变电站(发电厂)倒闸操作票

单位:柳树220kV变电站　　　　年　月　日　　　　编号:LS 25

发令时间		调度指令号:		发令人:		受令人:	
操作开始时间	年　月　日　时　分		操作结束时间	年　月　日　时　分			
操作任务	66kV Ⅰ母线停电						

预演√	操作√	顺序	指令项	操作项目	时	分
		1		将66kV备自投A屏保护装置停用		
		2		合上66kV Ⅰ母联4910开关		
		3		检查66kV Ⅰ母联4910开关电流正确(　)A		
		4		检查66kV Ⅰ母联4910开关在合位		
		5		检查66kV Ⅰ－Ⅲ母差保护屏Ⅰ母联TWJ灯灭		
		6		投入66kV Ⅰ－Ⅲ母差保护屏倒闸过程中压板		
		7		退出66kV Ⅰ母联4910保护屏保护跳闸压板		
		8		拉开66kV Ⅰ母联4910保护屏保护直流开关		
		9		检查一号电容器4930Ⅲ母刀闸瓷柱完好		
		10		合上一号电容器4930Ⅲ母刀闸		
		11		检查一号电容器4930Ⅲ母刀闸在合位		
		12		检查66kV Ⅰ母联4910开关电流正确(　)A		
		13		检查一号电容器4930保护屏Ⅲ母刀闸切换灯亮		
		14		检查66kV Ⅰ－Ⅲ母差保护屏一号电容器Ⅲ母切换灯亮		
		15		检查66kV Ⅰ－Ⅲ母差保护屏切换异常灯亮		
		16		检查一号电容器4930Ⅰ母刀闸瓷柱完好		
		17		拉开一号电容器4930Ⅰ母刀闸		
		18		检查一号电容器4930Ⅰ母刀闸在开位		
		19		检查一号电容器4930保护屏Ⅰ母刀闸切换灯灭		
		20		按66kV Ⅰ－Ⅲ母差保护屏复归按钮		
备注:						
操作人:　　监护人:　　值班负责人:　　站长(运行专工):						

续表

变电站(发电厂)倒闸操作票

单位:柳树220kV变电站　　　　年　月　日　　　　编号:LS 25

发令时间		调度指令号:		发令人:		受令人:	
操作开始时间	年　月　日　时　分		操作结束时间	年　月　日　时　分			
操作任务	66kVⅠ母线停电						

预演√	操作√	顺序	指令项	操作项目	时	分
		21		检查66kVⅠ－Ⅲ母差保护屏切换异常灯灭		
		22		检查范柳甲线4934Ⅲ母刀闸瓷柱完好		
		23		合上范柳甲线4934Ⅲ母刀闸		
		24		检查范柳甲线4934Ⅲ母刀闸在合位		
		25		检查66kVⅠ母联4910开关电流正确(　)A		
		26		检查范柳甲线4934保护屏Ⅲ母刀闸切换灯亮		
		27		检查66kVⅠ－Ⅲ母差保护屏范柳甲线Ⅲ母切换灯亮		
		28		检查66kVⅠ－Ⅲ母差保护屏切换异常灯亮		
		29		检查范柳甲线4934Ⅰ母刀闸瓷柱完好		
		30		拉开范柳甲线4934Ⅰ母刀闸		
		31		检查范柳甲线4934Ⅰ母刀闸在开位		
		32		检查范柳甲线4934保护屏Ⅰ母刀闸切换灯灭		
		33		检查66kVⅠ－Ⅲ母差保护屏范柳甲线Ⅰ母切换灯灭		
		34		按66kVⅠ－Ⅲ母差保护屏复归按钮		
		35		检查66kVⅠ－Ⅲ母差保护屏切换异常灯灭		
		36		合上一号主变二次主4922Ⅲ母刀闸操作电源开关		
		37		检查一号主变二次主4922Ⅲ母刀闸瓷柱完好		
		38		合上一号主变二次主4922Ⅲ母刀闸		
		39		检查一号主变二次主4922Ⅲ母刀闸在合位		
		40		检查66kVⅠ母联4910开关电流正确(　)A		
		41		检查一号主变保护B屏Ⅲ母动作灯亮		
备注:						
操作人:　　监护人:　　值班负责人:　　站长(运行专工):						

续表

变电站(发电厂)倒闸操作票

单位:柳树 220kV 变电站　　　　年　月　日　　　　编号:LS 25

发令时间		调度指令号:		发令人:		受令人:	
操作开始时间	年　月　日　时　分		操作结束时间	年　月　日　时　分			
操作任务	66kV Ⅰ母线停电						

预演√	操作√	顺序	指令项	操作项目	时	分
		42		检查 66kV Ⅰ－Ⅲ母差保护屏一号主变二次主Ⅲ母切换灯亮		
		43		检查 66kV Ⅰ－Ⅲ母差保护屏切换异常灯亮		
		44		拉开一号主变二次主 4922 Ⅲ母刀闸操作电源开关		
		45		合上一号主变二次主 4922 Ⅰ母刀闸操作电源开关		
		46		检查一号主变二次主 4922 Ⅰ母刀闸瓷柱完好		
		47		拉开一号主变二次主 4922 Ⅰ母刀闸		
		48		检查一号主变二次主 4922 Ⅰ母刀闸在开位		
		49		检查一号主变保护 B 屏 Ⅰ母动作灯灭		
		50		检查 66kV Ⅰ－Ⅲ母差保护屏一号主变二次主Ⅰ母切换灯灭		
		51		按 66kV Ⅰ－Ⅲ母差保护屏复归按钮		
		52		检查 66kV Ⅰ－Ⅲ母差保护屏切换异常灯灭		
		53		拉开一号主变二次主 4922 Ⅰ母刀闸操作电源开关		
		54		检查柳棉乙线 4940 Ⅲ母刀闸瓷柱完好		
		55		合上柳棉乙线 4940 Ⅲ母刀闸		
		56		检查柳棉乙线 4940 Ⅲ母刀闸在合位		
		57		检查 66kV Ⅰ母联 4910 开关电流正确(　)A		
		58		检查柳棉乙线 4940 保护屏 Ⅲ母刀闸切换灯亮		
		59		检查 66kV Ⅰ－Ⅲ母差保护屏柳棉乙线Ⅲ母切换灯亮		
		60		检查 66kV Ⅰ－Ⅲ母差保护屏切换异常灯亮		
		61		检查柳棉乙线 4940 Ⅰ母刀闸瓷柱完好		
		62		拉开柳棉乙线 4940 Ⅰ母刀闸		
备注:						
操作人:　　监护人:　　值班负责人:　　站长(运行专工):						

续表

变电站(发电厂)倒闸操作票

单位:柳树 220kV 变电站　　　　年　月　日　　　　编号:LS 25

<table>
<tr><td colspan="2">发令时间</td><td colspan="2"></td><td>调度指令号:</td><td>发令人:</td><td>受令人:</td></tr>
<tr><td colspan="2">操作开始时间</td><td colspan="3">年　月　日　时　分</td><td>操作结束时间</td><td>年　月　日　时　分</td></tr>
<tr><td colspan="2">操作任务</td><td colspan="5">66kV Ⅰ母线停电</td></tr>
<tr><td>预演√</td><td>操作√</td><td>顺序</td><td>指令项</td><td>操作项目</td><td>时</td><td>分</td></tr>
<tr><td></td><td></td><td>63</td><td></td><td>检查柳棉乙线 4940 Ⅰ母刀闸在开位</td><td></td><td></td></tr>
<tr><td></td><td></td><td>64</td><td></td><td>检查柳棉乙线 4940 保护屏Ⅰ母刀闸切换灯灭</td><td></td><td></td></tr>
<tr><td></td><td></td><td>65</td><td></td><td>检查 66kV Ⅰ－Ⅲ母差保护屏柳棉乙线Ⅰ母切换灯灭</td><td></td><td></td></tr>
<tr><td></td><td></td><td>66</td><td></td><td>按 66kV Ⅰ－Ⅲ母差保护屏复归按钮</td><td></td><td></td></tr>
<tr><td></td><td></td><td>67</td><td></td><td>检查 66kV Ⅰ－Ⅲ母差保护屏切换异常灯灭</td><td></td><td></td></tr>
<tr><td></td><td></td><td>68</td><td></td><td>检查树营三线 4942 Ⅲ母刀闸瓷柱完好</td><td></td><td></td></tr>
<tr><td></td><td></td><td>69</td><td></td><td>合上树营三线 4942 Ⅲ母刀闸</td><td></td><td></td></tr>
<tr><td></td><td></td><td>70</td><td></td><td>检查树营三线 4942 Ⅲ母刀闸在合位</td><td></td><td></td></tr>
<tr><td></td><td></td><td>71</td><td></td><td>检查 66kV Ⅰ母联 4910 开关电流正确(　)A</td><td></td><td></td></tr>
<tr><td></td><td></td><td>72</td><td></td><td>检查树营三线 4942 保护屏Ⅲ母刀闸切换灯亮</td><td></td><td></td></tr>
<tr><td></td><td></td><td>73</td><td></td><td>检查 66kV Ⅰ－Ⅲ母差保护屏树营三线Ⅲ母切换灯亮</td><td></td><td></td></tr>
<tr><td></td><td></td><td>74</td><td></td><td>检查 66kV Ⅰ－Ⅲ母差保护屏切换异常灯亮</td><td></td><td></td></tr>
<tr><td></td><td></td><td>75</td><td></td><td>检查树营三线 4942 Ⅰ母刀闸瓷柱完好</td><td></td><td></td></tr>
<tr><td></td><td></td><td>76</td><td></td><td>拉开树营三线 4942 Ⅰ母刀闸</td><td></td><td></td></tr>
<tr><td></td><td></td><td>77</td><td></td><td>检查树营三线 4942 Ⅰ母刀闸在开位</td><td></td><td></td></tr>
<tr><td></td><td></td><td>78</td><td></td><td>检查树营三线 4942 保护屏Ⅰ母刀闸切换灯灭</td><td></td><td></td></tr>
<tr><td></td><td></td><td>79</td><td></td><td>检查 66kV Ⅰ－Ⅲ母差保护屏树营三线Ⅰ母切换灯灭</td><td></td><td></td></tr>
<tr><td></td><td></td><td>80</td><td></td><td>按 66kV Ⅰ－Ⅲ母差保护屏复归按钮</td><td></td><td></td></tr>
<tr><td></td><td></td><td>81</td><td></td><td>检查 66kV Ⅰ－Ⅲ母差保护屏切换异常灯灭</td><td></td><td></td></tr>
<tr><td></td><td></td><td>82</td><td></td><td>检查树钢一线 4946 Ⅲ母刀闸瓷柱完好</td><td></td><td></td></tr>
<tr><td></td><td></td><td>83</td><td></td><td>合上树钢一线 4946 Ⅲ母刀闸</td><td></td><td></td></tr>
<tr><td colspan="7">备注:</td></tr>
<tr><td colspan="7">操作人:　　　　监护人:　　　　值班负责人:　　　　站长(运行专工):</td></tr>
</table>

续表

变电站(发电厂)倒闸操作票

单位:柳树 220kV 变电站　　　　年　月　日　　　　编号:LS 25

发令时间		调度指令号:	发令人:		受令人:	
操作开始时间	年 月 日 时 分		操作结束时间	年 月 日 时 分		
操作任务	66kV Ⅰ母线停电					

预演√	操作√	顺序	指令项	操 作 项 目	时	分
		84		检查树钢一线 4946 Ⅲ母刀闸在合位		
		85		检查 66kV Ⅰ母联 4910 开关电流正确(　)A		
		86		检查树钢一线 4946 保护屏Ⅲ母刀闸切换灯亮		
		87		检查 66kV Ⅰ－Ⅲ母差保护屏树钢一线Ⅲ母切换灯亮		
		88		检查 66kV Ⅰ－Ⅲ母差保护屏切换异常灯亮		
		89		检查树钢一线 4946 Ⅰ母刀闸瓷柱完好		
		90		拉开树钢一线 4946 Ⅰ母刀闸		
		91		检查树钢一线 4946 Ⅰ母刀闸在开位		
		92		检查树钢一线 4946 保护屏Ⅰ母刀闸切换灯灭		
		93		检查 66kV Ⅰ－Ⅲ母差保护屏树钢一线Ⅰ母切换灯灭		
		94		按 66kV Ⅰ－Ⅲ母差保护屏复归按钮		
		95		检查 66kV Ⅰ－Ⅲ母差保护屏切换异常灯灭		
		96		检查经贸#2 线Ⅲ母刀闸瓷柱完好		
		97		合上经贸#2 线Ⅲ母刀闸		
		98		检查经贸#2 线Ⅲ母刀闸在合位		
		99		检查 66kV Ⅰ母联 4910 开关电流正确(　)A		
		100		检查经贸#2 线保护屏Ⅲ母刀闸切换灯亮		
		101		检查 66kV Ⅰ－Ⅲ母差保护屏树营二线Ⅲ母切换灯亮		
		102		检查 66kV Ⅰ－Ⅲ母差保护屏切换异常灯亮		
		103		检查经贸#2 线Ⅰ母刀闸瓷柱完好		
		104		拉开经贸#2 线Ⅰ母刀闸		
备注:						
操作人:		监护人:		值班负责人:	站长(运行专工):	

续表

变电站(发电厂)倒闸操作票

单位:柳树 220kV 变电站　　　　年　月　日　　　　编号:LS 25

发令时间		调度指令号:		发令人:		受令人:
操作开始时间	年　月　日　时　分		操作结束时间	年　月　日　时　分		
操作任务	66kVⅠ母线停电					
预演√	操作√	顺序	指令项	操　作　项　目	时	分
		105		检查经贸#2 线Ⅰ母刀闸在开位		
		106		检查经贸#2 线保护屏Ⅰ母刀闸切换灯灭		
		107		检查 66kVⅠ－Ⅲ母差保护屏经贸#2 线Ⅰ母切换灯灭		
		108		按 66kVⅠ－Ⅲ母差保护屏复归按钮		
		109		检查 66kVⅠ－Ⅲ母差保护屏切换异常灯灭		
		110		退出 66kVⅠ－Ⅲ母差保护屏Ⅰ母 PT 压板		
		111		拉开 66kVⅠ母电压互感器端子箱保护遥测 A、B、C 三相开关		
		112		拉开 66kVⅠ母电压互感器端子箱电度表用 A 相开关		
		113		拉开 66kVⅠ母电压互感器端子箱电度表用 B 相开关		
		114		拉开 66kVⅠ母电压互感器端子箱电度表用 C 相开关		
		115		检查 66kVⅠ母线电压正确(　)kV		
		116		检查 66kVⅠ母电压互感器 4901 刀闸瓷柱完好		
		117		拉开 66kVⅠ母电压互感器 4901 刀闸		
		118		检查 66kVⅠ母电压互感器 4901 刀闸在开位		
		119		检查公用屏 66kVⅠ－Ⅲ母电压切换装置Ⅰ母电压灯灭		
		120		合上 66kVⅠ母联 4910 保护屏保护直流开关		
		121		拉开 66kVⅠ母联 4910 开关		
		123		检查 66kVⅠ母联 4910 开关在开位		
		124		检查 66kVⅠ－Ⅲ母差保护屏Ⅰ母联 TWJ 灯亮		
		125		合上 66kVⅠ母联 4910Ⅰ母刀闸操作电源开关		
		126		检查 66kVⅠ母联 4910Ⅰ母刀闸瓷柱完好		
备注:						
操作人:		监护人:		值班负责人:　　站长(运行专工):		

续表

变电站(发电厂)倒闸操作票

单位:柳树 220kV 变电站　　年　月　日　　编号:LS 25

发令时间		调度指令号:		发令人:		受令人:	
操作开始时间	年 月 日 时 分		操作结束时间	年 月 日 时 分			
操作任务	66kV Ⅰ母线停电						
预演√	操作√	顺序	指令项	操 作 项 目		时	分
		127		拉开 66kV Ⅰ母联 4910 Ⅰ母刀闸			
		128		检查 66kV Ⅰ母联 4910 Ⅰ母刀闸在开位			
		129		检查 66kV Ⅰ－Ⅲ母差保护屏Ⅰ母联Ⅰ母切换灯灭			
		130		拉开 66kV Ⅰ母联 4910 Ⅰ母刀闸操作电源开关			
		131		合上 66kV Ⅰ母联 4910 Ⅲ母刀闸操作电源开关			
		132		检查 66kV Ⅰ母联 4910 Ⅲ母刀闸瓷柱完好			
		133		拉开 66kV Ⅰ母联 4910 Ⅲ母刀闸			
		134		检查 66kV Ⅰ母联 4910 Ⅲ母刀闸在开位			
		135		检查 66kV Ⅰ－Ⅲ母差保护屏Ⅰ母联Ⅲ母切换灯灭			
		136		拉开 66kV Ⅰ母联 4910 Ⅲ母刀闸操作电源开关			
		137		检查 66kV Ⅰ分段 4916 开关在开位			
		138		合上 66kV Ⅰ分段 4916 Ⅰ母刀闸操作电源开关			
		139		检查 66kV Ⅰ分段 4916 Ⅰ母刀闸瓷柱完好			
		140		拉开 66kV Ⅰ分段 4916 Ⅰ母刀闸			
		141		检查 66kV Ⅰ分段 4916 Ⅰ母刀闸在开位			
		142		检查 66kV Ⅰ－Ⅲ母差保护屏Ⅰ分段Ⅰ母切换灯灭			
		143		拉开 66kV Ⅰ分段 4916 Ⅰ母刀闸操作电源开关			
		144		合上 66kV Ⅰ分段 4916 Ⅱ母刀闸操作电源开关			
		145		检查 66kV Ⅰ分段 4916 Ⅱ母刀闸瓷柱完好			
		146		拉开 66kV Ⅰ分段 4916 Ⅱ母刀闸			
		147		检查 66kV Ⅰ分段 4916 Ⅱ母刀闸在开位			
备注:							
操作人:		监护人:		值班负责人:		站长(运行专工):	

续表

变电站(发电厂)倒闸操作票

单位:柳树220kV变电站　　　　　　年　　月　　日　　　　　　　　　　编号:LS 25

<table>
<tr><td colspan="2">发令时间</td><td colspan="2"></td><td>调度指令号:　　　发令人:　　　　受令人:</td><td colspan="2"></td></tr>
<tr><td colspan="2">操作开始时间</td><td colspan="3">年　月　日　时　分　操作结束时间　年　月　日　时　分</td><td colspan="2"></td></tr>
<tr><td colspan="2">操作任务</td><td colspan="5">66kVⅠ母线停电</td></tr>
<tr><td>预演√</td><td>操作√</td><td>顺序</td><td>指令项</td><td>拉开66kVⅠ分段4916Ⅱ母刀闸操作电源开关</td><td>时</td><td>分</td></tr>
<tr><td></td><td></td><td>148</td><td></td><td>检查66kVⅡ－Ⅳ母差保护屏Ⅰ分段Ⅱ母切换灯灭</td><td></td><td></td></tr>
<tr><td></td><td></td><td>149</td><td></td><td>检查66kVⅠ母线所有刀闸均在开位</td><td></td><td></td></tr>
<tr><td></td><td></td><td>150</td><td></td><td>退出66kVⅠ－Ⅲ母差保护屏倒闸过程中压板</td><td></td><td></td></tr>
<tr><td></td><td></td><td></td><td></td><td></td><td></td><td></td></tr>
<tr><td></td><td></td><td></td><td></td><td>注:1. 66kVⅠ分段、Ⅰ母联开关若有作业应退出母差屏出口压板及其他有关压板</td><td></td><td></td></tr>
<tr><td></td><td></td><td></td><td></td><td>2. 根据具体工作需要装设接地线或合接地刀闸</td><td></td><td></td></tr>
<tr><td></td><td></td><td></td><td></td><td>3. 备自投A屏停用,详见备自投停用操作票</td><td></td><td></td></tr>
<tr><td colspan="7">备注:</td></tr>
<tr><td colspan="7">操作人:　　　　监护人:　　　　值班负责人:　　　　站长(运行专工):</td></tr>
</table>

(26)66kV Ⅰ母线送电操作票见表 2－26。

表 2－26 66kV Ⅰ母线送电操作票

变电站(发电厂)倒闸操作票

单位:柳树 220kV 变电站　　年　月　日　　编号:LS 26

发令时间		调度指令号:		发令人:		受令人:	
操作开始时间	年 月 日 时 分			操作结束时间	年 月 日 时 分		
操作任务	66kV Ⅰ母线送电						
预演√	操作√	顺序	指令项	操作项目		时	分
		1		拆除 66kV Ⅰ母线所有接地线或拉开所有接地刀闸			
		2		检查 66kV Ⅰ分段 4916 开关在开位			
		3		合上 66kV Ⅰ分段 4916 Ⅱ母刀闸操作电源开关			
		4		合上 66kV Ⅰ分段 4916 Ⅱ母刀闸			
		5		检查 66kV Ⅰ分段 4916 Ⅱ母刀闸在合位			
		6		检查 66kV Ⅱ－Ⅳ母差保护屏Ⅰ分段Ⅱ母刀闸切换灯亮			
		7		拉开 66kV Ⅰ分段 4916 Ⅱ母刀闸操作电源开关			
		8		合上 66kV Ⅰ分段 4916 Ⅰ母刀闸操作电源开关			
		9		合上 66kV Ⅰ分段 4916 Ⅰ母刀闸			
		10		检查 66kV Ⅰ分段 4916 Ⅰ母刀闸在合位			
		11		检查 66kV Ⅰ－Ⅲ母差保护屏Ⅰ分段Ⅰ母刀闸切换灯亮			
		12		拉开 66kV Ⅰ分段 4916 Ⅱ母刀闸操作电源开关			
		13		检查 66kV Ⅰ母联 4910 开关在开位			
		14		合上 66kV Ⅰ母联 4910 Ⅲ母刀闸操作电源开关			
		15		合上 66kV Ⅰ母联 4910 Ⅲ母刀闸			
		16		检查 66kV Ⅰ母联 4910 Ⅲ母刀闸在合位			
		17		检查 66kV Ⅰ－Ⅲ母差保护屏Ⅰ母联Ⅲ母刀闸切换灯亮			
		18		拉开 66kV Ⅰ母联 4910 Ⅲ母刀闸操作电源开关			
		19		合上 66kV Ⅰ母联 4910 Ⅰ母刀闸操作电源开关			
		20		合上 66kV Ⅰ母联 4910 Ⅰ母刀闸			
备注:							
操作人:	监护人:			值班负责人:	站长(运行专工):		

续表

变电站(发电厂)倒闸操作票

单位:柳树 220kV 变电站　　　　年　　月　　日　　　　编号:LS 26

发令时间		调度指令号:		发令人:	受令人:	
操作开始时间	年　月　日　时　分	操作结束时间	年　月　日　时　分			
操作任务	66kV Ⅰ母线送电					

预演√	操作√	顺序	指令项	操 作 项 目	时	分
		21		检查 66kV Ⅰ母联 4910 Ⅰ母刀闸在合位		
		22		检查 66kV Ⅰ－Ⅲ母差保护屏Ⅰ母联Ⅰ母刀闸切换灯亮		
		23		拉开 66kV Ⅰ母联 4910 Ⅰ母刀闸操作电源开关		
		24		投入 66kV Ⅰ母联 4910 保护屏保护跳闸压板		
		25		合上 66kV Ⅰ母联 4910 开关		
		26		检查 66kV Ⅰ母联 4910 开关在合位		
		27		检查 66kV Ⅰ－Ⅲ母差保护屏Ⅰ母联 TWJ 灯灭		
		28		合上 66kV Ⅰ母电压互感器 4901 刀闸		
		29		检查 66kV Ⅰ母电压互感器 4901 刀闸在合位		
		30		检查公用屏 66kV Ⅰ－Ⅲ母电压切换装置Ⅰ母电压灯亮		
		31		合上 66kV Ⅰ母电压互感器端子箱保护遥测 A、B、C 三相开关		
		32		合上 66kV Ⅰ母电压互感器端子箱电度表用 A 相开关		
		33		合上 66kV Ⅰ母电压互感器端子箱电度表用 B 相开关		
		34		合上 66kV Ⅰ母电压互感器端子箱电度表用 C 相开关		
		35		检查 66kV Ⅰ母线三相电压正确(　　)kV		
		36		投入 66kV Ⅰ－Ⅲ母差保护屏Ⅰ母 PT 压板		
		37		投入 66kV Ⅰ－Ⅲ母差保护屏倒闸过程中压板		
		38		退出 66kV Ⅰ母联 4910 保护屏保护跳闸压板		
		39		拉开 66kV Ⅰ母联 4910 保护屏保护直流开关		
		40		合上经贸#2 线 4952 Ⅰ母刀闸		
		41		检查经贸#2 线 4952 Ⅰ母刀闸在合位		

备注:

操作人:　　　　监护人:　　　　值班负责人:　　　　站长(运行专工):

续表

变电站(发电厂)倒闸操作票

单位:柳树 220kV 变电站　　　　年　　月　　日　　　　编号:LS 26

发令时间		调度指令号:		发令人:		受令人:	
操作开始时间	年　月　日　时　分			操作结束时间	年　月　日　时　分		
操作任务	66kV Ⅰ 母线送电						

预演√	操作√	顺序	指令项	操　作　项　目	时	分
		42		检查 66kV Ⅰ 母联 4910 开关电流正确(　)A		
		43		检查经贸#2 线 4952 保护屏 Ⅰ 母刀闸切换灯亮		
		44		检查 66kV Ⅰ －Ⅲ母差保护屏经贸#2 线 Ⅰ 母刀闸切换灯亮		
		45		检查 66kV Ⅰ －Ⅲ母差保护屏切换异常灯亮		
		46		拉开经贸#2 线 4952 Ⅲ母刀闸		
		47		检查经贸#2 线 4952 Ⅲ母刀闸在开位		
		48		检查经贸#2 线 4952 保护屏Ⅲ母刀闸切换灯灭		
		49		检查 66kV Ⅰ －Ⅲ母差保护屏经贸#2 线Ⅲ母刀闸切换灯灭		
		50		按 66kV Ⅰ －Ⅲ母差保护屏复归按钮		
		51		检查 66kV Ⅰ －Ⅲ母差保护屏切换异常灯灭		
		52		合上树钢一线 4950 Ⅰ 母刀闸		
		53		检查树钢一线 4950 Ⅰ 母刀闸在合位		
		54		检查 66kV Ⅰ 母联 4910 开关电流正确(　)A		
		55		检查树钢一线 4950 保护屏 Ⅰ 母刀闸切换灯亮		
		56		检查 66kV Ⅰ －Ⅲ母差保护屏树钢一线 Ⅰ 母刀闸切换灯亮		
		57		检查 66kV Ⅰ －Ⅲ母差保护屏切换异常灯亮		
		58		拉开树钢一线 4950 Ⅲ母刀闸		
		59		检查树钢一线 4950 Ⅲ母刀闸在开位		
		60		检查树钢一线 4950 保护屏Ⅲ母刀闸切换灯灭		
		61		检查 66kV Ⅰ －Ⅲ母差保护屏树钢一线Ⅲ母刀闸切换灯灭		
		62		按 66kV Ⅰ －Ⅲ母差保护屏复归按钮		
备注:						
操作人:　　监护人:　　值班负责人:　　站长(运行专工):						

续表

变电站(发电厂)倒闸操作票

单位:柳树 220kV 变电站　　　　年　月　日　　　　编号:LS 26

发令时间		调度指令号:		发令人:		受令人:	
操作开始时间		年 月 日 时 分		操作结束时间		年 月 日 时 分	
操作任务		66kVⅠ母线送电					
预演√	操作√	顺序	指令项	操 作 项 目		时	分
		63		检查66kVⅠ－Ⅲ母差保护屏切换异常灯灭			
		64		合上柳棉乙线4940Ⅰ母刀闸			
		65		检查柳棉乙线4940Ⅰ母刀闸在合位			
		66		检查66kVⅠ母联4910开关电流正确( )A			
		67		检查柳棉乙线4940保护屏Ⅰ母刀闸切换灯亮			
		68		检查66kVⅠ－Ⅲ母差保护屏柳棉乙线Ⅰ母刀闸切换灯亮			
		69		检查66kVⅠ－Ⅲ母差保护屏切换异常灯亮			
		70		拉开柳棉乙线4940Ⅲ母刀闸			
		71		检查柳棉乙线4940Ⅲ母刀闸在开位			
		72		检查柳棉乙线4940保护屏Ⅲ母刀闸切换灯灭			
		73		检查66kVⅠ－Ⅲ母差保护屏柳棉乙线Ⅲ母刀闸切换灯灭			
		74		按66kVⅠ－Ⅲ母差保护屏复归按钮			
		75		检查66kVⅠ－Ⅲ母差保护屏切换异常灯灭			
		76		合上树营三线4942Ⅰ母刀闸			
		77		检查树营三线4942Ⅰ母刀闸在合位			
		78		检查66kVⅠ母联4910开关电流正确( )A			
		79		检查树营三线4942保护屏Ⅰ母刀闸切换灯亮			
		80		检查66kVⅠ－Ⅲ母差保护屏树营三线Ⅰ母刀闸切换灯亮			
		81		检查66kVⅠ－Ⅲ母差保护屏切换异常灯亮			
		82		拉开树营三线4942Ⅲ母刀闸			
		83		检查树营三线4942Ⅲ母刀闸在开位			
备注:							
操作人:		监护人:		值班负责人:		站长(运行专工):	

续表

变电站(发电厂)倒闸操作票

单位:柳树 220kV 变电站　　　　年　月　日　　　　编号:LS 26

发令时间		调度指令号:		发令人:		受令人:	
操作开始时间	年　月　日　时　分		操作结束时间	年　月　日　时　分			
操作任务	66kV Ⅰ母线送电						

预演√	操作√	顺序	指令项	操　作　项　目	时	分
		84		检查树营三线 4942 保护屏Ⅲ母刀闸切换灯灭		
		85		检查 66kV Ⅰ－Ⅲ母差保护屏树营三线Ⅲ母刀闸切换灯灭		
		86		按 66kV Ⅰ－Ⅲ母差保护屏复归按钮		
		87		检查 66kV Ⅰ－Ⅲ母差保护屏切换异常灯灭		
		88		合上一号主变二次主 4922 Ⅰ母刀闸		
		89		检查一号主变二次主 4922 Ⅰ母刀闸在合位		
		90		检查 66kV Ⅰ母联 4910 开关电流正确(　)A		
		91		检查一号主变保护 B 屏Ⅰ母动作灯亮		
		92		检查 66kVⅠ－Ⅲ母差保护屏一号主变二次主Ⅰ母刀闸切换灯亮		
		93		检查 66kV Ⅰ－Ⅲ母差保护屏切换异常灯亮		
		94		拉开一号主变二次主 4922 Ⅲ母刀闸		
		95		检查一号主变二次主 4922 Ⅲ母刀闸在开位		
		96		检查一号主变保护 B 屏Ⅲ母动作灯灭		
		97		检查 66kVⅠ－Ⅲ母差保护屏一号主变二次主Ⅲ母刀闸切换灯灭		
		98		按 66kV Ⅰ－Ⅲ母差保护屏复归按钮		
		99		检查 66kV Ⅰ－Ⅲ母差保护屏切换异常灯灭		
		100		合上范柳甲线 4934 Ⅰ母刀闸		
		101		检查范柳甲线 4934 Ⅰ母刀闸在合位		
		102		检查 66kV Ⅰ母联 4910 开关电流正确(　)A		
		103		检查范柳甲线 4934 保护屏Ⅰ母刀闸切换灯亮		
		104		检查 66kV Ⅰ－Ⅲ母差保护屏柳棉乙线Ⅰ母刀闸切换灯亮		

备注:

操作人:　　　　监护人:　　　　值班负责人:　　　　站长(运行专工):

续表

变电站(发电厂)倒闸操作票

单位:柳树 220kV 变电站　　　　年　　月　　日　　　　编号:LS 26

发令时间		调度指令号:		发令人:		受令人:	
操作开始时间	年　月　日　时　分		操作结束时间	年　月　日　时　分			
操作任务	66kV Ⅰ母线送电						

预演√	操作√	顺序	指令项	操　作　项　目	时	分
		105		检查 66kV Ⅰ－Ⅲ母差保护屏切换异常灯亮		
		106		拉开范柳甲线 4934 Ⅲ母刀闸		
		107		检查范柳甲线 4934 Ⅲ母刀闸在开位		
		108		检查范柳甲线 4934 保护屏Ⅲ母刀闸切换灯灭		
		109		检查 66kV Ⅰ－Ⅲ母差保护屏范柳甲线Ⅲ母刀闸切换灯灭		
		110		按 66kV Ⅰ－Ⅲ母差保护屏复归按钮		
		111		检查 66kV Ⅰ－Ⅲ母差保护屏切换异常灯灭		
		112		合上一号电容器 4930 Ⅰ母刀闸		
		113		检查一号电容器 4930 Ⅰ母刀闸在合位		
		114		检查 66kV Ⅰ母联 4910 开关电流正确(　)A		
		115		检查一号电容器 4930 保护屏Ⅰ母刀闸切换灯亮		
		116		检查 66kV Ⅰ－Ⅲ母差保护屏一号电容器Ⅰ母刀闸切换灯亮		
		117		检查 66kV Ⅰ－Ⅲ母差保护屏切换异常灯亮		
		118		拉开一号电容器 4930 Ⅲ母刀闸		
		119		检查一号电容器 4930 Ⅲ母刀闸在开位		
		120		检查一号电容器 4930 保护屏Ⅲ母刀闸切换灯灭		
		121		检查 66kV Ⅰ－Ⅲ母差保护屏一号电容器Ⅲ母刀闸切换灯灭		
		122		按 66kV Ⅰ－Ⅲ母差保护屏复归按钮		
		123		检查 66kV Ⅰ－Ⅲ母差保护屏切换异常灯灭		
		124		合上 66kV Ⅰ母联 4910 保护屏保护直流开关		
		125		拉开 66kV Ⅰ母联 4910 开关		

备注:

操作人:　　　　监护人:　　　　值班负责人:　　　　站长(运行专工):

续表

变电站(发电厂)倒闸操作票

单位:柳树 220kV 变电站　　　　　　年　　月　　日　　　　　　编号:LS 26

发令时间		调度指令号:		发令人:		受令人:
操作开始时间	年　月　日　时　分		操作结束时间	年　月　日　时　分		
操作任务	66kV Ⅰ母线送电					
预演√	操作√	顺序	指令项	操　作　项　目	时	分
		126		检查 66kV Ⅰ母联 4910 开关电流为 0A		
		127		检查 66kV Ⅰ母联 4910 开关在开位		
		128		检查 66kV Ⅰ－Ⅲ母差保护屏Ⅰ母联 TWJ 灯亮		
		129		退出 66kV Ⅰ－Ⅲ母差保护屏倒闸过程中压板		
		130		投入 66kV Ⅰ母联 4910 保护屏保护跳闸压板		
		131		将 66kV 备自投保护 A 屏恢复运行		
备注:						
操作人:		监护人:		值班负责人:　　　站长(运行专工):		

(27)66kVⅡ母线停电操作票见表2－27。

表2－27 66kVⅡ母线停电操作票

变电站(发电厂)倒闸操作票

单位:柳树220kV变电站　　　　年　月　日　　　　编号:LS 27

发令时间			调度指令号:		发令人:		受令人:
操作开始时间		年 月 日 时 分		操作结束时间	年 月 日 时 分		
操作任务		66kVⅡ母线停电					

预演√	操作√	顺序	指令项	操作项目	时	分
		1		将66kV备自投保护B屏退出运行		
		2		合上66kVⅡ母联4914开关		
		3		检查66kVⅡ母联4914开关电流正确(　)A		
		4		检查66kVⅡ母联4914开关在合位		
		5		检查66kVⅡ－Ⅳ母差保护屏Ⅱ母联TWJ灯灭		
		6		投入66kVⅡ－Ⅳ母差保护屏倒闸过程中压板		
		7		退出66kVⅡ母联4914保护屏保护跳闸压板		
		8		拉开66kVⅡ母联4914保护屏保护直流开关		
		9		检查三号电容器4984Ⅳ母刀闸瓷柱完好		
		10		合上三号电容器4984Ⅳ母刀闸		
		11		检查三号电容器4984Ⅳ母刀闸在合位		
		12		检查66kVⅡ母联4914开关电流正确(　)A		
		13		检查三号电容器4984保护屏Ⅳ母刀闸切换灯亮		
		14		检查66kVⅡ－Ⅳ母差保护屏三号电容器Ⅳ母切换灯亮		
		15		检查66kVⅡ－Ⅳ母差保护屏切换异常灯亮		
		16		检查三号电容器4984Ⅱ母刀闸瓷柱完好		
		17		拉开三号电容器4984Ⅱ母刀闸		
		18		检查三号电容器4984Ⅱ母刀闸在开位		
		19		检查三号电容器4984保护屏Ⅱ母刀闸切换灯灭		
		20		检查66kVⅡ－Ⅳ母差保护屏三号电容器Ⅱ母切换灯灭		
备注:						
操作人:　　监护人:　　值班负责人:　　站长(运行专工):						

续表

变电站(发电厂)倒闸操作票

单位:柳树 220kV 变电站　　　　年　月　日　　　　编号:LS 27

发令时间		调度指令号:		发令人:		受令人:	
操作开始时间	年　月　日　时　分			操作结束时间	年　月　日　时　分		
操作任务	66kV Ⅱ母线停电						

预演√	操作√	顺序	指令项	操　作　项　目	时	分
		21		按 66kV Ⅱ-Ⅳ母差保护屏复归按钮		
		22		检查 66kV Ⅱ-Ⅳ母差保护屏切换异常灯灭		
		23		检查一号站内变 4982 Ⅳ母刀闸瓷柱完好		
		24		合上一号站内变 4982 Ⅳ母刀闸		
		25		检查一号站内变 4982 Ⅳ母刀闸在合位		
		26		检查 66kV Ⅱ母联 4914 开关电流正确(　)A		
		27		检查 66kV Ⅱ-Ⅳ母差保护屏一号站内变Ⅳ母切换灯亮		
		28		检查 66kV Ⅱ-Ⅳ母差保护屏切换异常灯亮		
		29		检查一号站内变 4982 Ⅱ母刀闸瓷柱完好		
		30		拉开一号站内变 4982 Ⅱ母刀闸		
		31		检查一号站内变 4982 Ⅱ母刀闸在开位		
		32		检查 66kV Ⅱ-Ⅳ母差保护屏一号站内变Ⅱ母切换灯灭		
		33		按 66kV Ⅱ-Ⅳ母差保护屏复归按钮		
		34		检查 66kV Ⅱ-Ⅳ母差保护屏切换异常灯灭		
		35		检查树天乙线 4976 Ⅳ母刀闸瓷柱完好		
		36		合上树天乙线 4976 Ⅳ母刀闸		
		37		检查树天乙线 4976 Ⅳ母刀闸在合位		
		38		检查 66kV Ⅱ母联 4914 开关电流正确(　)A		
		39		检查树天乙线 4976 保护屏Ⅳ母刀闸灯亮		
		40		检查 66kV Ⅱ-Ⅳ母差保护屏树柳甲线Ⅳ母刀闸灯亮		
		41		检查 66kV Ⅱ-Ⅳ母差保护屏切换异常灯亮		
备注:						
操作人:　　监护人:　　值班负责人:　　站长(运行专工):						

续表

变电站(发电厂)倒闸操作票

单位:柳树220kV变电站　　年　月　日　　编号:LS 27

发令时间		调度指令号:		发令人:		受令人:	
操作开始时间	年　月　日　时　分		操作结束时间	年　月　日　时　分			
操作任务	66kVⅡ母线停电						
预演√	操作√	顺序	指令项	操作项目		时	分
		42		检查树天乙线4976Ⅱ母刀闸瓷柱完好			
		43		拉开树天乙线4976Ⅱ母刀闸			
		44		检查树天乙线4976Ⅱ母刀闸在开位			
		45		检查树天乙线4976保护屏Ⅱ母刀闸灯灭			
		46		检查66kVⅡ－Ⅳ母差保护屏树天乙线Ⅱ母刀闸灯灭			
		47		按66kVⅡ－Ⅳ母差保护屏复归按钮			
		48		检查66kVⅡ－Ⅳ母差保护屏切换异常灯灭			
		49		检查树桥乙线4972Ⅳ母刀闸瓷柱完好			
		50		合上树桥乙线4972Ⅳ母刀闸			
		51		检查树桥乙线4972Ⅳ母刀闸在合位			
		52		检查66kVⅡ母联4914开关电流正确(　)A			
		53		检查树桥乙线4972保护屏Ⅳ母刀闸灯亮			
		54		检查66kVⅡ－Ⅳ母差保护屏树柳甲线Ⅳ母刀闸灯亮			
		55		检查66kVⅡ－Ⅳ母差保护屏切换异常灯亮			
		56		检查树桥乙线4972Ⅱ母刀闸瓷柱完好			
		57		拉开树桥乙线4972Ⅱ母刀闸			
		58		检查树桥乙线4972Ⅱ母刀闸在开位			
		59		检查树桥乙线4972保护屏Ⅱ母刀闸灯灭			
		60		检查66kVⅡ－Ⅳ母差保护屏树桥乙线Ⅱ母刀闸灯灭			
		61		按66kVⅡ－Ⅳ母差保护屏复归按钮			
		62		检查66kVⅡ－Ⅳ母差保护屏切换异常灯灭			
备注:							
操作人:		监护人:		值班负责人:		站长(运行专工):	

续表

变电站(发电厂)倒闸操作票

单位:柳树 220kV 变电站 年 月 日 编号:LS 27

<table>
<tr><td colspan="2">发令时间</td><td colspan="3"></td><td>调度指令号:</td><td>发令人:</td><td></td><td>受令人:</td><td></td></tr>
<tr><td colspan="2">操作开始时间</td><td colspan="4">年 月 日 时 分</td><td>操作结束时间</td><td colspan="3">年 月 日 时 分</td></tr>
<tr><td colspan="2">操作任务</td><td colspan="8">66kV Ⅱ 母线停电</td></tr>
<tr><td>预演√</td><td>操作√</td><td>顺序</td><td>指令项</td><td colspan="4">操 作 项 目</td><td>时</td><td>分</td></tr>
<tr><td></td><td></td><td>63</td><td></td><td colspan="4">检查树金乙线 4968Ⅳ母刀闸瓷柱完好</td><td></td><td></td></tr>
<tr><td></td><td></td><td>64</td><td></td><td colspan="4">合上树金乙线 4968Ⅳ母刀闸</td><td></td><td></td></tr>
<tr><td></td><td></td><td>65</td><td></td><td colspan="4">检查树金乙线 4968Ⅳ母刀闸在合位</td><td></td><td></td></tr>
<tr><td></td><td></td><td>66</td><td></td><td colspan="4">检查 66kV Ⅱ 母联 4914 开关电流正确( )A</td><td></td><td></td></tr>
<tr><td></td><td></td><td>67</td><td></td><td colspan="4">检查树金乙线 4968 保护屏Ⅳ母刀闸灯亮</td><td></td><td></td></tr>
<tr><td></td><td></td><td>68</td><td></td><td colspan="4">检查 66kV Ⅱ －Ⅳ母差保护屏树金乙线Ⅳ母刀闸灯亮</td><td></td><td></td></tr>
<tr><td></td><td></td><td>69</td><td></td><td colspan="4">检查 66kV Ⅱ －Ⅳ母差保护屏切换异常灯亮</td><td></td><td></td></tr>
<tr><td></td><td></td><td>70</td><td></td><td colspan="4">检查树金乙线 4968 Ⅱ 母刀闸瓷柱完好</td><td></td><td></td></tr>
<tr><td></td><td></td><td>71</td><td></td><td colspan="4">拉开树金乙线 4968 Ⅱ 母刀闸</td><td></td><td></td></tr>
<tr><td></td><td></td><td>72</td><td></td><td colspan="4">检查树金乙线 4968 Ⅱ 母刀闸在开位</td><td></td><td></td></tr>
<tr><td></td><td></td><td>73</td><td></td><td colspan="4">检查树金乙线 4968 保护屏 Ⅱ 母刀闸灯灭</td><td></td><td></td></tr>
<tr><td></td><td></td><td>74</td><td></td><td colspan="4">检查 66kV Ⅱ －Ⅳ母差保护屏树金乙线 Ⅱ 母刀闸灯灭</td><td></td><td></td></tr>
<tr><td></td><td></td><td>75</td><td></td><td colspan="4">按 66kV Ⅱ －Ⅳ母差保护屏复归按钮</td><td></td><td></td></tr>
<tr><td></td><td></td><td>76</td><td></td><td colspan="4">检查 66kV Ⅱ －Ⅳ母差保护屏切换异常灯灭</td><td></td><td></td></tr>
<tr><td></td><td></td><td>77</td><td></td><td colspan="4">合上三号主变二次主 4926Ⅳ母刀闸电源开关</td><td></td><td></td></tr>
<tr><td></td><td></td><td>78</td><td></td><td colspan="4">检查三号主变二次主 4926Ⅳ母刀闸瓷柱完好</td><td></td><td></td></tr>
<tr><td></td><td></td><td>79</td><td></td><td colspan="4">合上三号主变二次主 4926Ⅳ母刀闸</td><td></td><td></td></tr>
<tr><td></td><td></td><td>80</td><td></td><td colspan="4">检查三号主变二次主 4926Ⅳ母刀闸在合位</td><td></td><td></td></tr>
<tr><td></td><td></td><td>81</td><td></td><td colspan="4">检查 66kV Ⅱ 母联 4914 开关电流正确( )A</td><td></td><td></td></tr>
<tr><td></td><td></td><td>82</td><td></td><td colspan="4">检查三号主变保护 B 屏Ⅳ母刀闸切换灯亮</td><td></td><td></td></tr>
<tr><td></td><td></td><td>83</td><td></td><td colspan="4">检查 66kV Ⅱ －Ⅳ母差保护屏三号变二次主Ⅳ母刀闸灯亮</td><td></td><td></td></tr>
<tr><td colspan="10">备注:</td></tr>
<tr><td colspan="10">操作人: 监护人: 值班负责人: 站长(运行专工):</td></tr>
</table>

续表

变电站(发电厂)倒闸操作票

单位:柳树220kV变电站　　　　　　　　年　　月　　日　　　　　　　　编号:LS 27

<table>
<tr><td colspan="2">发令时间</td><td colspan="3">调度指令号:</td><td>发令人:</td><td colspan="2">受令人:</td></tr>
<tr><td colspan="2">操作开始时间</td><td colspan="3">年　月　日　时　分</td><td>操作结束时间</td><td colspan="2">年　月　日　时　分</td></tr>
<tr><td colspan="2">操作任务</td><td colspan="6">66kVⅡ母线停电</td></tr>
<tr><td>预演√</td><td>操作√</td><td>顺序</td><td>指令项</td><td colspan="2">操　作　项　目</td><td>时</td><td>分</td></tr>
<tr><td></td><td></td><td>84</td><td></td><td colspan="2">检查66kVⅡ－Ⅳ母差保护屏切换异常灯亮</td><td></td><td></td></tr>
<tr><td></td><td></td><td>85</td><td></td><td colspan="2">拉开三号主变二次主4926Ⅳ母刀闸电源开关</td><td></td><td></td></tr>
<tr><td></td><td></td><td>86</td><td></td><td colspan="2">合上三号主变二次主4926Ⅱ母刀闸电源开关</td><td></td><td></td></tr>
<tr><td></td><td></td><td>87</td><td></td><td colspan="2">检查三号主变二次主4926Ⅱ母刀闸瓷柱完好</td><td></td><td></td></tr>
<tr><td></td><td></td><td>88</td><td></td><td colspan="2">拉开三号主变二次主4926Ⅱ母刀闸</td><td></td><td></td></tr>
<tr><td></td><td></td><td>89</td><td></td><td colspan="2">检查三号主变二次主4926Ⅱ母刀闸在开位</td><td></td><td></td></tr>
<tr><td></td><td></td><td>90</td><td></td><td colspan="2">检查三号主变保护B屏Ⅱ母刀闸切换灯灭</td><td></td><td></td></tr>
<tr><td></td><td></td><td>91</td><td></td><td colspan="2">检查66kVⅡ－Ⅳ母差保护屏三号变二次主Ⅱ母刀闸灯灭</td><td></td><td></td></tr>
<tr><td></td><td></td><td>92</td><td></td><td colspan="2">按66kVⅡ－Ⅳ母差保护屏复归按钮</td><td></td><td></td></tr>
<tr><td></td><td></td><td>93</td><td></td><td colspan="2">检查66kVⅡ－Ⅳ母差保护屏切换异常灯灭</td><td></td><td></td></tr>
<tr><td></td><td></td><td>94</td><td></td><td colspan="2">拉开三号主变二次主4926Ⅱ母刀闸电源开关</td><td></td><td></td></tr>
<tr><td></td><td></td><td>95</td><td></td><td colspan="2">检查树边甲线4962Ⅳ母刀闸瓷柱完好</td><td></td><td></td></tr>
<tr><td></td><td></td><td>96</td><td></td><td colspan="2">合上树边甲线4962Ⅳ母刀闸</td><td></td><td></td></tr>
<tr><td></td><td></td><td>97</td><td></td><td colspan="2">检查树边甲线4962Ⅳ母刀闸在合位</td><td></td><td></td></tr>
<tr><td></td><td></td><td>98</td><td></td><td colspan="2">检查66kVⅡ母联4914开关电流正确(　)A</td><td></td><td></td></tr>
<tr><td></td><td></td><td>99</td><td></td><td colspan="2">检查树边甲线4962保护屏Ⅳ母刀闸灯亮</td><td></td><td></td></tr>
<tr><td></td><td></td><td>100</td><td></td><td colspan="2">检查66kVⅡ－Ⅳ母差保护屏树都乙线Ⅳ母刀闸灯亮</td><td></td><td></td></tr>
<tr><td></td><td></td><td>101</td><td></td><td colspan="2">检查66kVⅡ－Ⅳ母差保护屏切换异常灯亮</td><td></td><td></td></tr>
<tr><td></td><td></td><td>102</td><td></td><td colspan="2">检查树边甲线4962Ⅱ母刀闸瓷柱完好</td><td></td><td></td></tr>
<tr><td></td><td></td><td>103</td><td></td><td colspan="2">拉开树边甲线4962Ⅱ母刀闸</td><td></td><td></td></tr>
<tr><td></td><td></td><td>104</td><td></td><td colspan="2">检查树边甲线4962Ⅱ母刀闸在开位</td><td></td><td></td></tr>
<tr><td colspan="8">备注:</td></tr>
<tr><td colspan="8">操作人:　　　　监护人:　　　　值班负责人:　　　　站长(运行专工):</td></tr>
</table>

续表

变电站(发电厂)倒闸操作票

单位:柳树 220kV 变电站　　　　年　月　日　　　　编号:LS 27

发令时间				调度指令号:		发令人:	受令人:	
操作开始时间		年 月 日 时 分		操作结束时间		年 月 日 时 分		
操作任务		66kV Ⅱ母线停电						
预演√	操作√	顺序	指令项	操作项目			时	分
		105		检查树边甲线 4962 保护屏Ⅱ母刀闸灯灭				
		106		检查 66kV Ⅱ－Ⅳ母差保护屏树边乙线Ⅱ母刀闸灯灭				
		107		按 66kV Ⅱ－Ⅳ母差保护屏复归按钮				
		108		检查 66kV Ⅱ－Ⅳ母差保护屏切换异常灯灭				
		109		检查树都乙线 4960Ⅳ母刀闸瓷柱完好				
		110		合上树都乙线 4960Ⅳ母刀闸				
		111		检查树都乙线 4960Ⅳ母刀闸在合位				
		112		检查 66kV Ⅱ母联 4914 开关电流正确(　)A				
		113		检查树都乙线 4960 保护屏Ⅳ母刀闸灯亮				
		114		检查 66kV Ⅱ－Ⅳ母差保护屏树都乙线Ⅳ母刀闸灯亮				
		115		检查 66kV Ⅱ－Ⅳ母差保护屏切换异常灯亮				
		116		检查树都乙线 4960Ⅱ母刀闸瓷柱完好				
		117		拉开树都乙线 4960Ⅱ母刀闸				
		118		检查树都乙线 4960Ⅱ母刀闸在开位				
		119		检查树都乙线 4960 保护屏Ⅱ母刀闸灯灭				
		120		检查 66kV Ⅱ－Ⅳ母差保护屏树都乙线Ⅱ母刀闸灯灭				
		121		按 66kV Ⅱ－Ⅳ母差保护屏复归按钮				
		122		检查 66kV Ⅱ－Ⅳ母差保护屏切换异常灯灭				
		123		检查树钢六线 4956Ⅳ母刀闸瓷柱完好				
		124		合上树钢六线 4956Ⅳ母刀闸				
		125		检查树钢六线 4956Ⅳ母刀闸在合位				
备注:								
操作人:		监护人:		值班负责人:		站长(运行专工):		

续表

变电站(发电厂)倒闸操作票

单位:柳树 220kV 变电站　　　　年　月　日　　　　编号:LS 27

<table>
<tr><td colspan="2">发令时间</td><td colspan="2"></td><td>调度指令号:</td><td colspan="2">发令人:　　　受令人:</td></tr>
<tr><td colspan="2">操作开始时间</td><td colspan="3">年　月　日　时　分</td><td colspan="2">操作结束时间　　年　月　日　时　分</td></tr>
<tr><td colspan="2">操作任务</td><td colspan="5">66kVⅡ母线停电</td></tr>
<tr><td>预演√</td><td>操作√</td><td>顺序</td><td>指令项</td><td>操作项目</td><td>时</td><td>分</td></tr>
<tr><td></td><td></td><td>126</td><td></td><td>检查66kVⅡ母联4914开关电流正确(　)A</td><td></td><td></td></tr>
<tr><td></td><td></td><td>127</td><td></td><td>检查树钢六线4956保护屏Ⅳ母刀闸灯亮</td><td></td><td></td></tr>
<tr><td></td><td></td><td>128</td><td></td><td>检查66kVⅡ－Ⅳ母差保护屏树钢六线Ⅳ母刀闸灯亮</td><td></td><td></td></tr>
<tr><td></td><td></td><td>129</td><td></td><td>检查66kVⅡ－Ⅳ母差保护屏切换异常灯亮</td><td></td><td></td></tr>
<tr><td></td><td></td><td>130</td><td></td><td>检查树钢六线4956Ⅱ母刀闸瓷柱完好</td><td></td><td></td></tr>
<tr><td></td><td></td><td>131</td><td></td><td>拉开树钢六线4956Ⅱ母刀闸</td><td></td><td></td></tr>
<tr><td></td><td></td><td>132</td><td></td><td>检查树钢六线4956Ⅱ母刀闸在开位</td><td></td><td></td></tr>
<tr><td></td><td></td><td>133</td><td></td><td>检查树钢六线4956保护屏Ⅱ母刀闸灯灭</td><td></td><td></td></tr>
<tr><td></td><td></td><td>134</td><td></td><td>检查66kVⅡ－Ⅳ母差保护屏树钢六线Ⅱ母刀闸灯灭</td><td></td><td></td></tr>
<tr><td></td><td></td><td>135</td><td></td><td>按66kVⅡ－Ⅳ母差保护屏复归按钮</td><td></td><td></td></tr>
<tr><td></td><td></td><td>136</td><td></td><td>检查66kVⅡ－Ⅳ母差保护屏切换异常灯灭</td><td></td><td></td></tr>
<tr><td></td><td></td><td>137</td><td></td><td>退出66kVⅡ－Ⅳ母差保护屏Ⅱ母PT压板</td><td></td><td></td></tr>
<tr><td></td><td></td><td>138</td><td></td><td>拉开66kVⅡ母电压互感器端子箱保护遥测A、B、C三相开关</td><td></td><td></td></tr>
<tr><td></td><td></td><td>139</td><td></td><td>拉开66kVⅡ母电压互感器端子箱电度表用A相开关</td><td></td><td></td></tr>
<tr><td></td><td></td><td>140</td><td></td><td>拉开66kVⅡ母电压互感器端子箱电度表用B相开关</td><td></td><td></td></tr>
<tr><td></td><td></td><td>141</td><td></td><td>拉开66kVⅡ母电压互感器端子箱电度表用C相开关</td><td></td><td></td></tr>
<tr><td></td><td></td><td>142</td><td></td><td>检查66kVⅡ母线电压正确(　)kV</td><td></td><td></td></tr>
<tr><td></td><td></td><td>143</td><td></td><td>检查66kVⅡ母电压互感器4903刀闸瓷柱完好</td><td></td><td></td></tr>
<tr><td></td><td></td><td>144</td><td></td><td>拉开66kVⅡ母电压互感器4903刀闸</td><td></td><td></td></tr>
<tr><td></td><td></td><td>145</td><td></td><td>检查66kVⅡ母电压互感器4903刀闸在开位</td><td></td><td></td></tr>
<tr><td></td><td></td><td>146</td><td></td><td>检查公用屏66kVⅡ－Ⅳ母电压切换装置Ⅱ母电压灯灭</td><td></td><td></td></tr>
<tr><td colspan="7">备注:</td></tr>
<tr><td colspan="7">操作人:　　　监护人:　　　值班负责人:　　　站长(运行专工):</td></tr>
</table>

续表

变电站(发电厂)倒闸操作票

单位:柳树 220kV 变电站　　　　年　　月　　日　　　　编号:LS 27

发令时间		调度指令号:		发令人:		受令人:	
操作开始时间	年　月　日　时　分			操作结束时间	年　月　日　时　分		
操作任务	66kV Ⅱ 母线停电						
预演√	操作√	顺序	指令项	操　作　项　目		时	分
		147		合上 66kV Ⅱ 母联 4914 保护屏保护直流开关			
		148		拉开 66kV Ⅱ 母联 4914 开关			
		149		检查 66kV Ⅱ 母联 4914 开关电流为 0A			
		150		检查 66kV Ⅱ 母联 4914 开关在开位			
		151		检查 66kV Ⅱ －Ⅳ母差保护屏 Ⅱ 母联 TWJ 灯亮			
		152		合上 66kV Ⅱ 母联 4914 Ⅱ 母刀闸操作电源开关			
		153		检查 66kV Ⅱ 母联 4914 Ⅱ 母刀闸瓷柱完好			
		154		拉开 66kV Ⅱ 母联 4914 Ⅱ 母刀闸			
		155		检查 66kV Ⅱ 母联 4914 Ⅱ 母刀闸在开位			
		156		检查 66kV Ⅱ 母联 4914 保护屏 Ⅱ 母切换灯灭			
		157		检查 66kV Ⅱ －Ⅳ母差保护屏 Ⅱ 母联 Ⅱ 母切换灯灭			
		158		拉开 66kV Ⅱ 母联 4914 Ⅱ 母刀闸操作电源开关			
		159		合上 66kV Ⅱ 母联 4914Ⅳ母刀闸操作电源开关			
		160		检查 66kV Ⅱ 母联 4914Ⅳ母刀闸瓷柱完好			
		161		拉开 66kV Ⅱ 母联 4914Ⅳ母刀闸			
		162		检查 66kV Ⅱ 母联 4914Ⅳ母刀闸在开位			
		163		检查 66kV Ⅱ 母联 4914 保护屏Ⅳ母切换灯灭			
		164		检查 66kV Ⅱ －Ⅳ母差保护屏 Ⅱ 母联Ⅳ母切换灯灭			
		165		拉开 66kV Ⅱ 母联 4914Ⅳ母刀闸操作电源开关			
		166		检查 66kV Ⅰ 分段 4916 开关在开位			
		167		合上 66kV Ⅰ 分段 4916 Ⅱ 母刀闸操作电源开关			
备注:							
操作人:　　监护人:　　值班负责人:　　站长(运行专工):							

续表

变电站(发电厂)倒闸操作票

单位:柳树220kV 变电站　　　　　　　　年　　月　　日　　　　　　　　编号:LS 27

发令时间		调度指令号:		发令人:		受令人:	
操作开始时间		年　月　日　时　分		操作结束时间	年　月　日　时　分		
操作任务		66kVⅡ母线停电					
预演√	操作√	顺序	指令项	操　作　项　目		时	分
		168		检查66kVⅠ分段4916Ⅱ母刀闸瓷柱完好			
		169		拉开66kVⅠ分段4916Ⅱ母刀闸			
		170		检查66kVⅠ分段4916Ⅱ母刀闸在开位			
		171		检查66kVⅡ-Ⅳ母差保护屏Ⅰ分段Ⅱ母切换灯灭			
		172		拉开66kVⅠ分段4916Ⅱ母刀闸操作电源开关			
		173		合上66kVⅠ分段4916Ⅰ母刀闸操作电源开关			
		174		检查66kVⅠ分段4916Ⅰ母刀闸瓷柱完好			
		175		拉开66kVⅠ分段4916Ⅰ母刀闸			
		176		检查66kVⅠ分段4916Ⅰ母刀闸在开位			
		177		检查66kVⅠ-Ⅲ母差保护屏Ⅰ分段Ⅰ母切换灯灭			
		178		拉开66kVⅠ分段4916Ⅳ母刀闸操作电源开关			
		179		检查66kVⅡ母线所有刀闸均在开位			
		180		退出66kVⅡ-Ⅳ母差保护屏倒闸过程中压板			
				注:1. 66kVⅠ分段、Ⅱ母联开关若有作业应退出母差屏出口压板及其他有关压板			
				2. 根据需要装设接地线			
备注:							
操作人:　　监护人:　　值班负责人:　　站长(运行专工):							

(28)66kV Ⅱ母线送电操作票见表2－28。

表2－28 66kV Ⅱ母线送电操作票

变电站(发电厂)倒闸操作票

单位:柳树220kV变电站　　　　年　月　日　　　　编号:LS 28

发令时间		调度指令号:		发令人:		受令人:	
操作开始时间	年 月 日 时 分			操作结束时间	年 月 日 时 分		
操作任务	66kV Ⅱ母线送电						

预演√	操作√	顺序	指令项	操 作 项 目	时	分
		1		拆除66kV Ⅱ母线所有接地线或拉开所有接地刀闸		
		2		检查66kV Ⅰ分段4916开关在开位		
		3		合上66kV Ⅰ分段4916 Ⅰ母刀闸操作电源开关		
		4		检查66kV Ⅰ分段4916 Ⅰ母刀闸瓷柱完好		
		5		合上66kV Ⅰ分段4916 Ⅰ母刀闸		
		6		检查66kV Ⅰ分段4916 Ⅰ母刀闸在合位		
		7		检查66kV Ⅰ－Ⅲ母差保护屏Ⅰ分段Ⅰ母刀闸灯亮		
		8		拉开66kV Ⅰ分段4916 Ⅰ母刀闸操作电源开关		
		9		合上66kV Ⅰ分段4916 Ⅱ母刀闸操作电源开关		
		10		检查66kV Ⅰ分段4916 Ⅱ母刀闸瓷柱完好		
		11		合上66kV Ⅰ分段4916 Ⅱ母刀闸		
		12		检查66kV Ⅰ分段4916 Ⅱ母刀闸在合位		
		13		检查66kV Ⅱ－Ⅳ母差保护屏Ⅰ分段Ⅱ母刀闸灯亮		
		14		拉开66kV Ⅰ分段4916 Ⅱ母刀闸操作电源开关		
		15		检查66kV Ⅱ母联4914开关在开位		
		16		合上66kV Ⅱ母联4914Ⅳ母刀闸操作电源开关		
		17		检查66kV Ⅱ母联4914Ⅳ母刀闸瓷柱完好		
		18		合上66kV Ⅱ母联4914Ⅳ母刀闸		
		19		检查66kV Ⅱ母联4914Ⅳ母刀闸在合位		
		20		检查66kV Ⅱ母联4914保护屏Ⅳ母切换灯灭		
备注:						
操作人:		监护人:		值班负责人:　　站长(运行专工):		

续表

变电站(发电厂)倒闸操作票

单位:柳树 220kV 变电站　　　　年　月　日　　　　编号:LS 28

发令时间		调度指令号:	发令人:		受令人:	
操作开始时间	年　月　日　时　分	操作结束时间	年　月　日　时　分			
操作任务	66kVⅡ母线送电					

预演√	操作√	顺序	指令项	操 作 项 目	时	分
		21		检查 66kVⅡ－Ⅳ母差保护屏Ⅱ母联Ⅳ母刀闸灯亮		
		22		拉开 66kVⅡ母联 4914Ⅳ母刀闸操作电源开关		
		23		合上 66kVⅡ母联 4914Ⅱ母刀闸操作电源开关		
		24		检查 66kVⅡ母联 4914Ⅱ母刀闸瓷柱完好		
		25		合上 66kVⅡ母联 4914Ⅱ母刀闸		
		26		检查 66kVⅡ母联 4914Ⅱ母刀闸在合位		
		27		检查 66kVⅡ母联 4914 保护屏Ⅱ母切换灯灭		
		28		检查 66kVⅡ－Ⅳ母差保护屏Ⅱ母联Ⅱ母刀闸灯亮		
		29		拉开 66kVⅡ母联 4914Ⅱ母刀闸操作电源开关		
		30		投入 66kVⅡ母联 4914 保护屏跳闸出口压板		
		31		合上 66kVⅡ母联 4914 开关		
		32		检查 66kVⅡ母联 4914 开关在合位		
		33		检查 66kVⅡ－Ⅳ母差保护屏Ⅱ母联 TWJ 灯亮灭		
		34		检查 66kVⅡ母电压互感器 4903 刀闸瓷柱完好		
		35		合上 66kVⅡ母电压互感器 4903 刀闸		
		36		检查 66kVⅡ母电压互感器 4903 刀闸在合位		
		37		检查公用屏 66kVⅡ－Ⅳ母电压切换装置Ⅱ母电压灯亮		
		38		合上 66kVⅡ母电压互感器端子箱保护遥测 A、B、C 三相开关		
		39		合上 66kVⅡ母电压互感器端子箱电度表用 A 相开关		
		40		合上 66kVⅡ母电压互感器端子箱电度表用 B 相开关		
		41		合上 66kVⅡ母电压互感器端子箱电度表用 C 相开关		
备注:						
操作人:　　监护人:　　值班负责人:　　站长(运行专工):						

续表

变电站(发电厂)倒闸操作票

单位:柳树 220kV 变电站　　　　年　月　日　　　　编号:LS 28

发令时间		调度指令号:		发令人:		受令人:	
操作开始时间	年　月　日　时　分		操作结束时间	年　月　日　时　分			
操作任务	66kV Ⅱ母线送电						
预演√	操作√	顺序	指令项	操　作　项　目		时	分
		42		检查 66kV Ⅱ母线三相电压正确(　)kV			
		43		投入 66kV Ⅱ－Ⅳ母差保护屏Ⅱ母 PT 压板			
		44		投入 66kV Ⅱ－Ⅳ母差保护屏倒闸过程中压板			
		45		退出 66kV Ⅱ母联 4914 保护屏跳闸出口压板			
		46		拉开 66kV Ⅱ母联 4914 保护屏保护直流开关			
		47		检查树钢六线 4956 Ⅱ母刀闸瓷柱完好			
		48		合上树钢六线 4956 Ⅱ母刀闸			
		49		检查 66kV Ⅱ母联 4914 开关电流正确(　)A			
		50		检查树钢六线 4956 保护屏Ⅱ母刀闸切换灯亮			
		51		检查 66kV Ⅱ－Ⅳ母差保护屏树钢六线Ⅱ母刀闸灯亮			
		52		检查 66kV Ⅱ－Ⅳ母差保护屏切换异常灯亮			
		53		检查树钢六线 4956Ⅳ母刀闸瓷柱完好			
		54		拉开树钢六线 4956Ⅳ母刀闸			
		55		检查树钢六线 4956 保护屏Ⅳ母刀闸切换灯灭			
		56		检查 66kV Ⅱ－Ⅳ母差保护屏树钢六线Ⅳ母刀闸灯灭			
		57		按 66kV Ⅱ－Ⅳ母差保护屏复归按钮			
		58		检查 66kV Ⅱ－Ⅳ母差保护屏切换异常灯灭			
		59		检查树都乙线 4960 Ⅱ母刀闸瓷柱完好			
		60		合上树都乙线 4960 Ⅱ母刀闸			
		61		检查 66kV Ⅱ母联 4914 开关电流正确(　)A			
		62		检查树都乙线 4960 保护屏Ⅱ母刀闸切换灯亮			
备注:							
操作人:		监护人:		值班负责人:		站长(运行专工):	

续表

变电站(发电厂)倒闸操作票

单位:柳树220kV变电站　　　　年　月　日　　　　编号:LS 28

发令时间		调度指令号:		发令人:		受令人:	
操作开始时间		年 月 日 时 分		操作结束时间		年 月 日 时 分	
操作任务		66kVⅡ母线送电					
预演√	操作√	顺序	指令项	操作项目		时	分
		63		检查66kVⅡ-Ⅳ母差保护屏树都乙线Ⅱ母刀闸灯亮			
		64		检查66kVⅡ-Ⅳ母差保护屏切换异常灯亮			
		65		检查树都乙线4960ⅡⅤ母刀闸瓷柱完好			
		66		拉开树都乙线4960ⅡⅤ母刀闸			
		67		检查树都乙线4960保护屏Ⅳ母刀闸切换灯灭			
		68		检查66kVⅡ-Ⅳ母差保护屏树都乙线Ⅳ母刀闸灯灭			
		69		按66kVⅡ-Ⅳ母差保护屏复归按钮			
		70		检查66kVⅡ-Ⅳ母差保护屏切换异常灯灭			
		71		检查树边甲线4962Ⅱ母刀闸瓷柱完好			
		72		合上树边甲线4962Ⅱ母刀闸			
		73		检查66kVⅡ母联4914开关电流正确(　)A			
		74		检查树边甲线4962保护屏Ⅱ母刀闸切换灯亮			
		75		检查66kVⅡ-Ⅳ母差保护屏树都乙线Ⅱ母刀闸灯亮			
		76		检查66kVⅡ-Ⅳ母差保护屏切换异常灯亮			
		77		检查树边甲线4962ⅡⅤ母刀闸瓷柱完好			
		78		拉开树边甲线4962ⅡⅤ母刀闸			
		79		检查树边甲线4962保护屏Ⅳ母刀闸切换灯灭			
		80		检查66kVⅡ-Ⅳ母差保护屏树都乙线Ⅳ母刀闸灯灭			
		81		按66kVⅡ-Ⅳ母差保护屏复归按钮			
		82		检查66kVⅡ-Ⅳ母差保护屏切换异常灯灭			
		83		检查三号主变二次主4926Ⅱ母刀闸瓷柱完好			
备注:							
操作人:		监护人:		值班负责人:		站长(运行专工):	

续表

变电站(发电厂)倒闸操作票

单位:柳树 220kV 变电站　　　　年　月　日　　　　编号:LS 28

发令时间		调度指令号:		发令人:		受令人:	
操作开始时间	年 月 日 时 分		操作结束时间	年 月 日 时 分			
操作任务	66kV Ⅱ母线送电						

预演√	操作√	顺序	指令项	操作项目	时	分
		84		合上三号主变二次主 4926 Ⅱ母刀闸		
		85		检查 66kV Ⅱ母联 4914 开关电流正确(　)A		
		86		检查三号主变保护 B 屏Ⅱ母动作灯亮		
		87		检查 66kV Ⅱ－Ⅳ母差保护屏三号主变二次主Ⅱ母刀闸灯亮		
		88		检查 66kV Ⅱ－Ⅳ母差保护屏切换异常灯亮		
		89		检查三号主变二次主 4926 Ⅳ母刀闸瓷柱完好		
		90		拉开三号主变二次主 4926 Ⅳ母刀闸		
		91		检查三号主变保护 B 屏Ⅳ母动作灯灭		
		92		检查 66kV Ⅱ－Ⅳ母差保护屏三号主变二次Ⅳ母刀闸灯灭		
		93		按 66kV Ⅱ－Ⅳ母差保护屏复归按钮		
		94		检查 66kV Ⅱ－Ⅳ母差保护屏切换异常灯灭		
		95		检查树金乙线 4968 Ⅱ母刀闸瓷柱完好		
		96		合上树金乙线 4968 Ⅱ母刀闸		
		97		检查 66kV Ⅱ母联 4914 开关电流正确(　)A		
		98		检查树金乙线 4968 保护屏Ⅱ母刀闸切换灯亮		
		99		检查 66kV Ⅱ－Ⅳ母差保护屏树金乙线Ⅱ母刀闸灯亮		
		100		检查 66kV Ⅱ－Ⅳ母差保护屏切换异常灯亮		
		101		检查树金乙线 4968 ⅡV 母刀闸瓷柱完好		
		102		拉开树金乙线 4968 ⅡV 母刀闸		
		103		检查树金乙线 4968 保护屏Ⅳ母刀闸切换灯灭		
		104		检查 66kV Ⅱ－Ⅳ母差保护屏树金乙线Ⅳ母刀闸灯灭		

备注:

操作人:　　　监护人:　　　值班负责人:　　　站长(运行专工):

续表

变电站(发电厂)倒闸操作票

单位:柳树220kV变电站　　年　月　日　　编号:LS 28

<table>
<tr><td colspan="2">发令时间</td><td colspan="2"></td><td colspan="2">调度指令号:</td><td>发令人:</td><td>受令人:</td></tr>
<tr><td colspan="2">操作开始时间</td><td colspan="3">年　月　日　时　分</td><td>操作结束时间</td><td colspan="3">年　月　日　时　分</td></tr>
<tr><td colspan="2">操作任务</td><td colspan="7">66kVⅡ母线送电</td></tr>
<tr><td>预演√</td><td>操作√</td><td>顺序</td><td>指令项</td><td colspan="3">操作项目</td><td>时</td><td>分</td></tr>
<tr><td></td><td></td><td>105</td><td></td><td colspan="3">按66kVⅡ－Ⅳ母差保护屏复归按钮</td><td></td><td></td></tr>
<tr><td></td><td></td><td>106</td><td></td><td colspan="3">检查66kVⅡ－Ⅳ母差保护屏切换异常灯灭</td><td></td><td></td></tr>
<tr><td></td><td></td><td>107</td><td></td><td colspan="3">检查树桥乙线4972Ⅱ母刀闸瓷柱完好</td><td></td><td></td></tr>
<tr><td></td><td></td><td>108</td><td></td><td colspan="3">合上树桥乙线4972Ⅱ母刀闸</td><td></td><td></td></tr>
<tr><td></td><td></td><td>109</td><td></td><td colspan="3">检查66kVⅡ母联4914开关电流正确(　)A</td><td></td><td></td></tr>
<tr><td></td><td></td><td>110</td><td></td><td colspan="3">检查树桥乙线4972保护屏Ⅱ母刀闸切换灯亮</td><td></td><td></td></tr>
<tr><td></td><td></td><td>111</td><td></td><td colspan="3">检查66kVⅡ－Ⅳ母差保护屏树桥甲线Ⅱ母刀闸灯亮</td><td></td><td></td></tr>
<tr><td></td><td></td><td>112</td><td></td><td colspan="3">检查66kVⅡ－Ⅳ母差保护屏切换异常灯亮</td><td></td><td></td></tr>
<tr><td></td><td></td><td>113</td><td></td><td colspan="3">检查树桥乙线4972ⅡV母刀闸瓷柱完好</td><td></td><td></td></tr>
<tr><td></td><td></td><td>114</td><td></td><td colspan="3">拉开树桥乙线4972ⅡV母刀闸</td><td></td><td></td></tr>
<tr><td></td><td></td><td>115</td><td></td><td colspan="3">检查树桥乙线4972保护屏Ⅳ母刀闸切换灯灭</td><td></td><td></td></tr>
<tr><td></td><td></td><td>116</td><td></td><td colspan="3">检查66kVⅡ－Ⅳ母差保护屏树桥乙线Ⅳ母刀闸灯灭</td><td></td><td></td></tr>
<tr><td></td><td></td><td>117</td><td></td><td colspan="3">按66kVⅡ－Ⅳ母差保护屏复归按钮</td><td></td><td></td></tr>
<tr><td></td><td></td><td>118</td><td></td><td colspan="3">检查66kVⅡ－Ⅳ母差保护屏切换异常灯灭</td><td></td><td></td></tr>
<tr><td></td><td></td><td>119</td><td></td><td colspan="3">检查树天乙线4978Ⅱ母刀闸瓷柱完好</td><td></td><td></td></tr>
<tr><td></td><td></td><td>120</td><td></td><td colspan="3">合上树天乙线4978Ⅱ母刀闸</td><td></td><td></td></tr>
<tr><td></td><td></td><td>121</td><td></td><td colspan="3">检查66kVⅡ母联4914开关电流正确(　)A</td><td></td><td></td></tr>
<tr><td></td><td></td><td>122</td><td></td><td colspan="3">检查树天乙线4978保护屏Ⅱ母刀闸切换灯亮</td><td></td><td></td></tr>
<tr><td></td><td></td><td>123</td><td></td><td colspan="3">检查66kVⅡ－Ⅳ母差保护屏树桥甲线Ⅱ母刀闸灯亮</td><td></td><td></td></tr>
<tr><td></td><td></td><td>124</td><td></td><td colspan="3">检查66kVⅡ－Ⅳ母差保护屏切换异常灯亮</td><td></td><td></td></tr>
<tr><td></td><td></td><td>125</td><td></td><td colspan="3">检查树天乙线4978ⅡV母刀闸瓷柱完好</td><td></td><td></td></tr>
<tr><td colspan="9">备注:</td></tr>
<tr><td colspan="9">操作人:　　监护人:　　值班负责人:　　站长(运行专工):</td></tr>
</table>

续表

变电站(发电厂)倒闸操作票

单位:柳树 220kV 变电站　　　　年　月　日　　　　编号:LS 28

发令时间		调度指令号:		发令人:		受令人:	
操作开始时间	年 月 日 时 分		操作结束时间	年 月 日 时 分			
操作任务	66kV Ⅱ母线送电						

预演√	操作√	顺序	指令项	操 作 项 目	时	分
		126		拉开树天乙线 4978 ⅡV 母刀闸		
		127		检查树天乙线 4978 保护屏Ⅳ母刀闸切换灯灭		
		128		检查 66kV Ⅱ－Ⅳ母差保护屏树天乙线Ⅳ母刀闸灯灭		
		129		按 66kV Ⅱ－Ⅳ母差保护屏复归按钮		
		130		检查 66kV Ⅱ－Ⅳ母差保护屏切换异常灯灭		
		131		检查一号站内变 4982 Ⅱ母刀闸瓷柱完好		
		132		合上一号站内变 4982 Ⅱ母刀闸		
		133		检查 66kV Ⅱ母联 4914 开关电流正确(　)A		
		134		检查 66kV Ⅱ－Ⅳ母差保护屏一号站内变Ⅱ母刀闸灯亮		
		135		检查 66kV Ⅱ－Ⅳ母差保护屏切换异常灯亮		
		136		检查一号站内变 4982 ⅡV 母刀闸瓷柱完好		
		137		拉开一号站内变 4982 ⅡV 母刀闸		
		138		检查 66kV Ⅱ－Ⅳ母差保护屏一号站内变Ⅳ母刀闸灯灭		
		139		按 66kV Ⅱ－Ⅳ母差保护屏复归按钮		
		140		检查 66kV Ⅱ－Ⅳ母差保护屏切换异常灯灭		
		141		检查三号电容器 4984 Ⅱ母刀闸瓷柱完好		
		142		合上三号电容器 4984 Ⅱ母刀闸		
		143		检查 66kV Ⅱ母联 4914 开关电流正确(　)A		
		144		检查三号电容器 4984 保护屏Ⅱ母刀闸切换灯亮		
		145		检查 66kV Ⅱ－Ⅳ母差保护屏三号电容器Ⅱ母刀闸灯亮		
		146		检查 66kV Ⅱ－Ⅳ母差保护屏切换异常灯亮		
备注:						
操作人:		监护人:		值班负责人:　　站长(运行专工):		

续表

变电站(发电厂)倒闸操作票

单位:柳树220kV变电站　　　　年　月　日　　　　编号:LS 28

发令时间		调度指令号:		发令人:		受令人:	
操作开始时间	年　月　日　时　分		操作结束时间	年　月　日　时　分			
操作任务	66kVⅡ母线送电						

预演√	操作√	顺序	指令项	操作项目	时	分
		147		检查三号电容器4984Ⅳ母刀闸瓷柱完好		
		148		拉开三号电容器4984Ⅳ母刀闸		
		149		检查三号电容器4984保护屏Ⅳ母刀闸切换灯灭		
		150		检查66kVⅡ-Ⅳ母差保护屏三号电容器Ⅳ母刀闸灯灭		
		151		按66kVⅡ-Ⅳ母差保护屏复归按钮		
		152		检查66kVⅡ-Ⅳ母差保护屏切换异常灯灭		
		153		合上66kVⅡ母联4914保护屏保护直流开关		
		154		拉开66kVⅡ母联4914开关		
		155		检查66kVⅡ母联4914开关电流为0A		
		156		检查66kVⅡ母联4914开关在开位		
		157		检查66kVⅡ母联4914保护屏TWJ灯亮		
		158		退出66kVⅡ-Ⅳ母差保护屏倒闸过程中压板		
		159		投入66kVⅡ母联4914保护屏跳闸出口压板		
		160		将66kV备自投保护B屏备投投入		
备注:						
操作人:　　监护人:　　值班负责人:　　站长(运行专工):						

(29)66kV 母联备自投 A 屏停用操作票见表 2－29。

表 2－29　66kV 母联备自投 A 屏停用操作票

变电站(发电厂)倒闸操作票

单位:柳树 220kV 变电站　　　　年　　月　　日　　　　编号:LS 29

发令时间		调度指令号:		发令人:		受令人:	
操作开始时间	年　月　日　时　分			操作结束时间	年　月　日　时　分		
操作任务	66kV 母联备自投 A 屏停用						
预演√	操作√	顺序	指令项	操　作　项　目		时	分
		1		退出 66kV 母联备自投 A 屏主变/母联备自投装置检修压板			
		2		退出 66kV 母联备自投 A 屏一号主变检修压板			
		3		退出 66kV 母联备自投 A 屏二号主变检修压板			
		4		退出 66kV 母联备自投 A 屏 Ⅰ 母联备自投投退压板			
		5		退出 66kV 母联备自投 A 屏主变备自投投退压板			
		6		退出 66kV 母联备自投 A 屏主变备自投合一号主变低压侧开关压板			
		7		退出 66kV 母联备自投 A 屏主变/母联备自投跳一号主变低压侧开关压板			
		8		退出 66kV 母联备自投 A 屏主变备自投合一号主变高压侧开关压板			
		9		退出 66kV 母联备自投 A 屏主变备自投跳一号主变高压侧开关压板			
		10		退出 66kV 母联备自投 A 屏主变备自投合二号主变低压侧开关压板			
		11		退出 66kV 母联备自投 A 屏主变/母联备自投跳二号主变低压侧开关压板			
		12		退出 66kV 母联备自投 A 屏主变备自投合二号主变高压侧开关压板			
		13		退出 66kV 母联备自投 A 屏主变备自投跳二号主变高压侧开关压板			
备注:							
操作人:		监护人:		值班负责人:	站长(运行专工):		

续表

变电站(发电厂)倒闸操作票

单位:柳树220kV变电站　　　　年　月　日　　　　编号:LS 29

<table>
<tr><td colspan="2">发令时间</td><td colspan="2"></td><td>调度指令号:</td><td>发令人:</td><td></td><td colspan="2">受令人:</td></tr>
<tr><td colspan="2">操作开始时间</td><td colspan="3">年　月　日　时　分</td><td colspan="2">操作结束时间</td><td colspan="2">年　月　日　时　分</td></tr>
<tr><td colspan="2">操作任务</td><td colspan="7">66kV 母联备自投 A 屏停用</td></tr>
<tr><td>预演√</td><td>操作√</td><td>顺序</td><td>指令项</td><td colspan="3">操　作　项　目</td><td>时</td><td>分</td></tr>
<tr><td></td><td></td><td>14</td><td></td><td colspan="3">退出66kV 母联备自投 A 屏母联备自投合66kV Ⅰ母联开关压板</td><td></td><td></td></tr>
<tr><td></td><td></td><td>15</td><td></td><td colspan="3">退出66kV 母联备自投 A 屏母联备自投跳66kV Ⅰ母联开关压板</td><td></td><td></td></tr>
<tr><td></td><td></td><td>16</td><td></td><td colspan="3">退出66kV 母联备自投 A 屏主变/母联备自投联切一号电容器压板</td><td></td><td></td></tr>
<tr><td></td><td></td><td>17</td><td></td><td colspan="3">退出66kV 母联备自投 A 屏主变/母联备自投联切二号电容器压板</td><td></td><td></td></tr>
<tr><td></td><td></td><td>18</td><td></td><td colspan="3">退出66kV 母联备自投 A 屏主变/母联备自投联切树钢一线压板</td><td></td><td></td></tr>
<tr><td></td><td></td><td>19</td><td></td><td colspan="3">退出66kV 母联备自投 A 屏主变/母联备自投联切树钢二线压板</td><td></td><td></td></tr>
<tr><td></td><td></td><td>20</td><td></td><td colspan="3">退出66kV 母联备自投 A 屏主变/母联备自投联切树营三线压板</td><td></td><td></td></tr>
<tr><td></td><td></td><td>21</td><td></td><td colspan="3">退出66kV 母联备自投 A 屏主变/母联备自投联切树钢三压板</td><td></td><td></td></tr>
<tr><td></td><td></td><td>22</td><td></td><td colspan="3">退出66kV 母联备自投 A 屏主变/母联备自投联切树钢四线压板</td><td></td><td></td></tr>
<tr><td></td><td></td><td>23</td><td></td><td colspan="3">退出66kV 母联备自投 A 屏进线备自投跳一号主变低压侧开关压板</td><td></td><td></td></tr>
<tr><td></td><td></td><td>24</td><td></td><td colspan="3">退出66kV 母联备自投 A 屏进线备自投跳二号主变低压侧开关压板</td><td></td><td></td></tr>
<tr><td></td><td></td><td>25</td><td></td><td colspan="3">退出66kV 母联备自投 A 屏进线备自投合树营二线压板</td><td></td><td></td></tr>
<tr><td></td><td></td><td>26</td><td></td><td colspan="3">退出66kV 母联备自投 A 屏进线备自投跳树营二线压板</td><td></td><td></td></tr>
<tr><td></td><td></td><td>27</td><td></td><td colspan="3">退出66kV 母联备自投 A 屏进线备自投合树营一线压板</td><td></td><td></td></tr>
<tr><td></td><td></td><td>28</td><td></td><td colspan="3">退出66kV 母联备自投 A 屏进线备自投跳树营一线压板</td><td></td><td></td></tr>
<tr><td></td><td></td><td>29</td><td></td><td colspan="3">退出66kV 母联备自投 A 屏进线备自投跳66kV Ⅰ母联开关压板</td><td></td><td></td></tr>
<tr><td></td><td></td><td>30</td><td></td><td colspan="3">退出66kV 母联备自投 A 屏进线备自投联切一号电容器压板</td><td></td><td></td></tr>
<tr><td colspan="9">备注:</td></tr>
<tr><td colspan="9">操作人:　　　　监护人:　　　　值班负责人:　　　　站长(运行专工):</td></tr>
</table>

续表

变电站(发电厂)倒闸操作票

单位:柳树 220kV 变电站　　　　年　月　日　　　　编号:LS 29

发令时间		调度指令号:		发令人:		受令人:	
操作开始时间	年　月　日　时　分		操作结束时间	年　月　日　时　分			
操作任务	66kV 母联备自投 A 屏停用						

预演√	操作√	顺序	指令项	操作项目	时	分
		31		退出 66kV 母联备自投 A 屏进线备自投联切二号电容器压板		
		32		退出 66kV 母联备自投 A 屏进线备自投联切树钢一线压板		
		33		退出 66kV 母联备自投 A 屏进线备自投投联树钢二线压板		
		34		退出 66kV 母联备自投 A 屏进线备自投联切Ⅰ分段压板		
		35		退出 66kV 母联备自投 A 屏进线备自投联切Ⅱ分段压板		
		36		退出 66kV 母联备自投 A 屏进线备自投联切树营四线压板		
		37		退出 66kV 母联备自投 A 屏进线备自投联切树营三线压板		
		38		退出 66kV 母联备自投 A 屏进线备自投联切树钢三线压板		
		39		退出 66kV 母联备自投 A 屏进线备自投联切树钢四线压板		
				注:1～22 为主变及母联备自投;23～39 是线路备自投		

备注:

操作人:　　　监护人:　　　值班负责人:　　　站长(运行专工):

(30)66kV 母联备自投 A 屏启用操作票见表 2－30。

表 2－30　66kV 母联备自投 A 屏启用操作票

变电站(发电厂)倒闸操作票

单位:柳树 220kV 变电站　　　　年　月　日　　　　编号:LS 30

发令时间		调度指令号:		发令人:		受令人:	
操作开始时间	年　月　日　时　分		操作结束时间	年　月　日　时　分			
操作任务	66kV 母联备自投 A 屏启用						
预演√	操作√	顺序	指令项	操作项目		时	分
		1		投入 66kV 母联备自投 A 屏主变/母联备自投装置检修压板			
		2		投入 66kV 母联备自投 A 屏一号主变检修压板			
		3		投入 66kV 母联备自投 A 屏二号主变检修压板			
		4		投入 66kV 母联备自投 A 屏Ⅰ母联备自投投退压板			
		5		投入 66kV 母联备自投 A 屏主变备自投投退压板			
		6		投入 66kV 母联备自投 A 屏主变备自投合一号主变低压侧开关压板			
		7		投入 66kV 母联备自投 A 屏主变/母联备自投跳一号主变低压侧开关压板			
		8		投入 66kV 母联备自投 A 屏主变备自投合一号主变高压侧开关压板			
		9		投入 66kV 母联备自投 A 屏主变备自投跳一号主变高压侧开关压板			
		10		投入 66kV 母联备自投 A 屏主变备自投合二号主变低压侧开关压板			
		11		投入 66kV 母联备自投 A 屏主变/母联备自投跳二号主变低压侧开关压板			
		12		投入 66kV 母联备自投 A 屏主变备自投合二号主变高压侧开关压板			
		13		投入 66kV 母联备自投 A 屏主变备自投跳二号主变高压侧开关压板			
备注:							
操作人:	监护人:		值班负责人:		站长(运行专工):		

续表

变电站(发电厂)倒闸操作票

单位:柳树 220kV 变电站　　　　年　月　日　　　　编号:LS 30

发令时间		调度指令号:		发令人:		受令人:	
操作开始时间	年 月 日 时 分		操作结束时间	年 月 日 时 分			
操作任务	66kV 母联备自投 A 屏启用						

预演√	操作√	顺序	指令项	操 作 项 目	时	分
		14		投入 66kV 母联备自投 A 屏母联备自投合 66kV Ⅰ 母联开关压板		
		15		投入 66kV 母联备自投 A 屏母联备自投跳 66kV Ⅰ 母联开关压板		
		16		投入 66kV 母联备自投 A 屏主变/母联备自投联切一号电容器压板		
		17		投入 66kV 母联备自投 A 屏主变/母联备自投联切二号电容器压板		
		18		投入 66kV 母联备自投 A 屏主变/母联备自投联切树钢一线压板		
		19		投入 66kV 母联备自投 A 屏主变/母联备自投联切树钢二线压板		
		20		投入 66kV 母联备自投 A 屏主变/母联备自投联切树营三线压板		
		21		投入 66kV 母联备自投 A 屏主变/母联备自投联切树钢三压板		
		22		投入 66kV 母联备自投 A 屏主变/母联备自投联切树钢四线压板		
		23		投入 66kV 母联备自投 A 屏进线备自投跳一号主变低压侧开关压板		
		24		投入 66kV 母联备自投 A 屏进线备自投跳二号主变低压侧开关压板		
		25		投入 66kV 母联备自投 A 屏进线备自投合树营二线压板		
		26		投入 66kV 母联备自投 A 屏进线备自投跳树营二线压板		
		27		投入 66kV 母联备自投 A 屏进线备自投合树营一线压板		
		28		投入 66kV 母联备自投 A 屏进线备自投跳树营一线压板		
		29		投入 66kV 母联备自投 A 屏进线备自投跳 66kV Ⅰ 母联开关压板		
		30		投入 66kV 母联备自投 A 屏进线备自投联切一号电容器压板		
		31		投入 66kV 母联备自投 A 屏进线备自投联切二号电容器压板		
		32		投入 66kV 母联备自投 A 屏进线备自投联切树钢一线压板		
备注:						
操作人:		监护人:		值班负责人:　　站长(运行专工):		

续表

变电站(发电厂)倒闸操作票

单位:柳树220kV变电站　　　　年　　月　　日　　　　编号:LS 30

发令时间		调度指令号:	发令人:	受令人:
操作开始时间	年　月　日　时　分	操作结束时间	年　月　日　时　分	
操作任务	66kV母联备自投A屏启用			

预演√	操作√	顺序	指令项	操　作　项　目	时	分
		33		投入66kV母联备自投A屏进线备自投投联树钢二线压板		
		34		投入66kV母联备自投A屏进线备自投联切Ⅰ分段压板		
		35		投入66kV母联备自投A屏进线备自投联切Ⅱ分段压板		
		36		投入66kV母联备自投A屏进线备自投联切树营四线压板		
		37		投入66kV母联备自投A屏进线备自投联切树营三线压板		
		38		投入66kV母联备自投A屏进线备自投联切树钢三线压板		
		39		投入66kV母联备自投A屏进线备自投联切树钢四线压板		
				注:1～22为主变及母联备自投;23～39是线路备自投		

备注:

操作人:　　　监护人:　　　值班负责人:　　　站长(运行专工):

(31)66kV 母联备自投 B 屏停用操作票见表 2－31。

表 2－31 66kV 母联备自投 B 屏停用操作票

变电站(发电厂)倒闸操作票

单位:柳树 220kV 变电站　　　　年　月　日　　　　编号:LS 31

发令时间		调度指令号:		发令人:		受令人:
操作开始时间	年　月　日　时　分		操作结束时间	年　月　日　时　分		
操作任务	66kV 母联备自投 B 屏停用					

预演√	操作√	顺序	指令项	操 作 项 目	时	分
		1		退出 66kV 母联备自投 B 屏主变/母联备自投装置检修压板		
		2		退出 66kV 母联备自投 B 屏三号主变检修压板		
		3		退出 66kV 母联备自投 B 屏四号主变检修压板		
		4		退出 66kV 母联备自投 B 屏Ⅱ母联备自投投退压板		
		5		退出 66kV 母联备自投 B 屏主变备自投投退压板		
		6		退出 66kV 母联备自投 B 屏主变备自投合三号主变低压侧开关压板		
		7		退出 66kV 母联备自投 B 屏主变/母联备自投跳三号主变低压侧开关压板		
		8		退出 66kV 母联备自投 B 屏主变备自投合三号主变高压侧开关压板		
		9		退出 66kV 母联备自投 B 屏主变备自投跳三号主变高压侧开关压板		
		10		退出 66kV 母联备自投 B 屏主变备自投合四号主变低压侧开关压板		
		11		退出 66kV 母联备自投 B 屏主变/母联备自投跳四号主变低压侧开关压板		
		12		退出 66kV 母联备自投 B 屏主变备自投合四号主变高压侧开关压板		
		13		退出 66kV 母联备自投 B 屏主变备自投跳四号主变高压侧开关压板		
		14		退出 66kV 母联备自投 B 屏母联备自投合 66kVⅡ母联开关压板		
		15		退出 66kV 母联备自投 B 屏母联备自投跳 66kVⅡ母联开关压板		
		16		退出 66kV 母联备自投 B 屏主变/母联备自投联切三号电容器压板		
		17		退出 66kV 母联备自投 B 屏主变/母联备自投联切四号电容器压板		
		18		退出 66kV 母联备自投 B 屏主变/母联备自投联切树钢五线压板		
备注:						
操作人:		监护人:		值班负责人:　　站长(运行专工):		

续表

变电站(发电厂)倒闸操作票

单位:柳树 220kV 变电站　　　　年　月　日　　　　编号:LS 31

发令时间		调度指令号:		发令人:		受令人:	
操作开始时间	年　月　日　时　分			操作结束时间	年　月　日　时　分		
操作任务	66kV 母联备自投 B 屏停用						

预演√	操作√	顺序	指令项	操作项目	时	分
		19		退出 66kV 母联备自投 B 屏主变/母联备自投联切树钢六线压板		
		20		退出 66kV 母联备自投 B 屏主变/母联备自投联切树边甲线压板		
		21		退出 66kV 母联备自投 B 屏主变/母联备自投联切树边乙线压板		
		22		退出 66kV 母联备自投 B 屏主变/母联备自投联切树天乙线压板		
		23		退出 66kV 母联备自投 B 屏主变/母联备自投联切树柳甲线压板		
		24		退出 66kV 母联备自投 B 屏主变/母联备自投联切树柳乙线压板		
		25		退出 66kV 母联备自投 B 屏进线备自投装置检修压板		
		26		退出 66kV 母联备自投 B 屏三号主变检修压板		
		27		退出 66kV 母联备自投 B 屏四号主变检修压板		
		28		退出 66kV 母联备自投 B 屏进线备自投投退压板		
		29		退出 66kV 母联备自投 B 屏进线备自投跳三号主变低压侧开关压板		
		30		退出 66kV 母联备自投 B 屏进线备自投跳四号主变低压侧开关压板		
		31		退出 66kV 母联备自投 B 屏进线备自投合树都甲线压板		
		32		退出 66kV 母联备自投 B 屏进线备自投跳树都甲线压板		
		33		退出 66kV 母联备自投 B 屏进线备自投合树桥甲线压板		
		34		退出 66kV 母联备自投 B 屏进线备自投跳树桥甲线压板		
		35		退出 66kV 母联备自投 B 屏进线备自投跳 66kVⅡ母联开关压板		
		36		退出 66kV 母联备自投 B 屏进线备自投联切三号电容器压板		
		37		退出 66kV 母联备自投 B 屏进线备自投联切四号电容器压板		
		38		退出 66kV 母联备自投 B 屏进线备自投联切树钢五线压板		
		39		退出 66kV 母联备自投 B 屏进线备自投联切树钢六线压板		

备注:

操作人:　　监护人:　　值班负责人:　　站长(运行专工):

续表

变电站(发电厂)倒闸操作票

单位:柳树 220kV 变电站　　　　年　月　日　　　　编号:LS 31

发令时间		调度指令号:		发令人:		受令人:	
操作开始时间	年 月 日 时 分		操作结束时间	年 月 日 时 分			
操作任务	66kV 母联备自投 B 屏停用						

预演√	操作√	顺序	指令项	操 作 项 目	时	分
		40		退出 66kV 母联备自投 B 屏进线备自投联切Ⅰ分段压板		
		41		退出 66kV 母联备自投 B 屏进线备自投联切Ⅱ分段压板		
		42		退出 66kV 母联备自投 B 屏进线备自投联切树边甲线压板		
		43		退出 66kV 母联备自投 B 屏进线备自投联切树边乙线压板		
		44		退出 66kV 母联备自投 B 屏进线备自投联切树天乙线压板		
		45		退出 66kV 母联备自投 B 屏进线备自投联切树柳甲线压板		
		46		退出 66kV 母联备自投 B 屏进线备自投联切树柳乙线压板		
		47		退出 66kV 母联备自投 B 屏Ⅱ母联检修压板		
				注:1. 1～22 为主变及母联备自投;23～39 是线路备自投		
				2. 66kVⅠ(Ⅱ)母或Ⅲ(Ⅳ)母线 PT 断线时,应停用主变及母联备自投装置,但进行备自投可以投入运行		
				3. 任一台主变检修时,应将主变及母联备自投退出		
				4. 如出现Ⅰ、Ⅱ与Ⅲ、Ⅳ互带,分段开关并列运行等非正常运行方式时,应将备自投退出		
				5. 当 220kV 侧路代送主一次时,主变备自投停用		
				6. 当 66kV 侧路代送主变二次主时,主变、母联、进线备自投停用		

备注:

操作人:　　　监护人:　　　值班负责人:　　　站长(运行专工):

(32)66kV 母联备自投 B 屏启用操作票见表 2-32。

表 2-32　66kV 母联备自投 B 屏启用操作票

变电站(发电厂)倒闸操作票

单位:�柳树 220kV 变电站　　　　年　　月　　日　　　　编号:LS 32

<table>
<tr><td>发令时间</td><td colspan="3"></td><td>调度指令号:</td><td>发令人:</td><td>受令人:</td></tr>
<tr><td>操作开始时间</td><td colspan="3">年　月　日　时　分</td><td>操作结束时间</td><td colspan="2">年　月　日　时　分</td></tr>
<tr><td>操作任务</td><td colspan="6">66kV 母联备自投 B 屏启用</td></tr>
<tr><td>预演√</td><td>操作√</td><td>顺序</td><td>指令项</td><td>操作项目</td><td>时</td><td>分</td></tr>
<tr><td></td><td></td><td>1</td><td></td><td>投入 66kV 母联备自投 B 屏主变/母联备自投装置检修压板</td><td></td><td></td></tr>
<tr><td></td><td></td><td>2</td><td></td><td>投入 66kV 母联备自投 B 屏三号主变检修压板</td><td></td><td></td></tr>
<tr><td></td><td></td><td>3</td><td></td><td>投入 66kV 母联备自投 B 屏四号主变检修压板</td><td></td><td></td></tr>
<tr><td></td><td></td><td>4</td><td></td><td>投入 66kV 母联备自投 B 屏Ⅱ母联备自投投退压板</td><td></td><td></td></tr>
<tr><td></td><td></td><td>5</td><td></td><td>投入 66kV 母联备自投 B 屏主变备自投投退压板</td><td></td><td></td></tr>
<tr><td></td><td></td><td>6</td><td></td><td>投入 66kV 母联备自投 B 屏主变备自投合三号主变低压侧开关压板</td><td></td><td></td></tr>
<tr><td></td><td></td><td>7</td><td></td><td>投入 66kV 母联备自投 B 屏主变/母联备自投跳三号主变低压侧开关压板</td><td></td><td></td></tr>
<tr><td></td><td></td><td>8</td><td></td><td>投入 66kV 母联备自投 B 屏主变备自投合三号主变高压侧开关压板</td><td></td><td></td></tr>
<tr><td></td><td></td><td>9</td><td></td><td>投入 66kV 母联备自投 B 屏主变备自投跳三号主变高压侧开关压板</td><td></td><td></td></tr>
<tr><td></td><td></td><td>10</td><td></td><td>投入 66kV 母联备自投 B 屏主变备自投合四号主变低压侧开关压板</td><td></td><td></td></tr>
<tr><td></td><td></td><td>11</td><td></td><td>投入 66kV 母联备自投 B 屏主变/母联备自投跳四号主变低压侧开关压板</td><td></td><td></td></tr>
<tr><td></td><td></td><td>12</td><td></td><td>投入 66kV 母联备自投 B 屏主变备自投合四号主变高压侧开关压板</td><td></td><td></td></tr>
<tr><td></td><td></td><td>13</td><td></td><td>投入 66kV 母联备自投 B 屏主变备自投跳四号主变高压侧开关压板</td><td></td><td></td></tr>
<tr><td></td><td></td><td>14</td><td></td><td>投入 66kV 母联备自投 B 屏母联备自投合 66kVⅡ母联开关压板</td><td></td><td></td></tr>
<tr><td></td><td></td><td>15</td><td></td><td>投入 66kV 母联备自投 B 屏母联备自投跳 66kVⅡ母联开关压板</td><td></td><td></td></tr>
<tr><td></td><td></td><td>16</td><td></td><td>投入 66kV 母联备自投 B 屏主变/母联备自投联切三号电容器压板</td><td></td><td></td></tr>
<tr><td></td><td></td><td>17</td><td></td><td>投入 66kV 母联备自投 B 屏主变/母联备自投联切四号电容器压板</td><td></td><td></td></tr>
<tr><td></td><td></td><td>18</td><td></td><td>投入 66kV 母联备自投 B 屏主变/母联备自投联切树钢五线压板</td><td></td><td></td></tr>
<tr><td colspan="7">备注:</td></tr>
<tr><td colspan="7">操作人:　　　监护人:　　　值班负责人:　　　站长(运行专工):</td></tr>
</table>

续表

变电站(发电厂)倒闸操作票

单位:柳树 220kV 变电站　　　　年　　月　　日　　　　编号:LS 32

发令时间		调度指令号:		发令人:		受令人:
操作开始时间	年　月　日　时　分		操作结束时间	年　月　日　时　分		
操作任务	66kV 母联备自投 B 屏启用					

预演√	操作√	顺序	指令项	操　作　项　目	时	分
		19		投入 66kV 母联备自投 B 屏主变/母联备自投联切树钢六线压板		
		20		投入 66kV 母联备自投 B 屏主变/母联备自投联切树边甲线压板		
		21		投入 66kV 母联备自投 B 屏主变/母联备自投联切树边乙线压板		
		22		投入 66kV 母联备自投 B 屏主变/母联备自投联切树天乙线压板		
		23		投入 66kV 母联备自投 B 屏主变/母联备自投联切树柳甲线压板		
		24		投入 66kV 母联备自投 B 屏主变/母联备自投联切树柳乙线压板		
		25		投入 66kV 母联备自投 B 屏进线备自投装置检修压板		
		26		投入 66kV 母联备自投 B 屏三号主变检修压板		
		27		投入 66kV 母联备自投 B 屏四号主变检修压板		
		28		投入 66kV 母联备自投 B 屏进线备自投投退压板		
		29		投入 66kV 母联备自投 B 屏进线备自投跳三号主变低压侧开关压板		
		30		投入 66kV 母联备自投 B 屏进线备自投跳四号主变低压侧开关压板		
		31		投入 66kV 母联备自投 B 屏进线备自投合树都甲线压板		
		32		投入 66kV 母联备自投 B 屏进线备自投跳树都甲线压板		
		33		投入 66kV 母联备自投 B 屏进线备自投合树桥甲线压板		
		34		投入 66kV 母联备自投 B 屏进线备自投跳树桥甲线压板		
		35		投入 66kV 母联备自投 B 屏进线备自投跳 66kV Ⅱ 母联开关压板		
		36		投入 66kV 母联备自投 B 屏进线备自投联切三号电容器压板		
		37		投入 66kV 母联备自投 B 屏进线备自投联切四号电容器压板		
		38		投入 66kV 母联备自投 B 屏进线备自投联切树钢五线压板		
		39		投入 66kV 母联备自投 B 屏进线备自投联切树钢六线压板		
备注:						
操作人:　　监护人:　　值班负责人:　　站长(运行专工):						

续表

变电站(发电厂)倒闸操作票

单位:柳树 220kV 变电站　　　　年　　月　　日　　　　编号:LS 32

发令时间		调度指令号:		发令人:		受令人:
操作开始时间	年　月　日　时　分		操作结束时间	年　月　日　时　分		
操作任务	66kV 母联备自投 B 屏启用					

预演√	操作√	顺序	指令项	操作项目	时	分
		40		投入 66kV 母联备自投 B 屏进线备自投联切Ⅰ分段压板		
		41		投入 66kV 母联备自投 B 屏进线备自投联切Ⅱ分段压板		
		42		投入 66kV 母联备自投 B 屏进线备自投联切树边甲线压板		
		43		投入 66kV 母联备自投 B 屏进线备自投联切树边乙线压板		
		44		投入 66kV 母联备自投 B 屏进线备自投联切树天乙线压板		
		45		投入 66kV 母联备自投 B 屏进线备自投联切树柳甲线压板		
		46		投入 66kV 母联备自投 B 屏进线备自投联切树柳乙线压板		
		47		投入 66kV 母联备自投 B 屏Ⅱ母联检修压板		
				注:1. 1~22 为主变及母联备自投;23~39 是线路备自投		
				2. 66kVⅠ(Ⅱ)母或Ⅲ(Ⅳ)母线 PT 断线时,应停用主变及母联备自投装置,但进线备自投可以投入运行		
				3. 任一台主变检修时,应将主变及母联备自投退出		
				4. 如出现Ⅰ、Ⅱ与Ⅲ、Ⅳ互带,分段开关并列运行等非正常运行方式时,应将备自投退出		
				5. 当 220kV 侧路代送主一次时,主变备自投停用		
				6. 当 66kV 侧路代送主变二次主时,主变、母联、进线备自投停用		

备注:

操作人:　　　监护人:　　　值班负责人:　　　站长(运行专工):

(33)66kVⅢ母线停电操作票见表2－33。

表2－33 66kVⅢ母线停电操作票

变电站(发电厂)倒闸操作票

单位:柳树220kV变电站　　　　年　　月　　日　　　　编号:LS 33

发令时间		调度指令号:		发令人:	受令人:	
操作开始时间	年 月 日 时 分		操作结束时间	年 月 日 时 分		
操作任务	66kVⅢ母线停电					

预演√	操作√	顺序	指令项	操 作 项 目	时	分
		1		将66kV备自投A屏保护装置停用		
		2		合上66kVⅠ母联4910开关		
		3		检查66kVⅠ母联4910开关电流正确(　)A		
		4		检查66kVⅠ母联4910开关在合位		
		5		检查66kVⅠ－Ⅲ母差保护屏Ⅰ母联TWJ灯灭		
		6		投入66kVⅠ－Ⅲ母差保护屏倒闸过程中压板		
		7		退出66kVⅠ母联4910保护屏保护跳闸压板		
		8		拉开66kVⅠ母联4910保护屏保护直流开关		
		9		检查范柳乙线4936Ⅰ母刀闸瓷柱完好		
		10		合上范柳乙线4936Ⅰ母刀闸		
		11		检查范柳乙线4936Ⅰ母刀闸在合位		
		12		检查66kVⅠ母联开关电流正确(　)A		
		13		检查范柳乙线4936保护屏Ⅰ母刀闸灯亮		
		14		检查66kVⅠ－Ⅲ母差保护屏范柳乙线Ⅰ母刀闸切换灯亮		
		15		检查66kVⅠ－Ⅲ母差保护屏切换异常灯亮		
		16		检查范柳乙线4936Ⅲ母刀闸瓷柱完好		
		17		拉开范柳乙线4936Ⅲ母刀闸		
		18		检查范柳乙线4936Ⅲ母刀闸在开位		
		19		检查范柳乙线4936保护屏Ⅲ母刀闸灯灭		
		20		检查66kVⅠ－Ⅲ母差保护屏范柳乙线Ⅲ母刀闸切换灯灭		
备注:						
操作人:	监护人:	值班负责人:	站长(运行专工):			

续表

变电站(发电厂)倒闸操作票

单位:柳树220kV变电站　　　　年　　月　　日　　　　编号:LS 33

发令时间			调度指令号:	发令人:	受令人:	
操作开始时间			年　月　日　时　分	操作结束时间	年　月　日　时　分	
操作任务	66kVⅢ母线停电					
预演√	操作√	顺序	指令项	操　作　项　目	时	分
		21		按66kVⅠ-Ⅲ母差保护屏复归按钮		
		22		检查66kVⅠ-Ⅲ母差保护屏切换异常灯灭		
		23		检查柳锦甲线4938Ⅰ母刀闸瓷柱完好		
		24		合上柳锦甲线4938Ⅰ母刀闸		
		25		检查柳锦甲线4938Ⅰ母刀闸在合位		
		26		检查66kVⅠ母联开关电流正确(　)A		
		27		检查柳锦甲线4938保护屏Ⅰ母刀闸灯亮		
		28		检查66kVⅠ-Ⅲ母差保护屏柳锦甲线Ⅰ母刀闸切换灯亮		
		29		检查66kVⅠ-Ⅲ母差保护屏切换异常灯亮		
		30		检查柳锦甲线4938Ⅲ母刀闸瓷柱完好		
		31		拉开柳锦甲线4938Ⅲ母刀闸		
		32		检查柳锦甲线4938Ⅲ母刀闸在开位		
		33		检查柳锦甲线4938保护屏Ⅲ母刀闸灯灭		
		34		检查66kVⅠ-Ⅲ母差保护屏柳锦甲线Ⅲ母刀闸切换灯灭		
		35		按66kVⅠ-Ⅲ母差保护屏复归按钮		
		36		检查66kVⅠ-Ⅲ母差保护屏切换异常灯灭		
		37		检查树营四线4944Ⅰ母刀闸瓷柱完好		
		38		合上树营四线4944Ⅰ母刀闸		
		39		检查树营四线4944Ⅰ母刀闸在合位		
		40		检查66kVⅠ母联开关电流正确(　)A		
		41		检查树营四线4944保护屏Ⅰ母刀闸灯亮		
备注:						
操作人:		监护人:		值班负责人:	站长(运行专工):	

续表

变电站(发电厂)倒闸操作票

单位:柳树 220kV 变电站　　　　年　月　日　　　　编号:LS 33

发令时间		调度指令号:		发令人:		受令人:	
操作开始时间	年 月 日 时 分		操作结束时间	年 月 日 时 分			
操作任务	66kV Ⅲ母线停电						

预演√	操作√	顺序	指令项	操 作 项 目	时	分
		42		检查 66kV Ⅰ－Ⅲ母差保护屏树营四线Ⅰ母刀闸切换灯亮		
		43		检查 66kV Ⅰ－Ⅲ母差保护屏切换异常灯亮		
		44		检查树营四线 4944 Ⅲ母刀闸瓷柱完好		
		45		拉开树营四线 4944 Ⅲ母刀闸		
		46		检查树营四线 4944 Ⅲ母刀闸在开位		
		47		检查树营四线 4944 保护屏Ⅲ母刀闸灯灭		
		48		检查 66kV Ⅰ－Ⅲ母差保护屏树营四线Ⅲ母刀闸切换灯灭		
		49		按 66kV Ⅰ－Ⅲ母差保护屏复归按钮		
		50		检查 66kV Ⅰ－Ⅲ母差保护屏切换异常灯灭		
		51		检查二号电容器 4932 Ⅰ母刀闸瓷柱完好		
		52		合上二号电容器 4932 Ⅰ母刀闸		
		53		检查二号电容器 4932 Ⅰ母刀闸在合位		
		54		检查 66kV Ⅰ母联开关电流正确(　)A		
		55		检查二号电容器 4932 保护屏Ⅰ母刀闸灯亮		
		56		检查 66kV Ⅰ－Ⅲ母差保护屏二号电容器Ⅰ母刀闸切换灯亮		
		57		检查 66kV Ⅰ－Ⅲ母差保护屏切换异常灯亮		
		58		检查二号电容器 4932 Ⅲ母刀闸瓷柱完好		
		59		拉开二号电容器 4932 Ⅲ母刀闸		
		60		检查二号电容器 4932 Ⅲ母刀闸在开位		
		61		检查二号电容器 4932 保护屏Ⅲ母刀闸灯灭		
		62		检查 66kV Ⅰ－Ⅲ母差保护屏二号电容器Ⅲ母刀闸切换灯灭		
备注:						
操作人:　　监护人:　　值班负责人:　　站长(运行专工):						

续表

变电站(发电厂)倒闸操作票

单位:柳树220kV变电站　　　　年　月　日　　　　编号:LS 33

发令时间		调度指令号:	发令人:		受令人:	
操作开始时间	年　月　日　时　分	操作结束时间	年　月　日　时　分			
操作任务	66kVⅢ母线停电					

预演√	操作√	顺序	指令项	操作项目	时	分
		63		按66kVⅠ-Ⅲ母差保护屏复归按钮		
		64		检查66kVⅠ-Ⅲ母差保护屏切换异常灯灭		
		65		检查树钢二线4948Ⅰ母刀闸瓷柱完好		
		66		合上树钢二线4948Ⅰ母刀闸		
		67		检查树钢二线4948Ⅰ母刀闸在合位		
		68		检查66kVⅠ母联开关电流正确(　)A		
		69		检查树钢二线4948保护屏Ⅰ母刀闸灯亮		
		70		检查66kVⅠ-Ⅲ母差保护屏树钢二线Ⅰ母刀闸切换灯亮		
		71		检查66kVⅠ-Ⅲ母差保护屏切换异常灯亮		
		72		检查树钢二线4948Ⅲ母刀闸瓷柱完好		
		73		拉开树钢二线4948Ⅲ母刀闸		
		74		检查树钢二线4948Ⅲ母刀闸在开位		
		75		检查树钢二线4948保护屏Ⅲ母刀闸灯灭		
		76		检查66kVⅠ-Ⅲ母差保护屏树钢二线Ⅲ母刀闸切换灯灭		
		77		按66kVⅠ-Ⅲ母差保护屏复归按钮		
		78		检查66kVⅠ-Ⅲ母差保护屏切换异常灯灭		
		79		合上二号主变二次主4924Ⅰ母刀闸操作电源开关		
		80		检查二号主变二次主4924Ⅰ母刀闸瓷柱完好		
		81		合上二号主变二次主4924Ⅰ母刀闸		
		82		检查二号主变二次主4924Ⅰ母刀闸在合位		
		83		检查66kVⅠ母联开关电流正确(　)A		
备注:						
操作人:　　监护人:　　值班负责人:　　站长(运行专工):						

续表

变电站(发电厂)倒闸操作票

单位:柳树 220kV 变电站　　　　年　　月　　日　　　　编号:LS 33

发令时间		调度指令号:		发令人:		受令人:	
操作开始时间	年　月　日　时　分			操作结束时间	年　月　日　时　分		
操作任务	66kVⅢ母线停电						
预演√	操作√	顺序	指令项	操　作　项　目		时	分
		84		检查二号主变保护 B 屏Ⅰ母动作灯亮			
		85		检查 66kVⅠ-Ⅲ母差保护屏二号主变二次主Ⅰ母刀闸切换灯亮			
		86		检查 66kVⅠ－Ⅲ母差保护屏切换异常灯亮			
		87		拉开二号主变二次主 4924Ⅰ母刀闸操作电源开关			
		88		合上二号主变二次主 4924Ⅲ母刀闸操作电源开关			
		89		检查二号主变二次主 4924Ⅲ母刀闸瓷柱完好			
		90		拉开二号主变二次主 4924Ⅲ母刀闸			
		91		检查二号主变二次主 4924Ⅲ母刀闸在开位			
		92		检查一号主变保护 B 屏Ⅲ母动作灯灭			
		93		检查 66kVⅠ-Ⅲ母差保护屏二号主变二次主Ⅲ母刀闸切换灯灭			
		94		按 66kVⅠ－Ⅲ母差保护屏复归按钮			
		95		检查 66kVⅠ－Ⅲ母差保护屏切换异常灯灭			
		96		拉开二号主变二次主 4924Ⅲ母刀闸操作电源开关			
		97		检查经贸分#1 线 4950Ⅰ母刀闸瓷柱完好			
		98		合上经贸分#1 线 4950Ⅰ母刀闸			
		99		检查经贸分#1 线 4950Ⅰ母刀闸在合位			
		100		检查 66kVⅠ母联开关电流正确(　)A			
		101		检查经贸分#1 线 4950 保护屏Ⅰ母刀闸灯亮			
		102		检查 66kVⅠ－Ⅲ母差保护屏经贸分#1 线Ⅰ母刀闸切换灯亮			
		103		检查 66kVⅠ－Ⅲ母差保护屏切换异常灯亮			
		104		检查经贸分#1 线 4950Ⅲ母刀闸瓷柱完好			
备注:							
操作人:　　监护人:　　值班负责人:　　站长(运行专工):							

续表

变电站(发电厂)倒闸操作票

单位:柳树220kV变电站　　　　　　　　年　　月　　日　　　　　　　　编号:LS 33

发令时间		调度指令号:		发令人:	受令人:	
操作开始时间	年　月　日　时　分		操作结束时间	年　月　日　时　分		
操作任务	66kVⅢ母线停电					
预演√	操作√	顺序	指令项	操　作　项　目	时	分
		105		拉开经贸分#1线4950Ⅲ母刀闸		
		106		检查经贸分#1线4950Ⅲ母刀闸在开位		
		107		检查经贸分#1线4950保护屏Ⅲ母刀闸灯灭		
		108		检查66kVⅠ-Ⅲ母差保护屏经贸分#1线Ⅲ母刀闸切换灯灭		
		109		按66kVⅠ-Ⅲ母差保护屏复归按钮		
		110		检查66kVⅠ-Ⅲ母差保护屏切换异常灯灭		
		111		退出66kVⅠ-Ⅲ母差保护屏Ⅲ母PT压板		
		112		拉开66kVⅢ母电压互感器供电度表A相开关		
		113		拉开66kVⅢ母电压互感器供电度表B相开关		
		114		拉开66kVⅢ母电压互感器供电度表C相开关		
		115		拉开66kVⅢ母电压互感器供保护遥测用A、B、C三相开关		
		116		检查66kVⅢ母线电压正确(　)kV		
		117		检查66kVⅢ母电压互感器4905刀闸瓷柱完好		
		118		拉开66kVⅢ母电压互感器4905刀闸		
		119		检查66kVⅢ母电压互感器4905刀闸在开位		
		120		检查公用屏66kVⅠ-Ⅲ母电压切换装置Ⅲ母电压灯灭		
		121		合上66kVⅠ母联4910保护屏保护直流开关		
		122		拉开66kVⅠ母联4910开关		
		123		检查66kVⅠ母联4910开关在开位		
		124		检查66kVⅠ-Ⅲ母差保护屏Ⅰ母联TWJ灯亮		
		125		合上66kVⅠ母联4910Ⅰ母刀闸操作电源开关		
备注:						
操作人:		监护人:		值班负责人:	站长(运行专工):	

续表

变电站(发电厂)倒闸操作票

单位:柳树 220kV 变电站　　　　年　月　日　　　　编号:LS 33

发令时间		调度指令号:		发令人:		受令人:
操作开始时间	年 月 日 时 分		操作结束时间	年 月 日 时 分		
操作任务	66kV Ⅲ母线停电					

预演√	操作√	顺序	指令项	操作项目	时	分
		126		检查 66kV Ⅰ母联 4910 Ⅰ母刀闸瓷柱完好		
		127		拉开 66kV Ⅰ母联 4910 Ⅰ母刀闸		
		128		检查 66kV Ⅰ母联 4910 Ⅰ母刀闸在开位		
		129		检查 66kV Ⅰ－Ⅲ母差保护屏Ⅰ母联Ⅰ母刀闸切换灯灭		
		130		拉开 66kV Ⅰ母联 4910 Ⅰ母刀闸操作电源开关		
		131		合上 66kV Ⅰ母联 4910 Ⅲ母刀闸操作电源开关		
		132		检查 66kV Ⅰ母联 4910 Ⅲ母刀闸瓷柱完好		
		133		拉开 66kV Ⅰ母联 4910 Ⅲ母刀闸		
		134		检查 66kV Ⅰ母联 4910 Ⅲ母刀闸在开位		
		135		检查 66kV Ⅰ－Ⅲ母差保护屏Ⅰ母联Ⅲ母刀闸切换灯灭		
		136		拉开 66kV Ⅰ母联 4910 Ⅲ母刀闸操作电源开关		
		137		检查 66kV Ⅱ分段 4918 开关在开位		
		138		合上 66kV Ⅱ分段 4918 Ⅲ母刀闸操作电源开关		
		139		检查 66kV Ⅱ分段 4918 Ⅲ母刀闸瓷柱完好		
		140		拉开 66kV Ⅱ分段 4918 Ⅲ母刀闸		
		141		检查 66kV Ⅱ分段 4918 Ⅲ母刀闸在开位		
		142		检查 66kV Ⅰ－Ⅲ母差保护屏Ⅲ分段Ⅰ母切换灯灭		
		143		拉开 66kV Ⅱ分段 4918 Ⅲ母刀闸操作电源开关		
		144		合上 66kV Ⅱ分段 4918 Ⅳ母刀闸操作电源开关		
		145		检查 66kV Ⅱ分段 4918 Ⅳ母刀闸瓷柱完好		
		146		拉开 66kV Ⅱ分段 4918 Ⅳ母刀闸		
备注:						
操作人:　　监护人:　　值班负责人:　　站长(运行专工):						

续表

变电站(发电厂)倒闸操作票

单位:柳树220kV变电站　　　　年　　月　　日　　　　编号:LS 33

发令时间		调度指令号:		发令人:		受令人:
操作开始时间	年　月　日　时　分		操作结束时间	年　月　日　时　分		
操作任务	66kVⅢ母线停电					

预演√	操作√	顺序	指令项	操作项目	时	分
		147		检查66kVⅡ分段4918Ⅳ母刀闸在开位		
		148		检查66kVⅡ－Ⅳ 母差保护屏Ⅱ分段Ⅳ母切换灯灭		
		149		拉开66kVⅡ分段4918Ⅳ母刀闸操作电源开关		
		150		检查66kVⅢ母线所有刀闸均在开位		
		151		退出66kVⅠ－Ⅲ母差保护屏倒闸过程中压板		
				注:1. 66kVⅠ分段、Ⅰ母联开关若有作业应退出母差屏出口压板及其他有关压板		
				2. 根据具体工作需要装设接地线或合接地刀闸		
				3. 备自投A屏停用,详见备自投停用操作票		

备注:

操作人:　　　　监护人:　　　　值班负责人:　　　　站长(运行专工):

(34)66kVⅢ母线送电操作票见表2－34。

表2－34 66kVⅢ母线送电操作票

变电站(发电厂)倒闸操作票

单位:柳树220kV变电站　　　　年　　月　　日　　　　编号:LS 34

<table>
<tr><td colspan="2">发令时间</td><td colspan="2"></td><td>调度指令号:</td><td>发令人:</td><td>受令人:</td></tr>
<tr><td colspan="2">操作开始时间</td><td colspan="3">年　月　日　时　分</td><td>操作结束时间</td><td>年　月　日　时　分</td></tr>
<tr><td colspan="2">操作任务</td><td colspan="5">66kVⅢ母线送电</td></tr>
</table>

预演√	操作√	顺序	指令项	操　作　项　目	时	分
		1		拆除66kVⅠ母线所有接地线或拉开所有接地刀闸		
		2		检查66kVⅡ分段4918开关在开位		
		3		合上66kVⅡ分段4918Ⅳ母刀闸操作电源开关		
		4		合上66kVⅡ分段4918Ⅳ母刀闸		
		5		检查66kVⅡ分段4918Ⅳ母刀闸在合位		
		6		检查66kVⅡ－Ⅳ母差保护屏Ⅱ分段Ⅳ母刀闸切换灯亮		
		7		拉开66kVⅡ分段4918Ⅳ母刀闸操作电源开关		
		8		合上66kVⅡ分段4918Ⅲ母刀闸操作电源开关		
		9		合上66kVⅡ分段4918Ⅲ母刀闸		
		10		检查66kVⅡ分段4918Ⅲ母刀闸在合位		
		11		检查66kVⅠ－Ⅲ母差保护屏Ⅰ分段Ⅲ母刀闸切换灯亮		
		12		拉开66kVⅡ分段4918Ⅲ母刀闸操作电源开关		
		13		检查66kVⅠ母联4910开关在开位		
		14		合上66kVⅠ母联4910Ⅲ母刀闸操作电源开关		
		15		合上66kVⅠ母联4910Ⅲ母刀闸		
		16		检查66kVⅠ母联4910Ⅲ母刀闸在合位		
		17		检查66kVⅠ－Ⅲ母差保护屏Ⅰ母联Ⅲ母刀闸切换灯亮		
		18		拉开66kVⅠ母联4910Ⅲ母刀闸操作电源开关		
		19		合上66kVⅠ母联4910Ⅰ母刀闸操作电源开关		
		20		合上66kVⅠ母联4910Ⅰ母刀闸		

备注:

操作人:　　　监护人:　　　值班负责人:　　　站长(运行专工):

续表

变电站(发电厂)倒闸操作票

单位:柳树 220kV 变电站　　　　年　　月　　日　　　　编号:LS 34

发令时间		调度指令号:		发令人:		受令人:	
操作开始时间	年 月 日 时 分		操作结束时间		年 月 日 时 分		
操作任务	66kVⅢ母线送电						

预演√	操作√	顺序	指令项	操 作 项 目	时	分
		21		检查 66kVⅠ母联 4910Ⅰ母刀闸在合位		
		22		检查 66kVⅠ-Ⅲ母差保护屏Ⅰ母联Ⅰ母刀闸切换灯亮		
		23		拉开 66kVⅠ母联 4910Ⅰ母刀闸操作电源开关		
		24		投入 66kVⅠ母联 4910 保护屏保护跳闸压板		
		25		合上 66kVⅠ母联 4910 开关		
		26		检查 66kVⅠ母联 4910 开关在合位		
		27		检查 66kVⅠ-Ⅲ母差保护屏Ⅰ母联 TWJ 灯灭		
		28		检查 66kVⅢ母电压互感器 4905 刀闸瓷柱完好		
		29		合上 66kVⅢ母电压互感器 4905 刀闸		
		30		检查 66kVⅢ母电压互感器 4905 刀闸在合位		
		31		检查公用屏 66kVⅠ-Ⅲ母电压切换装置Ⅲ母电压灯亮		
		32		合上 66kVⅢ母电压互感器端子箱供电度表 A 相开关		
		33		合上 66kVⅢ母电压互感器端子箱供电度表 B 相开关		
		34		合上 66kVⅢ母电压互感器端子箱供电度表 C 相开关		
		35		合上 66kVⅢ母电压互感器端子箱供保护遥测用 A、B、C 三相开关		
		36		检查 66kVⅢ母线三相电压正确(　)kV		
		37		投入 66kVⅠ-Ⅲ母差保护屏Ⅲ母 PT 压板		
		38		投入 66kVⅠ-Ⅲ母差保护屏倒闸过程中压板		
		39		退出 66kVⅠ母联 4910 保护屏保护跳闸压板		
		40		拉开 66kVⅠ母联 4910 保护屏保护直流开关		
		41		检查经贸分#1 线 4950Ⅲ母刀闸瓷柱完好		
备注:						
操作人:　　监护人:　　值班负责人:　　站长(运行专工):						

续表

变电站(发电厂)倒闸操作票

单位:柳树 220kV 变电站　　　　年　月　日　　　　编号:LS 34

发令时间		调度指令号:		发令人:		受令人:	
操作开始时间	年 月 日 时 分		操作结束时间	年 月 日 时 分			
操作任务	66kVⅢ母线送电						
预演√	操作√	顺序	指令项	操作项目		时	分
		42		合上经贸分#1 线 4950Ⅲ母刀闸			
		43		检查经贸分#1 线 4950Ⅲ母刀闸在合位			
		44		检查 66kVⅠ母联开关电流正确(　)A			
		45		检查经贸分#1 线 4950 保护屏Ⅲ母刀闸灯亮			
		46		检查 66kVⅠ－Ⅲ母差保护屏经贸分#1 线Ⅲ母刀闸切换灯亮			
		47		检查 66kVⅠ－Ⅲ母差保护屏切换异常灯亮			
		48		检查经贸分#1 线 4950Ⅰ母刀闸瓷柱完好			
		49		拉开经贸分#1 线 4950Ⅰ母刀闸			
		50		检查经贸分#1 线 4950Ⅰ母刀闸在开位			
		51		检查经贸分#1 线 4950 保护屏Ⅰ母刀闸灯灭			
		52		检查 66kVⅠ－Ⅲ母差保护屏经贸分#1 线Ⅰ母刀闸切换灯灭			
		53		按 66kVⅠ－Ⅲ母差保护屏复归按钮			
		54		检查 66kVⅠ－Ⅲ母差保护屏切换异常灯灭			
		55		合上二号主变二次主 4924Ⅲ母刀闸操作电源开关			
		56		检查二号主变二次主 4924Ⅲ母刀闸瓷柱完好			
		57		合上二号主变二次主 4924Ⅲ母刀闸			
		58		检查二号主变二次主 4924Ⅲ母刀闸在合位			
		59		检查 66kVⅠ母联开关电流正确(　)A			
		60		检查二号主变保护 B 屏Ⅲ母动作灯亮			
		61		检查 66kVⅠ－Ⅲ母差保护屏二号主变二次主Ⅲ母刀闸切换灯亮			
		62		检查 66kVⅠ－Ⅲ母差保护屏切换异常灯亮			
备注:							
操作人:		监护人:		值班负责人:		站长(运行专工):	

续表

变电站(发电厂)倒闸操作票

单位:柳树 220kV 变电站　　　　年　　月　　日　　　　编号:LS 34

<table>
<tr><td colspan="2">发令时间</td><td colspan="3">调度指令号:　　发令人:</td><td colspan="2">受令人:</td></tr>
<tr><td colspan="2">操作开始时间</td><td colspan="3">年　月　日　时　分　　操作结束时间</td><td colspan="2">年　月　日　时　分</td></tr>
<tr><td colspan="2">操作任务</td><td colspan="5">66kVⅢ母线送电</td></tr>
<tr><td>预演√</td><td>操作√</td><td>顺序</td><td>指令项</td><td>操 作 项 目</td><td>时</td><td>分</td></tr>
<tr><td></td><td></td><td>63</td><td></td><td>拉开二号主变二次主 4924Ⅲ母刀闸操作电源开关</td><td></td><td></td></tr>
<tr><td></td><td></td><td>64</td><td></td><td>合上二号主变二次主 4924Ⅰ母刀闸操作电源开关</td><td></td><td></td></tr>
<tr><td></td><td></td><td>65</td><td></td><td>检查二号主变二次主 4924Ⅰ母刀闸瓷柱完好</td><td></td><td></td></tr>
<tr><td></td><td></td><td>66</td><td></td><td>拉开二号主变二次主 4924Ⅰ母刀闸</td><td></td><td></td></tr>
<tr><td></td><td></td><td>67</td><td></td><td>检查二号主变二次主 4924Ⅰ母刀闸在开位</td><td></td><td></td></tr>
<tr><td></td><td></td><td>68</td><td></td><td>检查二号主变保护 B 屏Ⅰ母动作灯灭</td><td></td><td></td></tr>
<tr><td></td><td></td><td>69</td><td></td><td>检查 66kVⅠ-Ⅲ母差保护屏二号主变二次主Ⅰ母刀闸切换灯灭</td><td></td><td></td></tr>
<tr><td></td><td></td><td>70</td><td></td><td>按 66kVⅠ-Ⅲ母差保护屏复归按钮</td><td></td><td></td></tr>
<tr><td></td><td></td><td>71</td><td></td><td>检查 66kVⅠ-Ⅲ母差保护屏切换异常灯灭</td><td></td><td></td></tr>
<tr><td></td><td></td><td>72</td><td></td><td>拉开二号主变二次主 4924Ⅰ母刀闸操作电源开关</td><td></td><td></td></tr>
<tr><td></td><td></td><td>73</td><td></td><td>检查树钢二线 4948Ⅲ母刀闸瓷柱完好</td><td></td><td></td></tr>
<tr><td></td><td></td><td>74</td><td></td><td>合上树钢二线 4948Ⅲ母刀闸</td><td></td><td></td></tr>
<tr><td></td><td></td><td>75</td><td></td><td>检查树钢二线 4948Ⅲ母刀闸在合位</td><td></td><td></td></tr>
<tr><td></td><td></td><td>76</td><td></td><td>检查 66kVⅠ母联开关电流正确(　)A</td><td></td><td></td></tr>
<tr><td></td><td></td><td>77</td><td></td><td>检查树钢二线 4948 保护屏Ⅲ母刀闸灯亮</td><td></td><td></td></tr>
<tr><td></td><td></td><td>78</td><td></td><td>检查 66kVⅠ-Ⅲ母差保护屏树钢二线Ⅲ母刀闸切换灯亮</td><td></td><td></td></tr>
<tr><td></td><td></td><td>79</td><td></td><td>检查 66kVⅠ-Ⅲ母差保护屏切换异常灯亮</td><td></td><td></td></tr>
<tr><td></td><td></td><td>80</td><td></td><td>检查树钢二线 4948Ⅰ母刀闸瓷柱完好</td><td></td><td></td></tr>
<tr><td></td><td></td><td>81</td><td></td><td>拉开树钢二线 4948Ⅰ母刀闸</td><td></td><td></td></tr>
<tr><td></td><td></td><td>82</td><td></td><td>检查树钢二线 4948Ⅰ母刀闸在开位</td><td></td><td></td></tr>
<tr><td></td><td></td><td>83</td><td></td><td>检查树钢二线 4948 保护屏Ⅰ母刀闸灯灭</td><td></td><td></td></tr>
<tr><td colspan="7">备注:</td></tr>
<tr><td colspan="7">操作人:　　　监护人:　　　值班负责人:　　　站长(运行专工):</td></tr>
</table>

续表

变电站(发电厂)倒闸操作票

单位:柳树 220kV 变电站　　　　年　月　日　　　　编号:LS 34

发令时间		调度指令号:		发令人:		受令人:	
操作开始时间	年 月 日 时 分		操作结束时间	年 月 日 时 分			
操作任务	66kV Ⅲ母线送电						

预演√	操作√	顺序	指令项	操作项目	时	分
		84		检查 66kV Ⅰ－Ⅲ母差保护屏树钢二线Ⅰ母刀闸切换灯灭		
		85		按 66kV Ⅰ－Ⅲ母差保护屏复归按钮		
		86		检查 66kV Ⅰ－Ⅲ母差保护屏切换异常灯灭		
		87		检查二号电容器 4932 Ⅲ母刀闸瓷柱完好		
		88		合上二号电容器 4932 Ⅲ母刀闸		
		89		检查二号电容器 4932 Ⅲ母刀闸在合位		
		90		检查 66kV Ⅰ母联开关电流正确(　)A		
		91		检查二号电容器 4932 保护屏Ⅲ母刀闸灯亮		
		92		检查 66kV Ⅰ－Ⅲ母差保护屏二号电容器Ⅲ母刀闸切换灯亮		
		93		检查 66kV Ⅰ－Ⅲ母差保护屏切换异常灯亮		
		94		检查二号电容器 4932 Ⅰ母刀闸瓷柱完好		
		95		拉开二号电容器 4932 Ⅰ母刀闸		
		96		检查二号电容器 4932 Ⅰ母刀闸在开位		
		97		检查二号电容器 4932 保护屏Ⅰ母刀闸灯灭		
		98		检查 66kV Ⅰ－Ⅲ母差保护屏二号电容器Ⅰ母刀闸切换灯灭		
		99		按 66kV Ⅰ－Ⅲ母差保护屏复归按钮		
		100		检查 66kV Ⅰ－Ⅲ母差保护屏切换异常灯灭		
		101		检查树营四线 4944 Ⅲ母刀闸瓷柱完好		
		102		合上树营四线 4944 Ⅲ母刀闸		
		103		检查树营四线 4944 Ⅲ母刀闸在合位		
		104		检查 66kV Ⅰ母联开关开关电流正确(　)A		
备注:						
操作人:　　监护人:　　值班负责人:　　站长(运行专工):						

续表

变电站(发电厂)倒闸操作票

单位:柳树 220kV 变电站　　　　年　月　日　　　　编号:LS 34

发令时间		调度指令号:	发令人:		受令人:	
操作开始时间	年　月　日　时　分	操作结束时间	年　月　日　时　分			
操作任务	66kV Ⅲ母线送电					

预演√	操作√	顺序	指令项	操作项目	时	分
		105		检查树营四线 4944 保护屏Ⅲ母刀闸灯亮		
		106		检查 66kV Ⅰ－Ⅲ母差保护屏树营四线Ⅲ母刀闸切换灯亮		
		107		检查 66kV Ⅰ－Ⅲ母差保护屏切换异常灯亮		
		108		检查树营四线 4944 Ⅰ母刀闸瓷柱完好		
		109		拉开树营四线 4944 Ⅰ母刀闸		
		110		检查树营四线 4944 Ⅰ母刀闸在开位		
		111		检查树营四线 4944 保护屏Ⅰ母刀闸灯灭		
		112		检查 66kV Ⅰ－Ⅲ母差保护屏树营四线Ⅰ母刀闸切换灯灭		
		113		按 66kV Ⅰ－Ⅲ母差保护屏复归按钮		
		114		检查 66kV Ⅰ－Ⅲ母差保护屏切换异常灯灭		
		115		检查柳锦甲线 4938 Ⅲ母刀闸瓷柱完好		
		116		合上柳锦甲线 4938 Ⅲ母刀闸		
		117		检查柳锦甲线 4938 Ⅲ母刀闸在合位		
		118		检查 66kV Ⅰ母联开关电流正确(　)A		
		119		检查柳锦甲线 4938 保护屏Ⅲ母刀闸灯亮		
		120		检查 66kV Ⅰ－Ⅲ母差保护屏柳锦甲线Ⅲ母刀闸切换灯亮		
		121		检查 66kV Ⅰ－Ⅲ母差保护屏切换异常灯亮		
		122		检查柳锦甲线 4938 Ⅰ母刀闸瓷柱完好		
		123		拉开柳锦甲线 4938 Ⅰ母刀闸		
		124		检查柳锦甲线 4938 Ⅰ母刀闸在开位		
		125		检查柳锦甲线 4938 保护屏Ⅰ母刀闸灯灭		
备注:						
操作人:　　监护人:　　值班负责人:　　站长(运行专工):						

续表

变电站(发电厂)倒闸操作票

单位:柳树 220kV 变电站　　　　年　月　日　　　　编号:LS 34

发令时间		调度指令号:		发令人:		受令人:	
操作开始时间	年 月 日 时 分		操作结束时间	年 月 日 时 分			
操作任务	66kVⅢ母线送电						
预演√	操作√	顺序	指令项	操 作 项 目		时	分
		126		检查 66kVⅠ－Ⅲ母差保护屏柳锦甲线Ⅰ母刀闸切换灯灭			
		127		按 66kVⅠ－Ⅲ母差保护屏复归按钮			
		128		检查 66kVⅠ－Ⅲ母差保护屏切换异常灯灭			
		129		检查范柳乙线 4936Ⅲ母刀闸瓷柱完好			
		130		合上范柳乙线 4936Ⅲ母刀闸			
		131		检查范柳乙线 4936Ⅲ母刀闸在合位			
		132		检查 66kVⅠ母联开关电流正确(　)A			
		133		检查范柳乙线 4936 保护屏Ⅲ母刀闸灯亮			
		134		检查 66kVⅠ－Ⅲ母差保护屏范柳乙线Ⅲ母刀闸切换灯亮			
		135		检查 66kVⅠ－Ⅲ母差保护屏切换异常灯亮			
		136		检查范柳乙线 4936Ⅰ母刀闸瓷柱完好			
		137		拉开范柳乙线 4936Ⅰ母刀闸			
		138		检查范柳乙线 4936Ⅰ母刀闸在开位			
		139		检查范柳乙线 4936 保护屏Ⅰ母刀闸灯灭			
		140		检查 66kVⅠ－Ⅲ母差保护屏范柳乙线Ⅰ母刀闸切换灯灭			
		141		按 66kVⅠ－Ⅲ母差保护屏复归按钮			
		142		检查 66kVⅠ－Ⅲ母差保护屏切换异常灯灭			
		143		合上 66kVⅠ母联 4910 保护屏保护直流开关			
		144		拉开 66kVⅠ母联 4910 开关			
		145		检查 66kVⅠ母联 4910 开关电流为 0A			
		146		检查 66kVⅠ母联 4910 开关在开位			
备注:							
操作人:		监护人:		值班负责人:		站长(运行专工):	

续表

变电站(发电厂)倒闸操作票

单位:柳树 220kV 变电站　　　　年　　月　　日　　　　编号:LS 34

发令时间		调度指令号:		发令人:		受令人:
操作开始时间	年　月　日　时　分	操作结束时间	年　月　日　时　分			
操作任务	66kVⅢ母线送电					

预演√	操作√	顺序	指令项	操作项目	时	分
		147		检查 66kVⅠ－Ⅲ母差保护屏Ⅰ母联 TWJ 灯亮		
		148		退出 66kVⅠ－Ⅲ母差保护屏倒闸过程中压板		
		149		投入 66kVⅠ母联 4910 保护屏保护跳闸压板		
		150		将 66kV 备自投保护 A 屏恢复运行		

备注:

操作人:　　　　监护人:　　　　值班负责人:　　　　站长(运行专工):

(35)66kVⅣ母线停电操作票见表2－35。

表2－35 66kVⅣ母线停电操作票

变电站(发电厂)倒闸操作票

单位:柳树220kV变电站　　　　年　月　日　　　　编号:LS 35

发令时间		调度指令号:		发令人:		受令人:	
操作开始时间	年　月　日　时　分			操作结束时间	年　月　日　时　分		
操作任务	66kVⅣ母线停电						

预演√	操作√	顺序	指令项	操作项目	时	分
		1		将66kV备自投保护B屏退出运行		
		2		合上66kVⅡ母联4914开关		
		3		检查66kVⅡ母联4914开关电流正确(　)A		
		4		检查66kVⅡ母联4914开关在合位		
		5		检查66kVⅡ－Ⅳ母差保护屏Ⅱ母联TWJ灯灭		
		6		投入66kVⅡ－Ⅳ母差保护屏倒闸过程中压板		
		7		退出66kVⅡ母联4914保护屏保护跳闸压板		
		8		拉开66kVⅡ母联4914保护屏保护直流开关		
		9		检查树柳甲线4978Ⅱ母刀闸瓷柱完好		
		10		合上树柳甲线4978Ⅱ母刀闸		
		11		检查树柳甲线4978Ⅱ母刀闸在合位		
		12		检查66kVⅡ母联4914开关电流正确(　)A		
		13		检查树柳甲线4978保护屏Ⅱ母刀闸灯亮		
		14		检查66kVⅡ－Ⅳ母差保护屏树柳甲线Ⅱ母刀闸切换灯亮		
		15		检查66kVⅡ－Ⅳ母差保护屏切换异常灯亮		
		16		检查树柳甲线4978Ⅳ母刀闸瓷柱完好		
		17		拉开树柳甲线4978Ⅳ母刀闸		
		18		检查树柳甲线4978Ⅳ母刀闸在开位		
		19		检查树柳甲线4978保护屏Ⅳ母刀闸灯灭		
		20		检查66kVⅡ－Ⅳ母差保护屏树柳甲线Ⅳ母刀闸切换灯灭		
备注:						
操作人:		监护人:		值班负责人:　　站长(运行专工):		

续表

变电站(发电厂)倒闸操作票

单位:柳树220kV变电站　　　　年　　月　　日　　　　编号:LS 35

发令时间		调度指令号:	发令人:	受令人:	
操作开始时间	年　月　日　时　分	操作结束时间	年　月　日　时　分		
操作任务	66kVⅣ母线停电				

预演√	操作√	顺序	指令项	操 作 项 目	时	分
		21		按66kVⅡ-Ⅳ母差保护屏复归按钮		
		22		检查66kVⅡ-Ⅳ母差保护屏切换异常灯灭		
		23		合上四号主变二次主4928Ⅱ母刀闸电源开关		
		24		检查四号主变二次主4928Ⅱ母刀闸瓷柱完好		
		25		合上四号主变二次主4928Ⅱ母刀闸		
		26		检查四号主变二次主4928Ⅱ母刀闸在合位		
		27		检查66kVⅡ母联4914开关正确(　)A		
		28		检查四号主变保护B屏Ⅱ母刀闸切换灯亮		
		29		检查66kVⅡ-Ⅳ母差保护屏四号变二次主Ⅱ母刀闸灯亮		
		30		检查66kVⅡ-Ⅳ母差保护屏切换异常灯亮		
		31		拉开四号主变二次主4928Ⅱ母刀闸电源开关		
		32		合上四号主变二次主4928Ⅳ母刀闸电源开关		
		33		检查四号主变二次主4928Ⅳ母刀闸瓷柱完好		
		34		拉开四号主变二次主4928Ⅳ母刀闸		
		35		检查四号主变二次主4928Ⅳ母刀闸在开位		
		36		检查四号主变保护B屏Ⅳ母刀闸切换灯灭		
		37		检查66kVⅡ-Ⅳ母差保护屏四号变二次主Ⅳ母刀闸灯灭		
		38		按66kVⅡ-Ⅳ母差保护屏复归按钮		
		39		检查66kVⅡ-Ⅳ母差保护屏切换异常灯灭		
		40		拉开四号主变二次主4928Ⅳ母刀闸电源开关		
		41		检查树天甲线4974Ⅱ母刀闸瓷柱完好		

备注:

操作人:　　　　监护人:　　　　值班负责人:　　　　站长(运行专工):

续表

变电站(发电厂)倒闸操作票

单位:柳树 220kV 变电站　　　　年　月　日　　　　编号:LS 35

发令时间		调度指令号:		发令人:		受令人:	
操作开始时间	年　月　日　时　分		操作结束时间	年　月　日　时　分			
操作任务	66kVⅣ母线停电						
预演√	操作√	顺序	指令项	操　作　项　目		时	分
		42		合上树天甲线 4974 Ⅱ母刀闸			
		43		检查树天甲线 4974 Ⅱ母刀闸在合位			
		44		检查 66kV Ⅱ母联 4914 开关电流正确(　)A			
		45		检查树天甲线 4974 保护屏 Ⅱ母刀闸灯亮			
		46		检查 66kV Ⅱ－Ⅳ母差保护屏树天甲线 Ⅱ母刀闸切换灯亮			
		47		检查 66kV Ⅱ－Ⅳ母差保护屏切换异常灯亮			
		48		检查树天甲线 4974Ⅳ母刀闸瓷柱完好			
		49		拉开树天甲线 4974Ⅳ母刀闸			
		50		检查树天甲线 4974Ⅳ母刀闸在开位			
		51		检查树天甲线 4974 保护屏Ⅳ母刀闸灯灭			
		52		检查 66kV Ⅱ－Ⅳ母差保护屏树天甲线Ⅳ母刀闸切换灯灭			
		53		按 66kV Ⅱ－Ⅳ母差保护屏复归按钮			
		54		检查 66kV Ⅱ－Ⅳ母差保护屏切换异常灯灭			
		55		检查四号电容器 4986 Ⅱ母刀闸瓷柱完好			
		56		合上四号电容器 4986 Ⅱ母刀闸			
		57		检查四号电容器 4986 Ⅱ母刀闸在合位			
		58		检查 66kV Ⅱ母联 4914 开关电流正确(　)A			
		59		检查四号电容器 4986 保护屏 Ⅱ母刀闸灯亮			
		60		检查 66kV Ⅱ－Ⅳ母差保护屏四号电容器 Ⅱ母刀闸切换灯亮			
		61		检查 66kV Ⅱ－Ⅳ母差保护屏切换异常灯亮			
		62		检查四号电容器 4986Ⅳ母刀闸瓷柱完好			
备注:							
操作人:		监护人:		值班负责人:		站长(运行专工):	

续表

变电站(发电厂)倒闸操作票

单位:柳树 220kV 变电站　　　　　　年　　月　　日　　　　　　编号:LS 35

<table>
<tr><td colspan="2">发令时间</td><td colspan="2"></td><td>调度指令号:</td><td>发令人:</td><td>受令人:</td></tr>
<tr><td colspan="2">操作开始时间</td><td colspan="3">年　月　日　时　分</td><td>操作结束时间</td><td>年　月　日　时　分</td></tr>
<tr><td colspan="2">操作任务</td><td colspan="5">66kVⅣ母线停电</td></tr>
<tr><td>预演√</td><td>操作√</td><td>顺序</td><td>指令项</td><td>操作项目</td><td>时</td><td>分</td></tr>
<tr><td></td><td></td><td>63</td><td></td><td>拉开四号电容器 4986Ⅳ母刀闸</td><td></td><td></td></tr>
<tr><td></td><td></td><td>64</td><td></td><td>检查四号电容器 4986Ⅳ母刀闸在开位</td><td></td><td></td></tr>
<tr><td></td><td></td><td>65</td><td></td><td>检查四号电容器 4986 保护屏Ⅳ母刀闸灯灭</td><td></td><td></td></tr>
<tr><td></td><td></td><td>66</td><td></td><td>检查 66kVⅡ-Ⅳ母差保护屏四号电容器Ⅳ母刀闸切换灯灭</td><td></td><td></td></tr>
<tr><td></td><td></td><td>67</td><td></td><td>按 66kVⅡ-Ⅳ母差保护屏复归按钮</td><td></td><td></td></tr>
<tr><td></td><td></td><td>68</td><td></td><td>检查 66kVⅡ-Ⅳ母差保护屏切换异常灯灭</td><td></td><td></td></tr>
<tr><td></td><td></td><td>69</td><td></td><td>检查树桥甲线 4970Ⅱ母刀闸瓷柱完好</td><td></td><td></td></tr>
<tr><td></td><td></td><td>70</td><td></td><td>合上树桥甲线 4970Ⅱ母刀闸</td><td></td><td></td></tr>
<tr><td></td><td></td><td>71</td><td></td><td>检查树桥甲线 4970Ⅱ母刀闸在合位</td><td></td><td></td></tr>
<tr><td></td><td></td><td>72</td><td></td><td>检查 66kVⅡ母联 4914 开关电流正确(　)A</td><td></td><td></td></tr>
<tr><td></td><td></td><td>73</td><td></td><td>检查树桥甲线 4970 保护屏Ⅱ母刀闸灯亮</td><td></td><td></td></tr>
<tr><td></td><td></td><td>74</td><td></td><td>检查 66kVⅡ-Ⅳ母差保护屏树桥甲线Ⅱ母刀闸切换灯亮</td><td></td><td></td></tr>
<tr><td></td><td></td><td>75</td><td></td><td>检查 66kVⅡ-Ⅳ母差保护屏切换异常灯亮</td><td></td><td></td></tr>
<tr><td></td><td></td><td>76</td><td></td><td>检查树桥甲线 4970Ⅳ母刀闸瓷柱完好</td><td></td><td></td></tr>
<tr><td></td><td></td><td>77</td><td></td><td>拉开树桥甲线 4970Ⅳ母刀闸</td><td></td><td></td></tr>
<tr><td></td><td></td><td>78</td><td></td><td>检查树桥甲线 4970Ⅳ母刀闸在开位</td><td></td><td></td></tr>
<tr><td></td><td></td><td>79</td><td></td><td>检查树桥甲线 49704 保护屏Ⅳ母刀闸灯灭</td><td></td><td></td></tr>
<tr><td></td><td></td><td>80</td><td></td><td>检查 66kVⅡ-Ⅳ母差保护屏树桥甲线Ⅳ母刀闸切换灯灭</td><td></td><td></td></tr>
<tr><td></td><td></td><td>81</td><td></td><td>按 66kVⅡ-Ⅳ母差保护屏复归按钮</td><td></td><td></td></tr>
<tr><td></td><td></td><td>82</td><td></td><td>检查 66kVⅡ-Ⅳ母差保护屏切换异常灯灭</td><td></td><td></td></tr>
<tr><td></td><td></td><td>83</td><td></td><td>检查树金甲线 4966Ⅱ母刀闸瓷柱完好</td><td></td><td></td></tr>
<tr><td colspan="7">备注:</td></tr>
<tr><td colspan="7">操作人:　　　　监护人:　　　　值班负责人:　　　　站长(运行专工):</td></tr>
</table>

续表

变电站(发电厂)倒闸操作票

单位:柳树 220kV 变电站　　　　年　月　日　　　　编号:LS 35

发令时间		调度指令号:		发令人:		受令人:	
操作开始时间	年　月　日　时　分		操作结束时间	年　月　日　时　分			
操作任务	66kVⅣ母线停电						

预演√	操作√	顺序	指令项	操　作　项　目	时	分
		84		合上树金甲线 4966Ⅱ母刀闸		
		85		检查树金甲线 4966Ⅱ母刀闸在合位		
		86		检查 66kVⅡ母联 4914 开关电流正确(　)A		
		87		检查树金甲线 4966 保护屏Ⅱ母刀闸灯亮		
		88		检查 66kVⅡ-Ⅳ母差保护屏树金甲线Ⅱ母刀闸切换灯亮		
		89		检查 66kVⅡ-Ⅳ母差保护屏切换异常灯亮		
		90		检查树金甲线 4966Ⅳ母刀闸瓷柱完好		
		91		拉开树金甲线 4966Ⅳ母刀闸		
		92		检查树金甲线 4966Ⅳ母刀闸在开位		
		93		检查树金甲线 4966 保护屏Ⅳ母刀闸灯灭		
		94		检查 66kVⅡ-Ⅳ母差保护屏树金甲线Ⅳ母刀闸切换灯灭		
		95		按 66kVⅡ-Ⅳ母差保护屏复归按钮		
		96		检查 66kVⅡ-Ⅳ母差保护屏切换异常灯灭		
		97		检查树边乙线 4964Ⅱ母刀闸瓷柱完好		
		98		合上树边乙线 4964Ⅱ母刀闸		
		99		检查树边乙线 4964Ⅱ母刀闸在合位		
		100		检查 66kVⅡ母联 4914 开关电流正确(　)A		
		101		检查树边乙线 4964 保护屏Ⅱ母刀闸灯亮		
		102		检查 66kVⅡ-V 母差保护屏树边乙线Ⅱ母刀闸切换灯亮		
		103		检查 66kVⅡ-Ⅳ母差保护屏切换异常灯亮		
		104		检查树边乙线 4964Ⅳ母刀闸瓷柱完好		
备注:						
操作人:		监护人:		值班负责人:　　站长(运行专工):		

续表

变电站(发电厂)倒闸操作票

单位:柳树 220kV 变电站　　　　年　月　日　　　　编号:LS 35

发令时间		调度指令号:		发令人:		受令人:
操作开始时间	年 月 日 时 分	操作结束时间	年 月 日 时 分			
操作任务	66kVⅣ母线停电					

预演√	操作√	顺序	指令项	操作项目	时	分
		105		拉开树边乙线 4964Ⅳ母刀闸		
		106		检查树边乙线 4964Ⅳ母刀闸在开位		
		107		检查树边乙线 4964 保护屏Ⅳ母刀闸灯灭		
		108		检查 66kVⅡ－Ⅳ母差保护屏树边乙线Ⅳ母刀闸切换灯灭		
		109		按 66kVⅡ－Ⅳ母差保护屏复归按钮		
		110		检查 66kVⅡ－Ⅳ母差保护屏切换异常灯灭		
		111		检查树都甲线 4958Ⅱ母刀闸瓷柱完好		
		112		合上树都甲线 4958Ⅱ母刀闸		
		113		检查树都甲线 4958Ⅱ母刀闸在合位		
		114		检查 66kVⅡ母联 4914 开关电流正确(　)A		
		115		检查树都甲线 4958 保护屏Ⅱ母刀闸灯亮		
		116		检查 66kVⅡ－Ⅴ母差保护屏树都甲线Ⅱ母刀闸切换灯亮		
		117		检查 66kVⅡ－Ⅳ母差保护屏切换异常灯亮		
		118		检查树都甲线 4958Ⅳ母刀闸瓷柱完好		
		119		拉开树都甲线 4958Ⅳ母刀闸		
		120		检查树都甲线 4958Ⅳ母刀闸在开位		
		121		检查树都甲线 4958 保护屏Ⅳ母刀闸灯灭		
		122		检查 66kVⅡ－Ⅳ母差保护屏树都甲线Ⅳ母刀闸切换灯灭		
		123		按 66kVⅡ－Ⅳ母差保护屏复归按钮		
		124		检查 66kVⅡ－Ⅳ母差保护屏切换异常灯灭		
		125		检查树钢五线 4954Ⅱ母刀闸瓷柱完好		
备注:						
操作人:		监护人:		值班负责人:　　站长(运行专工):		

续表

变电站(发电厂)倒闸操作票

单位:柳树 220kV 变电站　　　　年　　月　　日　　　　编号:LS 35

发令时间		调度指令号:		发令人:		受令人:	
操作开始时间	年 月 日 时 分		操作结束时间	年 月 日 时 分			
操作任务	66kVⅣ母线停电						
预演√	操作√	顺序	指令项	操作项目		时	分
		126		合上树钢五线 4954 Ⅱ母刀闸			
		127		检查树钢五线 4954 Ⅱ母刀闸在合位			
		128		检查 66kVⅡ母联 4914 开关电流正确(　)A			
		129		检查树钢五线 4954 保护屏Ⅱ母刀闸灯亮			
		130		检查 66kVⅡ－Ⅴ母差保护屏树钢五线Ⅱ母刀闸切换灯亮			
		131		检查 66kVⅡ－Ⅳ母差保护屏切换异常灯亮			
		132		检查树钢五线 4954Ⅳ母刀闸瓷柱完好			
		133		拉开树钢五线 4954Ⅳ母刀闸			
		134		检查树钢五线 4954Ⅳ母刀闸在开位			
		135		检查树钢五线 4954 保护屏Ⅳ母刀闸灯灭			
		136		检查 66kVⅡ－Ⅳ母差保护屏树钢五线Ⅳ母刀闸切换灯灭			
		137		按 66kVⅡ－Ⅳ母差保护屏复归按钮			
		138		检查 66kVⅡ－Ⅳ母差保护屏切换异常灯灭			
		139		退出 66kVⅡ－Ⅳ母差保护屏Ⅳ母 PT 压板			
		140		拉开 66kVⅣ母电压互感器端子箱保护遥测 A、B、C 三相开关			
		141		拉开 66kVⅣ母电压互感器端子箱电度表用 A 相开关			
		142		拉开 66kVⅣ母电压互感器端子箱电度表用 B 相开关			
		143		拉开 66kVⅣ母电压互感器端子箱电度表用 C 相开关			
		144		检查 66kVⅣ母线电压正确(　)kV			
		145		检查 66kVⅣ母电压互感器 4907 刀闸瓷柱完好			
		146		拉开 66kVⅣ母电压互感器 4907 刀闸			
备注:							
操作人:		监护人:		值班负责人:		站长(运行专工):	

续表

变电站(发电厂)倒闸操作票

单位:柳树 220kV 变电站　　　　年　　月　　日　　　　编号:LS 35

发令时间		调度指令号:		发令人:		受令人:		
操作开始时间	年 月 日 时 分		操作结束时间	年 月 日 时 分				
操作任务	66kVⅣ母线停电							
预演√	操作√	顺序	指令项	操 作 项 目			时	分
		147		检查 66kVⅣ母电压互感器 4907 刀闸在开位				
		148		检查公用屏 66kVⅡ－Ⅳ母电压切换装置Ⅳ母电压灯灭				
		149		合上 66kVⅡ母联 4914 保护屏保护直流开关				
		150		拉开 66kVⅡ母联 4914 开关				
		151		检查 66kVⅡ母联 4914 开关电流为 0A				
		152		检查 66kVⅡ母联 4914 开关在开位				
		153		检查 66kVⅡ－Ⅳ母差保护屏Ⅱ母联 TWJ 灯亮				
		154		合上 66kVⅡ母联 4914Ⅱ母刀闸操作电源开关				
		155		拉开 66kVⅡ母联 4914Ⅱ母刀闸				
		156		检查 66kVⅡ母联 4914Ⅱ母刀闸在开位				
		157		检查 66kVⅡ母联 4914 保护屏Ⅱ母切换灯灭				
		158		检查 66kVⅡ－Ⅳ母差保护屏Ⅱ母联Ⅱ母切换灯灭				
		159		拉开 66kVⅡ母联 4914Ⅱ母刀闸操作电源开关				
		160		合上 66kVⅡ母联 4914Ⅳ母刀闸操作电源开关				
		161		检查 66kVⅡ母联 4914Ⅳ母刀闸瓷柱完好				
		162		拉开 66kVⅡ母联 4914Ⅳ母刀闸				
		163		检查 66kVⅡ母联 4914Ⅳ母刀闸在开位				
		164		检查 66kVⅡ母联 4914 保护屏Ⅳ母切换灯灭				
		165		检查 66kVⅡ－Ⅳ母差保护屏Ⅱ母联Ⅳ母切换灯灭				
		166		拉开 66kVⅡ母联 4914 Ⅳ母刀闸操作电源开关				
		167		检查 66kVⅡ分段 4918 开关在开位				
备注:								
操作人:		监护人:		值班负责人:		站长(运行专工):		

续表

变电站(发电厂)倒闸操作票

单位:柳树 220kV 变电站　　年　月　日　　编号:LS 35

发令时间		调度指令号:		发令人:		受令人:	
操作开始时间	年 月 日 时 分		操作结束时间	年 月 日 时 分			
操作任务	66kVⅣ母线停电						

预演√	操作√	顺序	指令项	操 作 项 目	时	分
		168		合上 66kVⅡ分段 4918Ⅲ母刀闸操作电源开关		
		169		检查 66kVⅡ分段 4918Ⅲ母刀闸瓷柱完好		
		170		拉开 66kVⅡ分段 4918Ⅲ母刀闸		
		171		检查 66kVⅡ分段 4918Ⅲ母刀闸在开位		
		172		检查 66kVⅠ－Ⅲ母差保护屏Ⅱ分段Ⅲ母刀闸切换灯灭		
		173		拉开 66kVⅡ分段 4918Ⅲ母刀闸操作电源开关		
		174		合上 66kVⅡ分段 4918Ⅳ母刀闸操作电源开关		
		175		检查 66kVⅡ分段 4918Ⅳ母刀闸瓷柱完好		
		176		拉开 66kVⅡ分段 4918Ⅳ母刀闸		
		177		检查 66kVⅡ分段 4918Ⅳ母刀闸在开位		
		178		检查 66kVⅡ－Ⅳ母差保护屏Ⅱ分段Ⅳ母刀闸切换灯灭		
		179		拉开 66kVⅡ分段 4918Ⅳ母刀闸操作电源开关		
		180		检查 66kVⅣ母线所有刀闸均在开位		
		181		退出 66kVⅡ－Ⅳ母差保护屏倒闸过程中压板		
				注:1. 66kVⅡ分段、Ⅱ母联开关若有作业应退出母差屏出口压板及其他有关压板		
				2. 根据需要装设接地线		
备注:						
操作人:	监护人:		值班负责人:	站长(运行专工):		

(36)66kVⅣ母线送电操作票见表2-36。

表2-36 66kVⅣ母线送电操作票

变电站(发电厂)倒闸操作票

单位:柳树220kV变电站　　年　月　日　　编号:LS 36

<table>
<tr><td>发令时间</td><td colspan="3"></td><td colspan="2">调度指令号:</td><td>发令人:</td><td></td><td>受令人:</td><td></td></tr>
<tr><td>操作开始时间</td><td colspan="4">年　月　日　时　分</td><td>操作结束时间</td><td colspan="4">年　月　日　时　分</td></tr>
<tr><td>操作任务</td><td colspan="9">66kVⅣ母线送电</td></tr>
<tr><td>预演√</td><td>操作√</td><td>顺序</td><td>指令项</td><td colspan="4">操作项目</td><td>时</td><td>分</td></tr>
<tr><td></td><td></td><td>1</td><td></td><td colspan="4">拆除66kVⅣ母线所有接地线或拉开所有接地刀闸</td><td></td><td></td></tr>
<tr><td></td><td></td><td>2</td><td></td><td colspan="4">检查66kVⅡ分段4918开关在开位</td><td></td><td></td></tr>
<tr><td></td><td></td><td>3</td><td></td><td colspan="4">合上66kVⅡ分段4918Ⅲ母刀闸操作电源开关</td><td></td><td></td></tr>
<tr><td></td><td></td><td>4</td><td></td><td colspan="4">检查66kVⅡ分段4918Ⅲ母刀闸瓷柱完好</td><td></td><td></td></tr>
<tr><td></td><td></td><td>5</td><td></td><td colspan="4">合上66kVⅡ分段4918Ⅲ母刀闸</td><td></td><td></td></tr>
<tr><td></td><td></td><td>6</td><td></td><td colspan="4">检查66kVⅡ分段4918Ⅲ母刀闸在合位</td><td></td><td></td></tr>
<tr><td></td><td></td><td>7</td><td></td><td colspan="4">检查66kVⅡ-Ⅳ母母差保护屏Ⅱ分段Ⅲ母刀闸切换灯亮</td><td></td><td></td></tr>
<tr><td></td><td></td><td>8</td><td></td><td colspan="4">拉开66kVⅡ分段4918Ⅲ母刀闸操作电源开关</td><td></td><td></td></tr>
<tr><td></td><td></td><td>9</td><td></td><td colspan="4">合上66kVⅡ分段4918Ⅳ母刀闸操作电源开关</td><td></td><td></td></tr>
<tr><td></td><td></td><td>10</td><td></td><td colspan="4">检查66kVⅡ分段4918Ⅳ母刀闸瓷柱完好</td><td></td><td></td></tr>
<tr><td></td><td></td><td>11</td><td></td><td colspan="4">合上66kVⅡ分段4918Ⅳ母刀闸</td><td></td><td></td></tr>
<tr><td></td><td></td><td>12</td><td></td><td colspan="4">检查66kVⅡ分段4918Ⅳ母刀闸在合位</td><td></td><td></td></tr>
<tr><td></td><td></td><td>13</td><td></td><td colspan="4">检查66kVⅡ-Ⅳ母母差保护屏Ⅱ分段Ⅳ母刀闸切换灯亮</td><td></td><td></td></tr>
<tr><td></td><td></td><td>14</td><td></td><td colspan="4">拉开66kVⅡ分段4918Ⅳ母刀闸操作电源开关</td><td></td><td></td></tr>
<tr><td></td><td></td><td>15</td><td></td><td colspan="4">检查66kVⅡ母联4914开关在开位</td><td></td><td></td></tr>
<tr><td></td><td></td><td>16</td><td></td><td colspan="4">合上66kVⅡ母联4914Ⅳ母刀闸操作电源开关</td><td></td><td></td></tr>
<tr><td></td><td></td><td>17</td><td></td><td colspan="4">检查66kVⅡ母联4914Ⅳ母刀闸瓷柱完好</td><td></td><td></td></tr>
<tr><td></td><td></td><td>18</td><td></td><td colspan="4">合上66kVⅡ母联4914Ⅳ母刀闸</td><td></td><td></td></tr>
<tr><td></td><td></td><td>19</td><td></td><td colspan="4">检查66kVⅡ母联4914Ⅳ母刀闸在合位</td><td></td><td></td></tr>
<tr><td></td><td></td><td>20</td><td></td><td colspan="4">检查66kVⅡ母联4914保护屏Ⅳ母切换灯灭</td><td></td><td></td></tr>
<tr><td colspan="10">备注:</td></tr>
<tr><td colspan="10">操作人:　　监护人:　　值班负责人:　　站长(运行专工):</td></tr>
</table>

续表

变电站(发电厂)倒闸操作票

单位:柳树 220kV 变电站　　　　年　　月　　日　　　　编号:LS 36

发令时间		调度指令号:		发令人:		受令人:	
操作开始时间	年　月　日　时　分			操作结束时间	年　月　日　时　分		
操作任务	66kVⅣ母线送电						

预演√	操作√	顺序	指令项	操　作　项　目	时	分
		21		检查 66kVⅡ－Ⅳ母差保护屏Ⅱ母联Ⅳ母刀闸灯亮		
		22		合上 66kVⅡ母联 4914Ⅱ母刀闸操作电源开关		
		23		检查 66kVⅡ母联 4914Ⅱ母刀闸瓷柱完好		
		24		合上 66kVⅡ母联 4914Ⅱ母刀闸		
		25		检查 66kVⅡ母联 4914Ⅱ母刀闸在合位		
		26		检查 66kVⅡ母联 4914 保护屏Ⅱ母切换灯灭		
		27		检查 66kVⅡ－Ⅳ母差保护屏Ⅱ母联Ⅱ母刀闸灯亮		
		28		拉开 66kVⅡ母联 4914Ⅱ母刀闸操作电源开关		
		29		投入 66kVⅡ母联 4914 保护屏跳闸出口压板		
		30		合上 66kVⅡ母联 4914 开关		
		31		检查 66kVⅡ母联 4914 开关在合位		
		32		检查 66kVⅡ－Ⅳ母差保护屏Ⅱ母联 TWJ 灯亮灭		
		33		检查 66kVⅣ母电压互感器 4907 刀闸瓷柱完好		
		34		合上 66kVⅣ母电压互感器 4907 刀闸		
		35		检查 66kVⅣ母电压互感器 4907 刀闸在合位		
		36		检查公用屏 66kVⅡ－Ⅳ母电压切换装置Ⅳ母电压灯亮		
		37		合上 66kVⅣ母电压互感器端子箱保护遥测 A、B、C 三相开关		
		38		合上 66kVⅣ母电压互感器端子箱电度表用 A 相开关		
		39		合上 66kVⅣ母电压互感器端子箱电度表用 B 相开关		
		40		合上 66kVⅣ母电压互感器端子箱电度表用 C 相开关		
		41		检查 66kVⅣ母线三相电压正确(　)kV		
备注:						
操作人:　　监护人:　　值班负责人:　　站长(运行专工):						

续表

变电站(发电厂)倒闸操作票

单位:柳树220kV变电站　　　　年　月　日　　　　编号:LS 36

发令时间		调度指令号:		发令人:		受令人:	
操作开始时间	年　月　日　时　分		操作结束时间	年　月　日　时　分			
操作任务	66kVⅣ母线送电						

预演√	操作√	顺序	指令项	操作项目	时	分
		42		投入66kVⅡ-Ⅳ母差保护屏Ⅳ母PT压板		
		43		投入66kVⅡ-Ⅳ母差保护屏倒闸过程中压板		
		44		退出66kVⅡ母联4914保护屏跳闸出口压板		
		45		拉开66kVⅡ母联4914保护屏保护直流开关		
		46		检查树钢五线4954Ⅳ母刀闸瓷柱完好		
		47		合上树钢五线4954Ⅳ母刀闸		
		48		检查树钢五线4954Ⅳ母刀闸在合位		
		49		检查66kVⅡ母联4914开关电流正确(　)A		
		50		检查树钢五线4954保护屏Ⅳ母刀闸灯亮		
		51		检查66kVⅡ-Ⅳ母差保护屏树钢五线Ⅳ母刀闸切换灯亮		
		52		检查66kVⅡ-Ⅳ母差保护屏切换异常灯亮		
		53		检查树钢五线4954Ⅱ母刀闸瓷柱完好		
		54		拉开树钢五线4954Ⅱ母刀闸		
		55		检查树钢五线4954Ⅱ母刀闸在开位		
		56		检查树钢五线4954保护屏Ⅱ母刀闸灯灭		
		57		检查66kVⅡ-Ⅳ母差保护屏树钢五线Ⅱ母刀闸切换灯灭		
		58		按66kVⅡ-Ⅳ母差保护屏复归按钮		
		59		检查66kVⅡ-Ⅳ母差保护屏切换异常灯灭		
		60		检查树都甲线4958Ⅳ母刀闸瓷柱完好		
		61		合上树都甲线4958Ⅳ母刀闸		
		62		检查树都甲线4958Ⅳ母刀闸在合位		
备注:						
操作人:		监护人:		值班负责人:	站长(运行专工):	

续表

变电站(发电厂)倒闸操作票

单位:柳树 220kV 变电站　　　　年　月　日　　　　编号:LS 36

发令时间		调度指令号:		发令人:		受令人:	
操作开始时间	年 月 日 时 分		操作结束时间	年 月 日 时 分			
操作任务	66kVⅣ母线送电						

预演√	操作√	顺序	指令项	操　作　项　目	时	分
		63		检查 66kVⅡ母联 4914 开关电流正确(　)A		
		64		检查树都甲线 4958 保护屏Ⅳ母刀闸灯亮		
		65		检查 66kVⅡ－Ⅳ母差保护屏树都甲线Ⅳ母刀闸切换灯亮		
		66		检查 66kVⅡ－Ⅳ母差保护屏切换异常灯亮		
		67		检查树都甲线 4958Ⅱ母刀闸瓷柱完好		
		68		拉开树都甲线 4958Ⅱ母刀闸		
		69		检查树都甲线 4958Ⅱ母刀闸在开位		
		70		检查树都甲线 4958 保护屏Ⅱ母刀闸灯灭		
		71		检查 66kVⅡ－Ⅳ母差保护屏树都甲线Ⅱ母刀闸切换灯灭		
		72		按 66kVⅡ－Ⅳ母差保护屏复归按钮		
		73		检查 66kVⅡ－Ⅳ母差保护屏切换异常灯灭		
		74		检查树边乙线 4964Ⅳ母刀闸瓷柱完好		
		75		合上树边乙线 4964Ⅳ母刀闸		
		76		检查树边乙线 4964Ⅳ母刀闸在合位		
		77		检查 66kVⅡ母联 4914 开关电流正确(　)A		
		78		检查树边乙线 4964 保护屏Ⅳ母刀闸灯亮		
		79		检查 66kVⅡ－Ⅳ母差保护屏树边乙线Ⅳ母刀闸切换灯亮		
		80		检查 66kVⅡ－Ⅳ母差保护屏切换异常灯亮		
		81		检查树边乙线 4964Ⅱ母刀闸瓷柱完好		
		82		拉开树边乙线 4964Ⅱ母刀闸		
		83		检查树边乙线 4964Ⅱ母刀闸在开位		
备注:						
操作人:		监护人:		值班负责人:　　站长(运行专工):		

续表

变电站(发电厂)倒闸操作票

单位:柳树220kV变电站　　　　年　月　日　　　　编号:LS 36

发令时间		调度指令号:		发令人:		受令人:	
操作开始时间	年　月　日　时　分	操作结束时间	年　月　日　时　分				
操作任务	66kVⅣ母线送电						

预演√	操作√	顺序	指令项	操　作　项　目	时	分
		84		检查树边乙线4964保护屏Ⅱ母刀闸灯灭		
		85		检查66kVⅡ－Ⅳ母差保护屏树边乙线Ⅱ母刀闸切换灯灭		
		86		按66kVⅡ－Ⅳ母差保护屏复归按钮		
		87		检查66kVⅡ－Ⅳ母差保护屏切换异常灯灭		
		88		检查树金甲线4966Ⅳ母刀闸瓷柱完好		
		89		合上树金甲线4966Ⅳ母刀闸		
		90		检查树金甲线4966Ⅳ母刀闸在合位		
		91		检查66kVⅡ母联4914开关电流正确(　)A		
		92		检查树金甲线4966保护屏Ⅳ母刀闸灯亮		
		93		检查66kVⅡ－Ⅳ母差保护屏树金甲线Ⅳ母刀闸切换灯亮		
		94		检查66kVⅡ－Ⅳ母差保护屏切换异常灯亮		
		95		检查树金甲线4966Ⅱ母刀闸瓷柱完好		
		96		拉开树金甲线4966Ⅱ母刀闸		
		97		检查树金甲线4966Ⅱ母刀闸在开位		
		98		检查树金甲线4966保护屏Ⅱ母刀闸灯灭		
		99		检查66kVⅡ－Ⅳ母差保护屏树金甲线Ⅱ母刀闸切换灯灭		
		100		按66kVⅡ－Ⅳ母差保护屏复归按钮		
		101		检查66kVⅡ－Ⅳ母差保护屏切换异常灯灭		
		102		检查树桥甲线4970Ⅳ母刀闸瓷柱完好		
		103		合上树桥甲线4970Ⅳ母刀闸		
		104		检查树桥甲线4970Ⅳ母刀闸在合位		
备注:						
操作人:　　监护人:　　值班负责人:　　站长(运行专工):						

续表

变电站(发电厂)倒闸操作票

单位:柳树 220kV 变电站　　　　年　月　日　　　　编号:LS 36

发令时间		调度指令号:		发令人:		受令人:	
操作开始时间	年 月 日 时 分		操作结束时间	年 月 日 时 分			
操作任务	66kVⅣ母线送电						

预演√	操作√	顺序	指令项	操 作 项 目	时	分
		105		检查 66kVⅡ母联 4914 开关电流正确(　)A		
		106		检查树桥甲线 4970 保护屏Ⅳ母刀闸灯亮		
		107		检查 66kVⅡ-Ⅳ母差保护屏树桥甲线Ⅳ母刀闸切换灯亮		
		108		检查 66kVⅡ-Ⅳ母差保护屏切换异常灯亮		
		109		检查树桥甲线 4970Ⅱ母刀闸瓷柱完好		
		110		拉开树桥甲线 4970Ⅱ母刀闸		
		111		检查树桥甲线 4970Ⅱ母刀闸在开位		
		112		检查树桥甲线 4970 保护屏Ⅱ母刀闸灯灭		
		113		检查 66kVⅡ-Ⅴ母差保护屏树桥甲线Ⅱ母刀闸切换灯灭		
		114		按 66kVⅡ-Ⅳ母差保护屏复归按钮		
		115		检查 66kVⅡ-Ⅳ母差保护屏切换异常灯灭		
		116		检查四号电容器 4986Ⅳ母刀闸瓷柱完好		
		117		合上四号电容器 4986Ⅳ母刀闸		
		118		检查四号电容器 4986Ⅳ母刀闸在合位		
		119		检查 66kVⅡ母联 4914 开关电流正确(　)A		
		120		检查四号电容器 4986 保护屏Ⅳ母刀闸灯亮		
		121		检查 66kVⅡ-Ⅳ母差保护屏四号电容器Ⅳ母刀闸切换灯亮		
		122		检查 66kVⅡ-Ⅳ母差保护屏切换异常灯亮		
		123		检查四号电容器 4986Ⅱ母刀闸瓷柱完好		
		124		拉开四号电容器 4986Ⅱ母刀闸		
		125		检查四号电容器 4986Ⅱ母刀闸在开位		
备注:						
操作人:		监护人:		值班负责人:　　站长(运行专工):		

续表

变电站(发电厂)倒闸操作票

单位:柳树220kV变电站　　　　年　月　日　　　　编号:LS 36

发令时间		调度指令号:		发令人:		受令人:	
操作开始时间	年　月　日　时　分		操作结束时间		年　月　日　时　分		
操作任务	66kVⅣ母线送电						

预演√	操作√	顺序	指令项	操作项目	时	分
		126		检查四号电容器4986保护屏Ⅱ母刀闸灯灭		
		127		检查66kVⅡ－Ⅴ母差保护屏四号电容器Ⅱ母刀闸切换灯灭		
		128		按66kVⅡ－Ⅳ母差保护屏复归按钮		
		129		检查66kVⅡ－Ⅳ母差保护屏切换异常灯灭		
		130		检查树天甲线4974Ⅳ母刀闸瓷柱完好		
		131		合上树天甲线4974Ⅳ母刀闸		
		132		检查树天甲线4974Ⅳ母刀闸在合位		
		133		检查66kVⅡ母联4914开关电流正确(　)A		
		134		检查树天甲线4974保护屏Ⅳ母刀闸灯亮		
		135		检查66kVⅡ－Ⅳ母差保护屏树天甲线Ⅳ母刀闸切换灯亮		
		136		检查66kVⅡ－Ⅳ母差保护屏切换异常灯亮		
		137		检查树天甲线4974Ⅱ母刀闸瓷柱完好		
		138		拉开树天甲线4974Ⅱ母刀闸		
		139		检查树天甲线4974Ⅱ母刀闸在开位		
		140		检查树天甲线4974保护屏Ⅱ母刀闸灯灭		
		141		检查66kVⅡ－Ⅴ母差保护屏树天甲线Ⅱ母刀闸切换灯灭		
		142		按66kVⅡ－Ⅳ母差保护屏复归按钮		
		143		检查66kVⅡ－Ⅳ母差保护屏切换异常灯灭		
		144		合上四号主变二次主4928Ⅳ母刀闸电源开关		
		145		检查四号主变二次主4928Ⅳ母刀闸瓷柱完好		
		146		合上四号主变二次主4928Ⅳ母刀闸		
备注:						
操作人:　　监护人:　　值班负责人:　　站长(运行专工):						

续表

变电站(发电厂)倒闸操作票

单位:柳树 220kV 变电站　　　　年　　月　　日　　　　编号:LS 36

发令时间		调度指令号:		发令人:		受令人:	
操作开始时间	年　月　日　时　分		操作结束时间	年　月　日　时　分			
操作任务	66kVⅣ母线送电						

预演√	操作√	顺序	指令项	操　作　项　目	时	分
		147		检查 66kVⅡ母联 4914 开关电流正确(　)A		
		148		检查四号主变保护 B 屏Ⅳ母动作灯亮		
		149		检查 66kVⅡ－Ⅳ母差保护屏四号主变二次主Ⅳ母刀闸灯亮		
		150		检查 66kVⅡ－Ⅳ母差保护屏切换异常灯亮		
		151		拉开四号主变二次主 4928Ⅳ母刀闸电源开关		
		152		检查四号主变二次主 4928Ⅱ母刀闸瓷柱完好		
		153		合上四号主变二次主 4928Ⅱ母刀闸电源开关		
		154		拉开四号主变二次主 4928Ⅱ母刀闸		
		155		检查四号主变保护 B 屏Ⅱ母动作灯灭		
		156		检查 66kVⅡ－Ⅳ母差保护屏四号主变二次Ⅱ母刀闸灯灭		
		157		按 66kVⅡ－Ⅳ母差保护屏复归按钮		
		158		检查 66kVⅡ－Ⅳ母差保护屏切换异常灯灭		
		159		拉开四号主变二次主 4928Ⅱ母刀闸电源开关		
		160		检查树柳甲线 4978Ⅳ母刀闸瓷柱完好		
		161		合上树柳甲线 4978Ⅳ母刀闸		
		162		检查树柳甲线 4978Ⅳ母刀闸在合位		
		163		检查 66kVⅡ母联 4914 开关电流正确(　)A		
		164		检查树柳甲线 4978 保护屏Ⅳ母刀闸灯亮		
		165		检查 66kVⅡ－Ⅳ母差保护屏树柳甲线Ⅳ母刀闸切换灯亮		
		166		检查 66kVⅡ－Ⅳ母差保护屏切换异常灯亮		
		167		检查树柳甲线 4978Ⅱ母刀闸瓷柱完好		

备注:

操作人:　　　　监护人:　　　　值班负责人:　　　　站长(运行专工):

续表

变电站(发电厂)倒闸操作票

单位:柳树220kV变电站　　　　年　　月　　日　　　　编号:LS 36

发令时间		调度指令号:		发令人:		受令人:	
操作开始时间	年　月　日　时　分		操作结束时间	年　月　日　时　分			
操作任务	66kVⅣ母线送电						
预演√	操作√	顺序	指令项	操作项目		时	分
		168		拉开树柳甲线4978Ⅱ母刀闸			
		169		检查树柳甲线4978Ⅱ母刀闸在开位			
		170		检查树柳甲线4978保护屏Ⅱ母刀闸灯灭			
		171		检查66kVⅡ－Ⅴ母差保护屏树柳甲线Ⅱ母刀闸切换灯灭			
		172		按66kVⅡ－Ⅳ母差保护屏复归按钮			
		173		检查66kVⅡ－Ⅳ母差保护屏切换异常灯灭			
		174		合上66kVⅡ母联4914保护屏保护直流开关			
		175		拉开66kVⅡ母联4914开关			
		176		检查66kVⅡ母联4914开关电流为0A			
		177		检查66kVⅡ母联4914开关在开位			
		178		检查66kVⅡ母联4914保护屏TWJ灯亮			
		179		退出66kVⅡ－Ⅳ母差保护屏倒闸过程中压板			
		180		投入66kVⅡ母联4914保护屏跳闸出口压板			
		181		将66kV备自投保护B屏备投投入			
备注:							
操作人:		监护人:		值班负责人:	站长(运行专工):		

(37)一号主变停电操作票见表2-37。

表2-37 一号主变停电操作票

变电站(发电厂)倒闸操作票

单位:柳树220kV变电站 年 月 日 编号:LS 37

发令时间			调度指令号:		发令人:		受令人:	
操作开始时间	年 月 日 时 分			操作结束时间	年 月 日 时 分			
操作任务	一号主变停电							
预演√	操作√	顺序	指令项	操作项目			时	分
		1		退出66kV备自投A屏主变、母联备自投				
		2		(联系调度)合上66kVⅠ母联4910开关				
		3		检查66kVⅠ母联4910开关电流正确( )A				
		4		检查66kVⅠ母联4916开关在合位				
		5		检查66kVⅠ-Ⅲ母差保护屏Ⅰ母联TWJ灯灭				
		6		拉开一号主变二次主4922开关				
		7		检查一号主变二次主4922开关电流为0A				
		8		检查66kVⅠ母联4910开关电流正确( )A				
		9		检查一号主变二次主4922开关在开位				
		10		检查一号主变中性点01接地刀闸瓷柱完好				
		11		(联系调度)合上一号主变中性点01接地刀闸				
		12		检查一号主变中性点01接地刀闸在合位				
		13		将一号主变风冷器控制箱冷却器自动投入电源开关切至试验位置				
		14		退出二号主变保护A屏高压侧零序(方向)过流压板				
		15		退出二号主变保护B屏高压侧零序(方向)过流压板				
		16		退出三号主变保护A屏高压侧零序(方向)过流压板				
		17		退出三号主变保护B屏高压侧零序(方向)过流压板				
		18		退出四号主变保护A屏高压侧零序(方向)过流压板				
		19		退出四号主变保护B屏高压侧零序(方向)过流压板				
备注:								
操作人:		监护人:		值班负责人:		站长(运行专工):		

续表

变电站(发电厂)倒闸操作票

单位:柳树220kV变电站　　　　　　年　　月　　日　　　　　　编号:LS 37

发令时间				调度指令号:		发令人:		受令人:
操作开始时间	年　月　日　时　分			操作结束时间	年　月　日　时　分			
操作任务	一号主变停电							
预演√	操作√	顺序	指令项	操　作　项　目			时	分
		20		拉开一号主变一次主6842开关				
		21		检查一号主变一次主6842开关电流为0A				
		22		检查一号主变一次主6842开关在开位				
		23		投入二号主变保护A屏高压侧零序(方向)过流压板				
		24		投入二号主变保护B屏高压侧零序(方向)过流压板				
		25		投入三号主变保护A屏高压侧零序(方向)过流压板				
		26		投入三号主变保护B屏高压侧零序(方向)过流压板				
		27		投入四号主变保护A屏高压侧零序(方向)过流压板				
		28		投入四号主变保护B屏高压侧零序(方向)过流压板				
		29		退出一号主变保护A屏失灵启动解除母差复压闭锁压板				
		30		退出一号主变保护A屏高压侧电压投退压板				
		31		退出一号主变保护A屏低压侧电压投退压板				
		32		退出一号主变保护A屏复合电压投退压板				
		33		退出一号主变保护B屏失灵启动解除母差复压闭锁压板				
		34		退出一号主变保护B屏高压侧电压投退压板				
		35		退出一号主变保护B屏低压侧电压投退压板				
		36		退出一号主变保护B屏复合电压投退压板				
		37		将一号主变风冷器停用				
		38		检查一号主变二次主4922丙刀闸在开位				
		39		合上一号主变二次主4922乙刀闸操作电源开关				
		40		检查一号主变二次主4922乙刀闸瓷柱完好				
备注:								
操作人:		监护人:		值班负责人:		站长(运行专工):		

续表

变电站(发电厂)倒闸操作票

单位:柳树 220kV 变电站　　　　年　月　日　　　　编号:LS 37

发令时间			调度指令号:	发令人:		受令人:
操作开始时间		年　月　日　时　分		操作结束时间	年　月　日　时　分	
操作任务		一号主变停电				
预演√	操作√	顺序	指令项	操　作　项　目	时	分
		41		拉开一号主变二次主 4922 乙刀闸		
		42		检查一号主变二次主 4922 乙刀闸在开位		
		43		拉开一号主变二次主 4922 乙刀闸操作电源开关		
		44		检查一号主变二次主 4922 Ⅲ母刀闸在开位		
		45		合上一号主变二次主 4922 Ⅰ母刀闸操作电源开关		
		46		检查一号主变二次主 4922 Ⅰ母刀闸瓷柱完好		
		47		拉开一号主变二次主 4922 Ⅰ母刀闸		
		48		检查一号主变二次主 4922 Ⅰ母刀闸在开位		
		49		检查 66kV Ⅰ－Ⅲ母差保护屏一号主变二次主Ⅰ母刀闸切换灯灭		
		50		检查一号主变保护 B 屏Ⅰ母动作切换灯灭		
		51		拉开一号主变二次主 4922 Ⅰ母刀闸操作电源开关		
		52		检查 66kV Ⅰ侧母所有丙刀闸均在开位		
		53		合上一号主变一次主 6842 开关端子箱刀闸操作总电源开关		
		54		检查一号主变一次主 6842 丙刀闸在开位		
		55		检查一号主变一次主 6842 乙刀闸瓷柱完好		
		56		拉开一号主变一次主 6842 乙刀闸		
		57		检查一号主变一次主 6842 乙刀闸在开位		
		58		检查一号主变一次主 6842 Ⅱ母刀闸在开位		
		59		检查一号主变一次主 6842 Ⅰ母刀闸瓷柱完好		
		60		拉开一号主变一次主 6842 Ⅰ母刀闸		
		61		检查一号主变一次主 6842 Ⅰ母刀闸在开位		
备注:						
操作人:		监护人:		值班负责人:	站长(运行专工):	

续表

变电站(发电厂)倒闸操作票

单位:柳树220kV变电站　　　　年　　月　　日　　　　编号:LS 37

发令时间		调度指令号:	发令人:		受令人:	
操作开始时间	年　月　日　时　分	操作结束时间	年　月　日　时　分			
操作任务	一号主变停电					

预演√	操作√	顺序	指令项	操　作　项　目	时	分
		62		检查220kV母差保护屏一号主变Ⅰ母刀闸切换灯灭		
		63		检查一号主变保护A屏Ⅰ母切换灯灭		
		64		检查220kV侧母所有丙刀闸均在开位		
		65		拉开一号主变一次主6842开关端子箱刀闸总电源开关		
		66		在220kV侧母6809东接地刀闸母线侧三相验电确无电压		
		67		合上220kV侧母6809东接地刀闸		
		68		检查220kV侧母6809东接地刀闸在合位		
		69		在220kV侧母6809西接地刀闸母线侧三相验电确无电压		
		70		合上220kV侧母6809西接地刀闸		
		71		检查220kV侧母6809西接地刀闸在合位		
		72		在一号主变一次主6842Ⅱ母刀闸至开关间三相验电确无电压		
		73		合上一号主变一次主6842Ⅱ母刀闸至开关间接地刀闸		
		74		检查一号主变一次主6842Ⅱ母刀闸至开关间接地刀闸在合位		
		75		在一号主变一次主6842乙刀闸至一号主变一次套管间三相验电确无电压		
		76		在一号主变一次主6842乙刀闸至一号主变一次套管间装设#接地线		
		77		拉开一号主变一次主6842开关端子箱开关总电源开关		
		78		拉开一号主变一次主6842开关端子箱刀闸总电源开关		
		79		拉开一号主变一次主6842开关端子箱在线监测电源开关		
		80		在一号主变二次主4922Ⅲ母刀闸至开关间三相验电确无电压		

备注:

操作人:　　　　监护人:　　　　值班负责人:　　　　站长(运行专工):

续表

变电站(发电厂)倒闸操作票

单位:柳树 220kV 变电站　　　　年　　月　　日　　　　编号:LS 37

发令时间			调度指令号:	发令人:	受令人:	
操作开始时间		年　月　日　时　分		操作结束时间	年　月　日　时　分	
操作任务	一号主变停电					
预演√	操作√	顺序	指令项	操　作　项　目	时	分
		81		合上一号主变二次主 4922 Ⅲ母刀闸至开关间接地刀闸		
		82		检查一号主变二次主 4922 Ⅲ母刀闸至开关间接地刀闸在合位		
		83		在一号主变二次主 4922 乙刀闸至一号主变二次套管间三相验电确无电压		
		84		在一号主变二次主 4922 乙刀闸至一号主变二次套管间装设#接地线		
		85		在一号主变二次主 4922 丙刀闸母线侧三相验电确无电压		
		86		在一号主变二次主 4922 丙刀闸母线侧装设#　接地线		
		87		拉开一号主变二次主 4922 端子箱开关总电源开关		
		88		拉开一号主变二次主 4922 端子箱刀闸总电源开关		
		89		拉开一号主变二次主 4922 端子箱在线监测开关		
		90		退出一号主变保护 A 屏失灵启动压板		
		91		退出一号主变保护 A 屏启动失灵压板		
		92		退出一号主变保护 A 屏跳高压侧第一线圈压板		
		93		退出一号主变保护 A 屏跳高压侧第二线圈压板		
		94		退出一号主变保护 A 屏跳低压侧压板		
		95		退出一号主变保护 B 屏失灵启动压板		
		96		退出一号主变保护 B 屏启动失灵压板		
		97		退出一号主变保护 B 屏跳高压侧第一线圈压板		
		98		退出一号主变保护 B 屏跳高压侧第二线圈压板		
		99		退出一号主变保护 B 屏跳低压侧压板		
备注:						
操作人:		监护人:		值班负责人:	站长(运行专工):	

续表

变电站(发电厂)倒闸操作票

单位:柳树220kV变电站　　　　年　　月　　日　　　　编号:LS 37

<table>
<tr><td>发令时间</td><td colspan="3"></td><td>调度指令号:</td><td>发令人:</td><td>受令人:</td></tr>
<tr><td>操作开始时间</td><td colspan="3">年　月　日　时　分</td><td>操作结束时间</td><td colspan="2">年　月　日　时　分</td></tr>
<tr><td>操作任务</td><td colspan="6">一号主变停电</td></tr>
</table>

预演√	操作√	顺序	指令项	操作项目	时	分
		100		拉开一号主变保护A屏操作直流1电源开关		
		101		拉开一号主变保护A屏操作直流2电源开关		
		102		拉开一号主变保护A屏保护直流电源开关		
		103		拉开一号主变保护A屏高压侧电压开关		
		104		拉开一号主变保护A屏低压侧电压开关		
		105		拉开一号主变保护B屏低压侧操作直流开关		
		106		拉开一号主变保护B屏高压侧电压开关		
		107		拉开一号主变保护B屏低压侧电压开关		
		108		拉开一号主变保护B屏非电量电源保护直流开关		
		109		拉开一号主变保护B屏保护电源直流开关		
		110		退出220kV母差保护屏跳一号主变出口1压板		
		111		退出220kV母差保护屏跳一号主变出口2压板		
		112		退出66kVⅠ-Ⅲ母差保护屏跳一号主变二次出口压板		
		113		投入66kV备自投保护A屏一号主变检修压板		
				注:1. 根据二号主变负荷、温度情况,增加适当数量的风冷器		
				2. 一、二号电容器只投一台		

备注:

操作人:　　　监护人:　　　值班负责人:　　　站长(运行专工):

(38)一号主变送电操作票见表2－38。

表2－38 一号主变送电操作票

变电站(发电厂)倒闸操作票

单位:柳树220kV变电站　　　　年　月　日　　　　编号:LS 38

<table>
<tr><td colspan="2">发令时间</td><td colspan="2"></td><td>调度指令号:</td><td colspan="2">发令人:　　受令人:</td></tr>
<tr><td colspan="2">操作开始时间</td><td colspan="3">年　月　日　时　分</td><td colspan="2">操作结束时间　　年　月　日　时　分</td></tr>
<tr><td colspan="2">操作任务</td><td colspan="5">一号主变送电</td></tr>
<tr><td>预演√</td><td>操作√</td><td>顺序</td><td>指令项</td><td>操　作　项　目</td><td>时</td><td>分</td></tr>
<tr><td></td><td></td><td>1</td><td></td><td>(联系调度)合上一号主变保护A屏操作1电源直流开关</td><td></td><td></td></tr>
<tr><td></td><td></td><td>2</td><td></td><td>合上一号主变保护A屏操作2电源直流开关</td><td></td><td></td></tr>
<tr><td></td><td></td><td>3</td><td></td><td>合上一号主变保护A屏保护电源直流开关</td><td></td><td></td></tr>
<tr><td></td><td></td><td>4</td><td></td><td>合上一号主变保护A屏高压侧电压开关</td><td></td><td></td></tr>
<tr><td></td><td></td><td>5</td><td></td><td>合上一号主变保护A屏低压侧电压开关</td><td></td><td></td></tr>
<tr><td></td><td></td><td>6</td><td></td><td>合上一号主变保护B屏低压侧操作直流开关</td><td></td><td></td></tr>
<tr><td></td><td></td><td>7</td><td></td><td>合上一号主变保护B屏高压侧电压开关</td><td></td><td></td></tr>
<tr><td></td><td></td><td>8</td><td></td><td>合上一号主变保护B屏低压侧电压开关</td><td></td><td></td></tr>
<tr><td></td><td></td><td>9</td><td></td><td>合上一号主变保护B屏非电量电源保护直流开关</td><td></td><td></td></tr>
<tr><td></td><td></td><td>10</td><td></td><td>合上一号主变保护B屏保护电源直流开关</td><td></td><td></td></tr>
<tr><td></td><td></td><td>11</td><td></td><td>投入一号主变保护A屏启动失灵压板</td><td></td><td></td></tr>
<tr><td></td><td></td><td>12</td><td></td><td>投入一号主变保护A屏失灵启动压板</td><td></td><td></td></tr>
<tr><td></td><td></td><td>13</td><td></td><td>投入一号主变保护A屏跳高压侧第一线圈压板</td><td></td><td></td></tr>
<tr><td></td><td></td><td>14</td><td></td><td>投入一号主变保护A屏跳高压侧第二线圈压板</td><td></td><td></td></tr>
<tr><td></td><td></td><td>15</td><td></td><td>投入一号主变保护A屏跳低压侧压板</td><td></td><td></td></tr>
<tr><td></td><td></td><td>16</td><td></td><td>投入一号主变保护B屏启动失灵压板</td><td></td><td></td></tr>
<tr><td></td><td></td><td>17</td><td></td><td>投入一号主变保护B屏失灵启动压板</td><td></td><td></td></tr>
<tr><td></td><td></td><td>18</td><td></td><td>投入一号主变保护B屏跳高压侧第一线圈压板</td><td></td><td></td></tr>
<tr><td></td><td></td><td>19</td><td></td><td>投入一号主变保护B屏跳高压侧第二线圈压板</td><td></td><td></td></tr>
<tr><td></td><td></td><td>20</td><td></td><td>投入一号主变保护B屏跳低压侧压板</td><td></td><td></td></tr>
<tr><td colspan="7">备注:</td></tr>
<tr><td colspan="7">操作人:　　监护人:　　值班负责人:　　站长(运行专工):</td></tr>
</table>

续表

变电站(发电厂)倒闸操作票

单位:柳树220kV变电站　　　　年　　月　　日　　　　编号:LS 38

发令时间		调度指令号:		发令人:		受令人:	
操作开始时间	年　月　日　时　分			操作结束时间	年　月　日　时　分		
操作任务	一号主变送电						

预演√	操作√	顺序	指令项	操　作　项　目	时	分
		21		投入220kV母差保护屏跳一号主变出口1压板		
		22		投入220kV母差保护屏跳一号主变出口2压板		
		23		投入66kV母差Ⅰ-Ⅲ保护屏跳一号主变二次出口压板		
		24		合上一号主变二次主4922端子箱开关总电源开关		
		25		合上一号主变二次主4922端子箱刀闸总电源开关		
		26		合上一号主变二次主4922端子箱在线监测开关		
		27		合上一号主变一次主6842开关端子箱开关总电源开关		
		28		合上一号主变一次主6842开关端子箱刀闸总电源开关		
		29		合上一号主变一次主6842开关端子箱在线监测电源开关		
		30		拉开220kV侧母6809西接地刀闸		
		31		检查220kV侧母6809西接地刀闸在开位		
		32		拉开220kV侧母6809东接地刀闸		
		33		检查220kV侧母6809东接地刀闸在开位		
		34		拆除一号主变一次主6842乙刀闸至一号主变一次套管间#　接地线		
		35		检查一号主变一次主6842乙刀闸至一号主变一次套管间#　接地线确已拆除		
		36		拉开一号主变一次主6842Ⅱ母刀闸至开关间接地刀闸		
		37		检查一号主变一次主6842Ⅱ母刀闸至开关间接地刀闸在开位		
		38		拆除一号主变二次主4922丙刀闸母线侧#　接地线		
		39		检查一号主变二次主4922丙刀闸母线侧#　接地线确已拆除		
备注:						
操作人:		监护人:		值班负责人:　　站长(运行专工):		

续表

变电站(发电厂)倒闸操作票

单位:柳树 220kV 变电站　　　　年　月　日　　　　编号:LS 38

发令时间		调度指令号:		发令人:		受令人:	
操作开始时间	年 月 日 时 分		操作结束时间	年 月 日 时 分			
操作任务	一号主变送电						

预演√	操作√	顺序	指令项	操 作 项 目	时	分
		40		拆除一号主变二次主 4922 乙刀闸至一号主变二次套管间# 接地线		
		41		检查一号主变二次主 4922 乙刀闸至一号主变二次套管间# 接地线确已拆除		
		42		拉开一号主变二次主 4922Ⅲ母刀闸至开关间接地刀闸		
		43		检查一号主变二次主 4922Ⅲ母刀闸至开关间接地刀闸在开位		
		44		检查一号主变一次主 6842 开关在开位		
		45		检查一号主变一次主 6842Ⅲ母刀闸在开位		
		46		检查一号主变一次主 6842 Ⅰ母刀闸瓷柱完好		
		47		合上一号主变一次主 6842 Ⅰ母刀闸		
		48		检查一号主变一次主 6842 Ⅰ母刀闸在合位		
		49		检查 220kV 母差保护屏一号主变 Ⅰ母刀闸切换灯亮		
		50		检查一号主变保护 A 屏 Ⅰ母切换灯亮		
		51		检查一号主变一次主 6842 丙刀闸在开位		
		52		检查一号主变一次主 6842 乙刀闸瓷柱完好		
		53		合上一号主变一次主 6842 乙刀闸		
		54		检查一号主变一次主 6842 乙刀闸在合位		
		55		拉开一号主变一次主 6842 开关端子箱刀闸总电源开关		
		56		检查一号主变二次主 4922 开关在开位		
		57		检查一号主变二次主 4922 丙刀闸在开位		
		58		合上一号主变二次主 4922 乙刀闸操作电源开关		
备注:						
操作人:		监护人:		值班负责人:　　站长(运行专工):		

续表

变电站(发电厂)倒闸操作票

单位:柳树 220kV 变电站　　　　年　　月　　日　　　　编号:LS 38

发令时间		调度指令号:		发令人:		受令人:
操作开始时间	年　月　日　时　分		操作结束时间	年　月　日　时　分		
操作任务	一号主变送电					
预演√	操作√	顺序	指令项	操　作　项　目	时	分
		59		检查一号主变二次主 6822 乙刀闸瓷柱完好		
		60		合上一号主变二次主 4922 乙刀闸		
		61		检查一号主变二次主 4922 乙刀闸在合位		
		62		拉开一号主变二次主 4922 乙刀闸操作电源开关		
		63		检查一号主变二次主 4922Ⅲ母刀闸在开位		
		64		合上一号主变二次主 4922Ⅰ母刀闸操作电源开关		
		65		检查一号主变二次主 6822Ⅰ母闸瓷柱完好		
		66		合上一号主变二次主 4922Ⅰ母刀闸		
		67		检查一号主变二次主 4922Ⅰ母刀闸在合位		
		68		检查 66kVⅠ－Ⅲ母差保护屏一号主变二次主Ⅰ母刀闸切换灯亮		
		69		检查一号主变保护 B 屏Ⅰ母切换灯亮		
		70		拉开一号主变二次主 4922Ⅰ母刀闸操作电源开关		
		71		合上(或检查)一号主变中性点 01 接地刀闸		
		72		退出二号主变保护 A 屏高压侧零序(方向)过流压板		
		73		退出二号主变保护 B 屏高压侧零序(方向)过流压板		
		74		退出三号主变保护 A 屏高压侧零序(方向)过流压板		
		75		退出三号主变保护 B 屏高压侧零序(方向)过流压板		
		76		退出四号主变保护 A 屏高压侧零序(方向)过流压板		
		77		退出四号主变保护 B 屏高压侧零序(方向)过流压板		
		78		合上一号主变一次主 6842 开关		
		79		检查一号主变一次主 6842 开关在合位		
备注:						
操作人:	监护人:		值班负责人:	站长(运行专工):		

续表

变电站(发电厂)倒闸操作票

单位:柳树 220kV 变电站　　　　年　月　日　　　　编号:LS 38

发令时间				调度指令号:	发令人:		受令人:	
操作开始时间	年 月 日 时 分				操作结束时间	年 月 日 时 分		
操作任务	一号主变送电							
预演√	操作√	顺序	指令项	操 作 项 目			时	分
		80		(联系调度)拉开一号主变中性点 01 接地刀闸				
		81		检查一号主变中性点 01 接地刀闸在开位				
		82		将一号主变风冷器启用				
		83		投入二号主变保护 A 屏高压侧零序(方向)过流压板				
		84		投入二号主变保护 B 屏高压侧零序(方向)过流压板				
		85		投入三号主变保护 A 屏高压侧零序(方向)过流压板				
		86		投入三号主变保护 B 屏高压侧零序(方向)过流压板				
		87		投入四号主变保护 A 屏高压侧零序(方向)过流压板				
		88		投入四号主变保护 B 屏高压侧零序(方向)过流压板				
		89		投入一号主变保护 A 屏失灵启动解除母差复压闭锁压板				
		90		投入一号主变保护 A 屏高压侧电压投退压板				
		91		投入一号主变保护 A 屏低压侧电压投退压板				
		92		投入一号主变保护 A 屏复合电压投退压板				
		93		投入一号主变保护 B 屏失灵启动解除母差复压闭锁压板				
		94		投入一号主变保护 B 屏高压侧电压投退压板				
		95		投入一号主变保护 B 屏低压侧电压投退压板				
		96		投入一号主变保护 B 屏复合电压投退压板				
		97		合上一号主变二次主 4922 开关				
		98		检查一号主变二次主 4922 开关电流正确(　)A				
		99		检查一号主变二次主 4922 开关电气指示在合位				
		100		检查一号主变二次主 4922 开关机械指示在合位				
备注:								
操作人:		监护人:		值班负责人:	站长(运行专工):			

续表

变电站(发电厂)倒闸操作票

单位:柳树 220kV 变电站　　　　　　年　　月　　日　　　　　　编号:LS 38

发令时间		调度指令号:	发令人:		受令人:	
操作开始时间		年　月　日　时　分	操作结束时间	年　月　日　时　分		
操作任务	一号主变送电					
预演√	操作√	顺序	指令项	操　作　项　目	时	分
		101		拉开 66kV Ⅰ母联 4910 开关		
		102		检查 66kV Ⅰ母联 4910 开关电流为 0A		
		103		检查一号主变二次主 4922 开关电流正确(　)A		
		104		检查 66kV Ⅰ母联 4910 开关在开位		
		105		检查 66kV Ⅰ－Ⅲ母差保护屏Ⅰ母联 TWJ 灯亮		
		106		将一号主变风冷器控制箱冷却器自动投入电源开关切至工作位置		
		107		投入 66kV 备自投保护 B 屏一号主变 2DL 跳闸压板		
		108		投入 66kV 备自投保护 A 屏一号主变 2DL 跳闸压板		
		109		退出 66kV 备自投保护 A 屏一号主变跳位压板		
		110		(根据调度命令)投入 66kV 备自投保护		
备注:						
操作人:		监护人:		值班负责人:　　　站长(运行专工):		

（39）二号主变停电操作票见表2－39。

表2－39　二号主变停电操作票

变电站（发电厂）倒闸操作票

单位：柳树220kV 变电站　　　　年　　月　　日　　　　编号：LS 39

发令时间		调度指令号：		发令人：		受令人：	
操作开始时间	年　月　日　时　分			操作结束时间	年　月　日　时　分		
操作任务	二号主变停电						

预演√	操作√	顺序	指令项	操　作　项　目	时	分
		1		（联系调度）退出66kV 备自投保护（主变及母联备自投）		
		2		（联系调度）合上66kV Ⅰ母联4910 开关		
		3		检查66kV Ⅰ母联4910 开关电流正确（　）A		
		4		检查66kV Ⅰ母联4916 开关在合位		
		5		检查66kV Ⅰ－Ⅲ母差保护屏Ⅰ母联TWJ 灯灭		
		6		拉开二号主变二次主4924 开关		
		7		检查二号主变二次主4924 开关电流为0A		
		8		检查66kV Ⅰ母联4910 开关电流正确（　）A		
		9		检查二号主变二次主4924 开关在开位		
		10		检查四号主变中性点04 接地刀闸瓷柱完好		
		11		（联系调度）合上四号主变中性点04 接地刀闸		
		12		检查四号主变中性点04 接地刀闸在合位		
		13		检查二号主变中性点02 接地刀闸在合位		
		14		将二号主变风冷器控制箱冷却器自动投入电源开关切至试验位置		
		15		退出一号主变保护A 屏高压侧零序（方向）过流压板		
		16		退出一号主变保护B 屏高压侧零序（方向）过流压板		
		17		退出三号主变保护A 屏高压侧零序（方向）过流压板		
		18		退出三号主变保护B 屏高压侧零序（方向）过流压板		
		19		退出四号主变保护A 屏高压侧零序（方向）过流压板		
备注：						
操作人：　　监护人：　　值班负责人：　　站长（运行专工）：						

续表

变电站(发电厂)倒闸操作票

单位:柳树 220kV 变电站　　　　年　月　日　　　　编号:LS 39

发令时间		调度指令号:		发令人:		受令人:	
操作开始时间	年　月　日　时　分			操作结束时间	年　月　日　时　分		
操作任务	二号主变停电						
预演√	操作√	顺序	指令项	操　作　项　目		时	分
		20		退出四号主变保护 B 屏高压侧零序(方向)过流压板			
		21		拉开二号主变一次主 6844 开关			
		22		检查二号主变一次主 6844 开关电流为 0A			
		23		检查二号主变一次主 6844 开关在开位			
		24		投入一号主变保护 A 屏高压侧零序(方向)过流压板			
		25		投入一号主变保护 B 屏高压侧零序(方向)过流压板			
		26		投入三号主变保护 A 屏高压侧零序(方向)过流压板			
		27		投入三号主变保护 B 屏高压侧零序(方向)过流压板			
		28		投入四号主变保护 A 屏高压侧零序(方向)过流压板			
		29		投入四号主变保护 B 屏高压侧零序(方向)过流压板			
		30		退出二号主变保护 A 屏失灵启动解除母差复压闭锁压板			
		31		退出二号主变保护 A 屏高压侧电压投退压板			
		32		退出二号主变保护 A 屏低压侧电压投退压板			
		33		退出二号主变保护 A 屏复合电压投退压板			
		34		退出二号主变保护 B 屏失灵启动解除母差复压闭锁压板			
		35		退出二号主变保护 B 屏高压侧电压投退压板			
		36		退出二号主变保护 B 屏低压侧电压投退压板			
		37		退出二号主变保护 B 屏复合电压投退压板			
		38		将二号主变风冷器停用			
		39		检查二号主变二次主 4924 丙刀闸在开位			
		40		合上二号主变二次主 4924 乙刀闸操作电源开关			
备注:							
操作人:		监护人:		值班负责人:	站长(运行专工):		

续表

变电站(发电厂)倒闸操作票

单位:柳树 220kV 变电站　　　　年　月　日　　　　编号:LS 39

发令时间		调度指令号:		发令人:		受令人:	
操作开始时间	年 月 日 时 分		操作结束时间	年 月 日 时 分			
操作任务	二号主变停电						

预演√	操作√	顺序	指令项	操 作 项 目	时	分
		41		检查二号主变二次主 4924 乙刀闸瓷柱完好		
		42		拉开二号主变二次主 4924 乙刀闸		
		43		检查二号主变二次主 4924 乙刀闸在开位		
		44		拉开二号主变二次主 4924 乙刀闸操作电源开关		
		45		检查二号主变二次主 4924 Ⅲ母刀闸在开位		
		46		合上二号主变二次主 4924 Ⅰ母刀闸操作电源开关		
		47		检查二号主变二次主 4924 Ⅰ母刀闸瓷柱完好		
		48		拉开二号主变二次主 4924 Ⅰ母刀闸		
		49		检查二号主变二次主 4924 Ⅰ母刀闸在开位		
		50		检查 66kV Ⅰ－Ⅲ母差保护屏二号主变二次主Ⅰ母刀闸切换灯灭		
		51		检查二号主变保护 B 屏Ⅰ母动作切换灯灭		
		52		拉开二号主变二次主 4924 Ⅰ母刀闸操作电源开关		
		53		检查 66kV Ⅰ侧母所有丙刀闸均在开位		
		54		合上二号主变一次主 6844 开关端子箱刀闸操作总电源开关		
		55		检查二号主变一次主 6844 丙刀闸在开位		
		56		检查二号主变一次主 6844 乙刀闸瓷柱完好		
		57		拉开二号主变一次主 6844 乙刀闸		
		58		检查二号主变一次主 6844 乙刀闸在开位		
		59		检查二号主变一次主 6844 Ⅰ母刀闸在开位		
		60		检查二号主变一次主 6844 Ⅱ母刀闸瓷柱完好		
		61		拉开二号主变一次主 6844 Ⅱ母刀闸		
备注:						
操作人:　　监护人:　　值班负责人:　　站长(运行专工):						

续表

变电站(发电厂)倒闸操作票

单位:柳树 220kV 变电站　　　　年　　月　　日　　　　编号:LS 39

发令时间		调度指令号:	发令人:	受令人:	
操作开始时间	年 月 日 时 分	操作结束时间	年 月 日 时 分		
操作任务	二号主变停电				

预演√	操作√	顺序	指令项	操作项目	时	分
		62		检查二号主变一次主 6844 Ⅱ母刀闸在开位		
		63		检查 220kV 母差保护屏二号主变Ⅱ母刀闸切换灯灭		
		64		检查二号主变保护 A 屏Ⅱ母切换灯灭		
		65		检查 220kV 侧母所有丙刀闸均在开位		
		66		拉开二号主变一次主 6844 开关端子箱刀闸总电源开关		
		67		在 220kV 侧母 6809 东接地刀闸母线侧三相验电确无电压		
		68		合上 220kV 侧母 6809 东接地刀闸		
		69		检查 220kV 侧母 6809 东接地刀闸在合位		
		70		在 220kV 侧母 6809 西接地刀闸母线侧三相验电确无电压		
		71		合上 220kV 侧母 6809 西接地刀闸		
		72		检查 220kV 侧母 6809 西接地刀闸在合位		
		73		在二号主变一次主 6844 Ⅱ母刀闸至开关间三相验电确无电压		
		74		合上二号主变一次主 6844 Ⅱ母刀闸至开关间接地刀闸		
		75		检查二号主变一次主 6844 Ⅱ母刀闸至开关间接地刀闸在合位		
		76		在二号主变一次主 6844 乙刀闸至二号主变一次套管间三相验电确无电压		
		77		在二号主变一次主 6844 乙刀闸至二号主变一次套管间装设#接地线		
		78		拉开二号主变一次主 6844 开关端子箱开关总电源开关		
		79		拉开二号主变一次主 6844 开关端子箱刀闸总电源开关		
		80		拉开二号主变一次主 6844 开关端子箱在线监测电源开关		
备注:						
操作人:	监护人:		值班负责人:	站长(运行专工):		

续表

变电站(发电厂)倒闸操作票

单位:柳树 220kV 变电站　　　　年　月　日　　　　编号:LS 39

发令时间		调度指令号:		发令人:		受令人:	
操作开始时间	年　月　日　时　分			操作结束时间	年　月　日　时　分		
操作任务	二号主变停电						
预演√	操作√	顺序	指令项	操 作 项 目		时	分
		81		在二号主变二次主 4924Ⅲ母刀闸至开关间三相验电确无电压			
		82		合上二号主变二次主 4924Ⅲ母刀闸至开关间接地刀闸			
		83		检查二号主变二次主 4924Ⅲ母刀闸至开关间接地刀闸在合位			
		84		在二号主变二次主 4924 乙刀闸至二号主变二次套管间三相验电确无电压			
		85		在二号主变二次主 4924 乙刀闸至二号主变二次套管间装设# 接地线			
		86		在二号主变二次主 4924 丙刀闸母线侧三相验电确无电压			
		87		在二号主变二次主 4924 丙刀闸母线侧装设#　接地线			
		88		拉开二号主变二次主 4924 端子箱开关总电源开关			
		89		拉开二号主变二次主 4924 端子箱刀闸总电源开关			
		90		拉开二号主变二次主 4924 端子箱在线监测开关			
		91		退出二号主变保护 A 屏失灵启动压板			
		92		退出二号主变保护 A 屏启动失灵压板			
		93		退出二号主变保护 A 屏跳高压侧第一线圈压板			
		94		退出二号主变保护 A 屏跳高压侧第二线圈压板			
		95		退出二号主变保护 A 屏跳低压侧压板			
		96		退出二号主变保护 B 屏失灵启动压板			
		97		退出二号主变保护 B 屏启动失灵压板			
		98		退出二号主变保护 B 屏跳高压侧第一线圈压板			
		99		退出二号主变保护 B 屏跳高压侧第二线圈压板			
备注:							
操作人:		监护人:		值班负责人:	站长(运行专工):		

续表

变电站(发电厂)倒闸操作票

单位:柳树 220kV 变电站　　　　年　月　日　　　　编号:LS 39

发令时间		调度指令号:		发令人:		受令人:	
操作开始时间	年 月 日 时 分			操作结束时间	年 月 日 时 分		
操作任务	二号主变停电						

预演√	操作√	顺序	指令项	操 作 项 目	时	分
		100		退出二号主变保护 B 屏跳低压侧压板		
		101		拉开二号主变保护 A 屏操作直流 1 电源开关		
		102		拉开二号主变保护 A 屏操作直流 2 电源开关		
		103		拉开二号主变保护 A 屏保护直流电源开关		
		104		拉开二号主变保护 A 屏高压侧电压开关		
		105		拉开二号主变保护 A 屏低压侧电压开关		
		106		拉开二号主变保护 B 屏低压侧操作直流开关		
		107		拉开二号主变保护 B 屏高压侧电压开关		
		108		拉开二号主变保护 B 屏低压侧电压开关		
		109		拉开二号主变保护 B 屏非电量电源保护直流开关		
		110		拉开二号主变保护 B 屏保护电源直流开关		
		111		退出 220kV 母差保护屏跳二号主变出口 1 压板		
		112		退出 220kV 母差保护屏跳二号主变出口 2 压板		
		113		退出 66kV Ⅰ－Ⅲ母差保护屏跳二号主变二次出口压板		
		114		投入 66kV 母联备自投 A 屏二号主变检修压板		
				注:1. 根据二号主变负荷、温度情况,增加适当数量的风冷器		
				2. 一、二号电容器只投一台		

备注:

操作人:　　　监护人:　　　值班负责人:　　　站长(运行专工):

(40)二号主变送电操作票见表2－40。

表2－40　二号主变送电操作票

变电站(发电厂)倒闸操作票

单位:柳树220kV变电站　　　　年　月　日　　　　编号:LS 40

<table>
<tr><td colspan="2">发令时间</td><td colspan="2"></td><td>调度指令号:</td><td>发令人:</td><td></td><td>受令人:</td><td colspan="2"></td></tr>
<tr><td colspan="2">操作开始时间</td><td colspan="3">年　月　日　时　分</td><td>操作结束时间</td><td colspan="4">年　月　日　时　分</td></tr>
<tr><td colspan="2">操作任务</td><td colspan="8">二号主变送电</td></tr>
<tr><td>预演√</td><td>操作√</td><td>顺序</td><td>指令项</td><td colspan="4">操　作　项　目</td><td>时</td><td>分</td></tr>
<tr><td></td><td></td><td>1</td><td></td><td colspan="4">(联系调度)合上二号主变保护A屏操作1电源直流开关</td><td></td><td></td></tr>
<tr><td></td><td></td><td>2</td><td></td><td colspan="4">合上二号主变保护A屏操作2电源直流开关</td><td></td><td></td></tr>
<tr><td></td><td></td><td>3</td><td></td><td colspan="4">合上二号主变保护A屏保护电源直流开关</td><td></td><td></td></tr>
<tr><td></td><td></td><td>4</td><td></td><td colspan="4">合上二号主变保护A屏高压侧电压开关</td><td></td><td></td></tr>
<tr><td></td><td></td><td>5</td><td></td><td colspan="4">合上二号主变保护A屏低压侧电压开关</td><td></td><td></td></tr>
<tr><td></td><td></td><td>6</td><td></td><td colspan="4">合上二号主变保护B屏低压侧操作直流开关</td><td></td><td></td></tr>
<tr><td></td><td></td><td>7</td><td></td><td colspan="4">合上二号主变保护B屏高压侧电压开关</td><td></td><td></td></tr>
<tr><td></td><td></td><td>8</td><td></td><td colspan="4">合上二号主变保护B屏低压侧电压开关</td><td></td><td></td></tr>
<tr><td></td><td></td><td>9</td><td></td><td colspan="4">合上二号主变保护B屏非电量电源保护直流开关</td><td></td><td></td></tr>
<tr><td></td><td></td><td>10</td><td></td><td colspan="4">合上二号主变保护B屏保护电源直流开关</td><td></td><td></td></tr>
<tr><td></td><td></td><td>11</td><td></td><td colspan="4">投入二号主变保护A屏启动失灵压板</td><td></td><td></td></tr>
<tr><td></td><td></td><td>12</td><td></td><td colspan="4">投入二号主变保护A屏失灵启动压板</td><td></td><td></td></tr>
<tr><td></td><td></td><td>13</td><td></td><td colspan="4">投入二号主变保护A屏跳高压侧第一线圈压板</td><td></td><td></td></tr>
<tr><td></td><td></td><td>14</td><td></td><td colspan="4">投入二号主变保护A屏跳高压侧第二线圈压板</td><td></td><td></td></tr>
<tr><td></td><td></td><td>15</td><td></td><td colspan="4">投入二号主变保护A屏跳低压侧压板</td><td></td><td></td></tr>
<tr><td></td><td></td><td>16</td><td></td><td colspan="4">投入二号主变保护B屏启动失灵压板</td><td></td><td></td></tr>
<tr><td></td><td></td><td>17</td><td></td><td colspan="4">投入二号主变保护B屏失灵启动压板</td><td></td><td></td></tr>
<tr><td></td><td></td><td>18</td><td></td><td colspan="4">投入二号主变保护B屏跳高压侧第一线圈压板</td><td></td><td></td></tr>
<tr><td></td><td></td><td>19</td><td></td><td colspan="4">投入二号主变保护B屏跳高压侧第二线圈压板</td><td></td><td></td></tr>
<tr><td></td><td></td><td>20</td><td></td><td colspan="4">投入二号主变保护B屏跳低压侧压板</td><td></td><td></td></tr>
<tr><td colspan="10">备注:</td></tr>
<tr><td colspan="10">操作人:　　　　监护人:　　　　值班负责人:　　　　站长(运行专工):</td></tr>
</table>

续表

变电站(发电厂)倒闸操作票

单位:柳树220kV变电站　　　　年　　月　　日　　　　编号:LS 40

发令时间		调度指令号:		发令人:		受令人:	
操作开始时间	年　月　日　时　分		操作结束时间	年　月　日　时　分			
操作任务	二号主变送电						

预演√	操作√	顺序	指令项	操　作　项　目	时	分
		21		投入220kV母差保护屏跳二号主变出口1压板		
		22		投入220kV母差保护屏跳二号主变出口2压板		
		23		投入66kV母差Ⅰ-Ⅲ保护屏跳二号主变二次出口压板		
		24		合上二号主变二次主4924端子箱开关总电源开关		
		25		合上二号主变二次主4924端子箱刀闸总电源开关		
		26		合上二号主变二次主4924端子箱在线监测开关		
		27		合上二号主变一次主6844开关端子箱开关总电源开关		
		28		合上二号主变一次主6844开关端子箱刀闸总电源开关		
		29		合上二号主变一次主6844开关端子箱在线监测电源开关		
		30		拉开220kV侧母6809西接地刀闸		
		31		检查220kV侧母6809西接地刀闸在开位		
		32		拉开220kV侧母6809东接地刀闸		
		33		检查220kV侧母6809东接地刀闸在开位		
		34		拆除二号主变一次主6844乙刀闸至二号主变一次套管间#　接地线		
		35		检查二号主变一次主6844乙刀闸至二号主变一次套管间#　接地线确已拆除		
		36		拉开二号主变一次主6844Ⅱ母刀闸至开关间接地刀闸		
		37		检查二号主变一次主6844Ⅱ母刀闸至开关间接地刀闸在开位		
		38		拆除二号主变二次主4924丙刀闸母线侧#　接地线		
		39		检查二号主变二次主4924丙刀闸母线侧#　接地线确已拆除		
备注:						
操作人:		监护人:		值班负责人:　　站长(运行专工):		

续表

变电站(发电厂)倒闸操作票

单位:柳树 220kV 变电站　　　　年　月　日　　　　编号:LS 40

发令时间		调度指令号:		发令人:		受令人:	
操作开始时间	年 月 日 时 分		操作结束时间	年 月 日 时 分			
操作任务	二号主变送电						

预演√	操作√	顺序	指令项	操 作 项 目	时	分
		40		拆除二号主变二次主 4924 乙刀闸至二号主变二次套管间#　接地线		
		41		检查二号主变二次主 4924 乙刀闸至二号主变二次套管间#　接地线确已拆除		
		42		拉开二号主变二次主 4924 Ⅲ母刀闸至开关间接地刀闸		
		43		检查二号主变二次主 4924 Ⅲ母刀闸至开关间接地刀闸在开位		
		44		检查二号主变一次主 6844 开关在开位		
		45		检查二号主变一次主 6844 Ⅰ母刀闸在合位		
		46		检查二号主变一次主 6844 Ⅱ母刀闸瓷柱完好		
		47		合上二号主变一次主 6844 Ⅱ母刀闸		
		48		检查二号主变一次主 6844 Ⅱ母刀闸在合位		
		49		检查 220kV 母差保护屏二号主变Ⅱ母刀闸切换灯亮		
		50		检查二号主变保护 A 屏Ⅱ母切换灯亮		
		51		检查二号主变一次主 6844 丙刀闸在开位		
		52		检查二号主变一次主 6844 乙刀闸瓷柱完好		
		53		合上二号主变一次主 6844 乙刀闸		
		54		检查二号主变一次主 6844 乙刀闸在合位		
		55		拉开二号主变一次主 6844 开关端子箱刀闸总电源开关		
		56		检查二号主变二次主 4924 开关在开位		
		57		检查二号主变二次主 4924 丙刀闸在开位		
		58		合上二号主变二次主 4924 乙刀闸操作电源开关		
备注:						
操作人:		监护人:		值班负责人:　　站长(运行专工):		

续表

变电站(发电厂)倒闸操作票

单位:柳树220kV变电站　　年　月　日　　编号:LS 40

发令时间		调度指令号:		发令人:		受令人:	
操作开始时间	年 月 日 时 分			操作结束时间	年 月 日 时 分		
操作任务	二号主变送电						

预演√	操作√	顺序	指令项	操作项目	时	分
		59		检查二号主变二次主6824乙刀闸瓷柱完好		
		60		合上二号主变二次主4924乙刀闸		
		61		检查二号主变二次主4924乙刀闸在合位		
		62		拉开二号主变二次主4924乙刀闸操作电源开关		
		63		检查二号主变二次主4924Ⅰ母刀闸在开位		
		64		合上二号主变二次主4924Ⅲ母刀闸操作电源开关		
		65		检查二号主变二次主6824Ⅲ母闸瓷柱完好		
		66		合上二号主变二次主4924Ⅲ母刀闸		
		67		检查二号主变二次主4924Ⅲ母刀闸在合位		
		68		检查66kVⅠ－Ⅲ母差保护屏二号主变二次主Ⅲ母刀闸切换灯亮		
		69		检查二号主变保护B屏Ⅲ母切换灯亮		
		70		拉开二号主变二次主4922Ⅲ母刀闸操作电源开关		
		71		合上(或检查)二号主变中性点02接地刀闸		
		72		退出一、三号主变保护A屏高压侧零序(方向)过流压板		
		73		退出一、三号主变保护B屏高压侧零序(方向)过流压板		
		74		退出四号主变保护A屏高压侧零序(方向)过流压板		
		75		退出四号主变保护B屏高压侧零序(方向)过流压板		
		76		合上二号主变一次主6844开关		
		77		检查二号主变一次主6844开关电气指示在合位		
		78		检查二号主变一次主6844开关机械指示在合位		
		79		检查四号主变中性点04接地刀闸瓷柱完好		
备注:						
操作人:　监护人:　值班负责人:　站长(运行专工):						

续表

变电站(发电厂)倒闸操作票

单位:柳树 220kV 变电站　　　　年　月　日　　　　编号:LS 40

<table>
<tr><td>发令时间</td><td colspan="3"></td><td>调度指令号:</td><td>发令人:</td><td></td><td>受令人:</td><td colspan="2"></td></tr>
<tr><td>操作开始时间</td><td colspan="4">年　月　日　时　分</td><td>操作结束时间</td><td colspan="4">年　月　日　时　分</td></tr>
<tr><td>操作任务</td><td colspan="9">二号主变送电</td></tr>
<tr><td>预演√</td><td>操作√</td><td>顺序</td><td>指令项</td><td colspan="4">操　作　项　目</td><td>时</td><td>分</td></tr>
<tr><td></td><td></td><td>80</td><td></td><td colspan="4">拉开四号主变中性点 04 接地刀闸</td><td></td><td></td></tr>
<tr><td></td><td></td><td>81</td><td></td><td colspan="4">检查四号主变中性点 04 接地刀闸在开位</td><td></td><td></td></tr>
<tr><td></td><td></td><td>82</td><td></td><td colspan="4">将二号主变风冷器启用</td><td></td><td></td></tr>
<tr><td></td><td></td><td>83</td><td></td><td colspan="4">投入一、三号主变保护 A 屏高压侧零序(方向)过流压板</td><td></td><td></td></tr>
<tr><td></td><td></td><td>84</td><td></td><td colspan="4">投入一、三号主变保护 B 屏高压侧零序(方向)过流压板</td><td></td><td></td></tr>
<tr><td></td><td></td><td>85</td><td></td><td colspan="4">投入四号主变保护 A 屏高压侧零序(方向)过流压板</td><td></td><td></td></tr>
<tr><td></td><td></td><td>86</td><td></td><td colspan="4">投入四号主变保护 B 屏高压侧零序(方向)过流压板</td><td></td><td></td></tr>
<tr><td></td><td></td><td>87</td><td></td><td colspan="4">投入二号主变保护 A 屏失灵启动解除母差复压闭锁压板</td><td></td><td></td></tr>
<tr><td></td><td></td><td>88</td><td></td><td colspan="4">投入二号主变保护 A 屏高压侧电压投退压板</td><td></td><td></td></tr>
<tr><td></td><td></td><td>89</td><td></td><td colspan="4">投入二号主变保护 A 屏低压侧电压投退压板</td><td></td><td></td></tr>
<tr><td></td><td></td><td>90</td><td></td><td colspan="4">投入二号主变保护 A 屏复合电压投退压板</td><td></td><td></td></tr>
<tr><td></td><td></td><td>91</td><td></td><td colspan="4">投入二号主变保护 B 屏失灵启动解除母差复压闭锁压板</td><td></td><td></td></tr>
<tr><td></td><td></td><td>92</td><td></td><td colspan="4">投入二号主变保护 B 屏高压侧电压投退压板</td><td></td><td></td></tr>
<tr><td></td><td></td><td>93</td><td></td><td colspan="4">投入二号主变保护 B 屏低压侧电压投退压板</td><td></td><td></td></tr>
<tr><td></td><td></td><td>94</td><td></td><td colspan="4">投入二号主变保护 B 屏复合电压投退压板</td><td></td><td></td></tr>
<tr><td></td><td></td><td>95</td><td></td><td colspan="4">合上二号主变二次主 4924 开关</td><td></td><td></td></tr>
<tr><td></td><td></td><td>96</td><td></td><td colspan="4">检查二号主变二次主 4924 开关电流正确(　)A</td><td></td><td></td></tr>
<tr><td></td><td></td><td>97</td><td></td><td colspan="4">检查二号主变二次主 4924 开关电气指示在合位</td><td></td><td></td></tr>
<tr><td></td><td></td><td>98</td><td></td><td colspan="4">检查二号主变二次主 4924 开关机械指示在合位</td><td></td><td></td></tr>
<tr><td></td><td></td><td>99</td><td></td><td colspan="4">拉开 66kV Ⅰ 母联 4910 开关</td><td></td><td></td></tr>
<tr><td></td><td></td><td>100</td><td></td><td colspan="4">检查 66kV Ⅰ 母联 4910 开关电流为 0A</td><td></td><td></td></tr>
<tr><td colspan="10">备注:</td></tr>
<tr><td colspan="10">操作人:　　　监护人:　　　值班负责人:　　　站长(运行专工):</td></tr>
</table>

续表

变电站(发电厂)倒闸操作票

单位:柳树 220kV 变电站　　　　　　　　年　　月　　日　　　　　　　　编号:LS 40

发令时间		调度指令号:		发令人:		受令人:
操作开始时间	年　月　日　时　分			操作结束时间	年　月　日　时　分	
操作任务	二号主变送电					
预演√	操作√	顺序	指令项	操　作　项　目	时	分
		101		检查二号主变二次主 4924 开关电流正确(　)A		
		102		检查 66kV Ⅰ母联 4910 开关在开位		
		103		检查 66kV Ⅰ－Ⅲ母差保护屏Ⅰ母联 TWJ 灯亮		
		104		将二号主变风冷器控制箱冷却器自动投入电源开关切至工作位置		
		105		(根据调度命令)投入 66kV 备自投保护		
备注:						
操作人:		监护人:		值班负责人:	站长(运行专工):	

(41)三号主变停电操作票见表2-41。

表2-41 三号主变停电操作票

变电站(发电厂)倒闸操作票

单位:柳树220kV 变电站　　　　年　月　日　　　　编号:LS 41

<table>
<tr><td>发令时间</td><td colspan="3"></td><td colspan="2">调度指令号:</td><td>发令人:</td><td></td><td>受令人:</td><td></td></tr>
<tr><td>操作开始时间</td><td colspan="4">年　月　日　时　分</td><td>操作结束时间</td><td colspan="4">年　月　日　时　分</td></tr>
<tr><td>操作任务</td><td colspan="9">三号主变停电</td></tr>
<tr><td>预演√</td><td>操作√</td><td>顺序</td><td>指令项</td><td colspan="4">操　作　项　目</td><td>时</td><td>分</td></tr>
<tr><td></td><td></td><td>1</td><td></td><td colspan="4">(联系调度)退出66kV 主变、母联备自投保护</td><td></td><td></td></tr>
<tr><td></td><td></td><td>2</td><td></td><td colspan="4">检查三号主变二次主4926 开关在开位</td><td></td><td></td></tr>
<tr><td></td><td></td><td>3</td><td></td><td colspan="4">检查三号主变中性点03 接地刀闸在合上</td><td></td><td></td></tr>
<tr><td></td><td></td><td>4</td><td></td><td colspan="4">检查三号主变一次主6846 开关在开位</td><td></td><td></td></tr>
<tr><td></td><td></td><td>5</td><td></td><td colspan="4">退出三号主变保护A 屏失灵启动解除母差复压闭锁压板</td><td></td><td></td></tr>
<tr><td></td><td></td><td>6</td><td></td><td colspan="4">退出三号主变保护A 屏高压侧电压投退压板</td><td></td><td></td></tr>
<tr><td></td><td></td><td>7</td><td></td><td colspan="4">退出三号主变保护A 屏低压侧电压投退压板</td><td></td><td></td></tr>
<tr><td></td><td></td><td>8</td><td></td><td colspan="4">退出三号主变保护A 屏复合电压投退压板</td><td></td><td></td></tr>
<tr><td></td><td></td><td>9</td><td></td><td colspan="4">退出三号主变保护B 屏失灵启动解除母差复压闭锁压板</td><td></td><td></td></tr>
<tr><td></td><td></td><td>10</td><td></td><td colspan="4">退出三号主变保护B 屏高压侧电压投退压板</td><td></td><td></td></tr>
<tr><td></td><td></td><td>11</td><td></td><td colspan="4">退出三号主变保护B 屏低压侧电压投退压板</td><td></td><td></td></tr>
<tr><td></td><td></td><td>12</td><td></td><td colspan="4">退出三号主变保护B 屏复合电压投退压板</td><td></td><td></td></tr>
<tr><td></td><td></td><td>13</td><td></td><td colspan="4">将三号主变风冷器停用</td><td></td><td></td></tr>
<tr><td></td><td></td><td>14</td><td></td><td colspan="4">检查三号主变二次主4926 丙刀闸在开位</td><td></td><td></td></tr>
<tr><td></td><td></td><td>15</td><td></td><td colspan="4">合上三号主变二次主4926 乙刀闸操作电源开关</td><td></td><td></td></tr>
<tr><td></td><td></td><td>16</td><td></td><td colspan="4">检查三号主变二次主4926 乙刀闸瓷柱完好</td><td></td><td></td></tr>
<tr><td></td><td></td><td>17</td><td></td><td colspan="4">拉开三号主变二次主4926 乙刀闸</td><td></td><td></td></tr>
<tr><td></td><td></td><td>18</td><td></td><td colspan="4">检查三号主变二次主4926 乙刀闸在开位</td><td></td><td></td></tr>
<tr><td></td><td></td><td>19</td><td></td><td colspan="4">拉开三号主变二次主4926 乙刀闸操作电源开关</td><td></td><td></td></tr>
<tr><td></td><td></td><td>20</td><td></td><td colspan="4">检查三号主变二次主4926Ⅳ母刀闸在开位</td><td></td><td></td></tr>
<tr><td colspan="10">备注:</td></tr>
<tr><td colspan="10">操作人:　　　　监护人:　　　　值班负责人:　　　　站长(运行专工):</td></tr>
</table>

续表

变电站(发电厂)倒闸操作票

单位:柳树220kV变电站　　　　年　　月　　日　　　　编号:LS 41

<table>
<tr><td colspan="2">发令时间</td><td colspan="2"></td><td>调度指令号:</td><td>发令人:</td><td>受令人:</td></tr>
<tr><td colspan="2">操作开始时间</td><td colspan="3">年　月　日　时　分</td><td>操作结束时间</td><td>年　月　日　时　分</td></tr>
<tr><td colspan="2">操作任务</td><td colspan="5">三号主变停电</td></tr>
<tr><td>预演√</td><td>操作√</td><td>顺序</td><td>指令项</td><td>操作项目</td><td>时</td><td>分</td></tr>
<tr><td></td><td></td><td>21</td><td></td><td>合上三号主变二次主4926Ⅱ母刀闸操作电源开关</td><td></td><td></td></tr>
<tr><td></td><td></td><td>22</td><td></td><td>检查三号主变二次主4926Ⅱ母刀闸瓷柱完好</td><td></td><td></td></tr>
<tr><td></td><td></td><td>23</td><td></td><td>拉开三号主变二次主4926Ⅱ母刀闸</td><td></td><td></td></tr>
<tr><td></td><td></td><td>24</td><td></td><td>检查三号主变二次主4926Ⅱ母刀闸在开位</td><td></td><td></td></tr>
<tr><td></td><td></td><td>25</td><td></td><td>检查66kVⅡ－Ⅳ母差保护屏三号主变二次主Ⅱ母刀闸切换灯灭</td><td></td><td></td></tr>
<tr><td></td><td></td><td>26</td><td></td><td>检查三号主变保护B屏Ⅱ母动作切换灯灭</td><td></td><td></td></tr>
<tr><td></td><td></td><td>27</td><td></td><td>拉开三号主变二次主4926Ⅱ母刀闸操作电源开关</td><td></td><td></td></tr>
<tr><td></td><td></td><td>28</td><td></td><td>检查66kVⅡ侧母所有丙刀闸均在开位</td><td></td><td></td></tr>
<tr><td></td><td></td><td>29</td><td></td><td>合上三号主变一次主6846开关端子箱刀闸操作总电源开关</td><td></td><td></td></tr>
<tr><td></td><td></td><td>30</td><td></td><td>检查三号主变一次主6846丙刀闸在开位</td><td></td><td></td></tr>
<tr><td></td><td></td><td>31</td><td></td><td>检查三号主变一次主6846乙刀闸瓷柱完好</td><td></td><td></td></tr>
<tr><td></td><td></td><td>32</td><td></td><td>拉开三号主变一次主6846乙刀闸</td><td></td><td></td></tr>
<tr><td></td><td></td><td>33</td><td></td><td>检查三号主变一次主6846乙刀闸在开位</td><td></td><td></td></tr>
<tr><td></td><td></td><td>34</td><td></td><td>检查三号主变一次主6846Ⅱ母刀闸在开位</td><td></td><td></td></tr>
<tr><td></td><td></td><td>35</td><td></td><td>检查三号主变一次主6846Ⅰ母刀闸瓷柱完好</td><td></td><td></td></tr>
<tr><td></td><td></td><td>36</td><td></td><td>拉开三号主变一次主6846Ⅰ母刀闸</td><td></td><td></td></tr>
<tr><td></td><td></td><td>37</td><td></td><td>检查三号主变一次主6846Ⅰ母刀闸在开位</td><td></td><td></td></tr>
<tr><td></td><td></td><td>38</td><td></td><td>检查220kV母差保护屏三号主变Ⅰ母刀闸切换灯灭</td><td></td><td></td></tr>
<tr><td></td><td></td><td>39</td><td></td><td>检查三号主变保护A屏Ⅰ母切换灯灭</td><td></td><td></td></tr>
<tr><td></td><td></td><td>40</td><td></td><td>检查三号主变一次主6846Ⅱ母刀闸在开位</td><td></td><td></td></tr>
<tr><td></td><td></td><td>41</td><td></td><td>检查220kV侧母所有丙刀闸均在开位</td><td></td><td></td></tr>
<tr><td colspan="7">备注:</td></tr>
<tr><td colspan="7">操作人:　　　　监护人:　　　　值班负责人:　　　　站长(运行专工):</td></tr>
</table>

续表

变电站(发电厂)倒闸操作票

单位:柳树 220kV 变电站　　　　年　　月　　日　　　　编号:LS 41

发令时间		调度指令号:		发令人:		受令人:	
操作开始时间	年　月　日　时　分			操作结束时间	年　月　日　时　分		
操作任务	三号主变停电						

预演√	操作√	顺序	指令项	操　作　项　目	时	分
		42		拉开三号主变一次主 6846 开关端子箱刀闸总电源开关		
		43		在 220kV 侧母 6809 东接地刀闸母线侧三相验电确无电压		
		44		合上 220kV 侧母 6809 东接地刀闸		
		45		检查 220kV 侧母 6809 东接地刀闸在合位		
		46		在 220kV 侧母 6809 西接地刀闸母线侧三相验电确无电压		
		47		合上 220kV 侧母 6809 西接地刀闸		
		48		检查 220kV 侧母 6809 西接地刀闸在合位		
		49		在三号主变一次主 6846 Ⅱ 母刀闸至开关间三相验电确无电压		
		50		合上三号主变一次主 6846 Ⅱ 母刀闸至开关间接地刀闸		
		51		检查三号主变一次主 6846 Ⅱ 母刀闸至开关间接地刀闸在合位		
		52		在三号主变一次主 6846 乙刀闸至三号主变一次套管间三相验电确无电压		
		53		在三号主变一次主 6846 乙刀闸至三号主变一次套管间装设#接地线		
		54		拉开三号主变一次主 6846 开关端子箱开关总电源开关		
		55		拉开三号主变一次主 6846 开关端子箱刀闸总电源开关		
		56		拉开三号主变一次主 6846 开关端子箱在线监测电源开关		
		57		在三号主变二次主 4926Ⅳ母刀闸至开关间三相验电确无电压		
		58		合上三号主变二次主 4926Ⅳ母刀闸至开关间接地刀闸		
		59		检查三号主变二次主 4926Ⅳ母刀闸至开关间接地刀闸在合位		
		60		在三号主变二次主 4926 乙刀闸至三号主变二次套管间三相验电确无电压		
备注:						
操作人:　　监护人:　　值班负责人:　　站长(运行专工):						

续表

变电站(发电厂)倒闸操作票

单位:柳树220kV变电站　　　　　　　　年　　月　　日　　　　　　　　编号:LS 41

发令时间			调度指令号:	发令人:	受令人:	
操作开始时间		年 月 日 时 分		操作结束时间	年 月 日 时 分	
操作任务	三号主变停电					
预演√	操作√	顺序	指令项	操 作 项 目	时	分
		61		在三号主变二次主4926乙刀闸至三号主变二次套管间装设# 接地线		
		62		在三号主变二次主4926丙刀闸母线侧三相验电确无电压		
		63		在三号主变二次主4926丙刀闸母线侧装设# 接地线		
		64		拉开三号主变二次主4926端子箱开关总电源开关		
		65		拉开三号主变二次主4926端子箱刀闸总电源开关		
		66		拉开三号主变二次主4926端子箱在线监测开关		
		67		退出三号主变保护A屏失灵启动压板		
		68		退出三号主变保护A屏启动失灵压板		
		69		退出三号主变保护A屏跳高压侧第一线圈压板		
		70		退出三号主变保护A屏跳高压侧第二线圈压板		
		71		退出三号主变保护A屏跳低压侧压板		
		72		退出三号主变保护B屏失灵启动压板		
		73		退出三号主变保护B屏启动失灵压板		
		74		退出三号主变保护B屏跳高压侧第一线圈压板		
		75		退出三号主变保护B屏跳高压侧第二线圈压板		
		76		退出三号主变保护B屏跳低压侧压板		
		77		拉开三号主变保护A屏操作直流1电源开关		
		78		拉开三号主变保护A屏操作直流2电源开关		
		79		拉开三号主变保护A屏保护直流电源开关		
		80		拉开三号主变保护A屏高压侧电压开关		
备注:						
操作人:		监护人:		值班负责人:　　站长(运行专工):		

续表

变电站(发电厂)倒闸操作票

单位:柳树 220kV 变电站　　　　年　　月　　日　　　　编号:LS 41

<table>
<tr><td>发令时间</td><td colspan="3"></td><td>调度指令号:</td><td>发令人:</td><td>受令人:</td></tr>
<tr><td>操作开始时间</td><td colspan="4">年　月　日　时　分</td><td>操作结束时间</td><td>年　月　日　时　分</td></tr>
<tr><td>操作任务</td><td colspan="6">三号主变停电</td></tr>
</table>

预演√	操作√	顺序	指令项	操　作　项　目	时	分
		81		拉开三号主变保护 A 屏低压侧电压开关		
		82		拉开三号主变保护 B 屏低压侧操作直流开关		
		83		拉开三号主变保护 B 屏高压侧电压开关		
		84		拉开三号主变保护 B 屏低压侧电压开关		
		85		拉开三号主变保护 B 屏非电量电源保护直流开关		
		86		拉开三号主变保护 B 屏保护电源直流开关		
		87		退出 220kV 母差保护屏跳三号主变出口 1 压板		
		88		退出 220kV 母差保护屏跳三号主变出口 2 压板		
		89		退出 66kV Ⅱ －Ⅳ母差保护屏跳三号主变二次出口压板		
		90		投入 66kV 备自投保护 B 屏三号主变检修压板		
				注:根据四号主变负荷温度情况,增加适当数量的风冷器		

备注:

操作人:　　　监护人:　　　值班负责人:　　　站长(运行专工):

(42)三号主变送电操作票见表2－42。

表2－42　三号主变送电操作票

变电站(发电厂)倒闸操作票

单位:柳树220kV变电站　　年　月　日　　编号:LS 42

发令时间		调度指令号:		发令人:		受令人:	
操作开始时间	年　月　日　时　分		操作结束时间	年　月　日　时　分			
操作任务	三号主变送电						
预演√	操作√	顺序	指令项	操作项目		时	分
		1		(联系调度)合上三号主变保护A屏操作1电源直流开关			
		2		合上三号主变保护A屏操作2电源直流开关			
		3		合上三号主变保护A屏保护电源直流开关			
		4		合上三号主变保护A屏高压侧电压开关			
		5		合上三号主变保护A屏低压侧电压开关			
		6		合上三号主变保护B屏低压侧操作直流开关			
		7		合上三号主变保护B屏高压侧电压开关			
		8		合上三号主变保护B屏低压侧电压开关			
		9		合上三号主变保护B屏非电量电源保护直流开关			
		10		合上三号主变保护B屏保护电源直流开关			
		11		投入三号主变保护A屏启动失灵压板			
		12		投入三号主变保护A屏失灵启动压板			
		13		投入三号主变保护A屏跳高压侧第一线圈压板			
		14		投入三号主变保护A屏跳高压侧第二线圈压板			
		15		投入三号主变保护A屏跳低压侧压板			
		16		投入三号主变保护B屏启动失灵压板			
		17		投入三号主变保护B屏失灵启动压板			
		18		投入三号主变保护B屏跳高压侧第一线圈压板			
		19		投入三号主变保护B屏跳高压侧第二线圈压板			
		20		投入三号主变保护B屏跳低压侧压板			
备注:							
操作人:		监护人:		值班负责人:		站长(运行专工):	

续表

变电站(发电厂)倒闸操作票

单位:柳树 220kV 变电站　　　　年　月　日　　　　编号:LS 42

发令时间		调度指令号:		发令人:		受令人:	
操作开始时间	年 月 日 时 分		操作结束时间	年 月 日 时 分			
操作任务	三号主变送电						
预演√	操作√	顺序	指令项	操 作 项 目		时	分
		21		投入 220kV 母差保护屏跳三号主变出口 1 压板			
		22		投入 220kV 母差保护屏跳三号主变出口 2 压板			
		23		投入 66kV 母差Ⅱ－Ⅳ保护屏跳三号主变二次出口压板			
		24		合上三号主变二次主 4926 端子箱开关总电源开关			
		25		合上三号主变二次主 4926 端子箱刀闸总电源开关			
		26		合上三号主变二次主 4926 端子箱在线监测开关			
		27		合上三号主变一次主 6846 开关端子箱开关总电源开关			
		28		合上三号主变一次主 6846 开关端子箱刀闸总电源开关			
		29		合上三号主变一次主 6846 开关端子箱在线监测电源开关			
		30		拉开 220kV 侧母 6809 西接地刀闸			
		31		检查 220kV 侧母 6809 西接地刀闸在开位			
		32		拉开 220kV 侧母 6809 东接地刀闸			
		33		检查 220kV 侧母 6809 东接地刀闸在开位			
		34		拆除三号主变一次主 6846 乙刀闸至三号主变一次套管间#　接地线			
		35		检查三号主变一次主 6846 乙刀闸至三号主变一次套管间#　接地线确已拆除			
		36		拉开三号主变一次主 6846Ⅱ母刀闸至开关间接地刀闸			
		37		检查三号主变一次主 6846Ⅱ母刀闸至开关间接地刀闸在开位			
		38		拆除三号主变二次主 4926 丙刀闸母线侧#　接地线			
		39		检查三号主变二次主 4926 丙刀闸母线侧#　接地线确已拆除			
备注:							
操作人:		监护人:		值班负责人:		站长(运行专工):	

续表

变电站(发电厂)倒闸操作票

单位:柳树220kV变电站　　　　年　　月　　日　　　　编号:LS 42

发令时间		调度指令号:		发令人:		受令人:	
操作开始时间	年　月　日　时　分			操作结束时间	年　月　日　时　分		
操作任务	三号主变送电						

预演√	操作√	顺序	指令项	操 作 项 目	时	分
		40		拆除三号主变二次主4926乙刀闸至三号主变二次套管间#　接地线		
		41		检查三号主变二次主4926乙刀闸至三号主变二次套管间#　接地线确已拆除		
		42		拉开三号主变二次主4926Ⅳ母刀闸至开关间接地刀闸		
		43		检查三号主变二次主4926Ⅳ母刀闸至开关间接地刀闸在开位		
		44		检查三号主变一次主6846开关在开位		
		45		检查三号主变一次主6846Ⅱ母刀闸在合位		
		46		检查三号主变一次主6846Ⅰ母刀闸瓷柱完好		
		47		合上三号主变一次主6846Ⅰ母刀闸		
		48		检查三号主变一次主6846Ⅰ母刀闸在合位		
		49		检查220kV母差保护屏三号主变Ⅰ母刀闸切换灯亮		
		50		检查三号主变保护A屏Ⅰ母切换灯亮		
		51		检查三号主变一次主6846丙刀闸在开位		
		52		检查三号主变一次主6846乙刀闸瓷柱完好		
		53		合上三号主变一次主6846乙刀闸		
		54		检查三号主变一次主6846乙刀闸在合位		
		55		拉开三号主变一次主6846开关端子箱刀闸总电源开关		
		56		检查三号主变二次主4926开关在开位		
		57		检查三号主变二次主4926Ⅳ母刀闸在开位		
		58		合上三号主变二次主4926Ⅱ母刀闸操作电源开关		

备注:

操作人:　　　　监护人:　　　　值班负责人:　　　　站长(运行专工):

续表

变电站(发电厂)倒闸操作票

单位:柳树 220kV 变电站　　　　年　月　日　　　　编号:LS 42

发令时间		调度指令号:		发令人:		受令人:	
操作开始时间	年 月 日 时 分			操作结束时间	年 月 日 时 分		
操作任务	三号主变送电						

预演√	操作√	顺序	指令项	操 作 项 目	时	分
		59		检查三号主变二次主 6824 Ⅱ 母闸瓷柱完好		
		60		合上三号主变二次主 4926 Ⅱ 母刀闸		
		61		检查三号主变二次主 4926 Ⅱ 母刀闸在合位		
		62		检查三号主变二次主 4926 丙刀闸在开位		
		63		合上三号主变二次主 4926 乙刀闸操作电源开关		
		64		检查三号主变二次主 6826 乙刀闸瓷柱完好		
		65		合上三号主变二次主 4926 乙刀闸		
		66		检查三号主变二次主 4926 乙刀闸在合位		
		67		拉开三号主变二次主 4926 乙刀闸操作电源开关		
		68		检查 66kV Ⅱ －Ⅳ母差保护屏三号主变二次主 Ⅱ 母刀闸切换灯亮		
		69		检查三号主变保护 B 屏 Ⅱ 母切换灯亮		
		70		拉开三号主变二次主 4926 Ⅱ 母刀闸操作电源开关		
		71		合上(或检查)三号主变中性点 03 接地刀闸		
		72		投入三号主变保护 A 屏失灵启动解除母差复压闭锁压板		
		73		投入三号主变保护 A 屏高压侧电压投退压板		
		74		投入三号主变保护 A 屏低压侧电压投退压板		
		75		投入三号主变保护 A 屏复合电压投退压板		
		76		投入三号主变保护 B 屏失灵启动解除母差复压闭锁压板		
		77		投入三号主变保护 B 屏高压侧电压投退压板		
		78		投入三号主变保护 B 屏低压侧电压投退压板		
		79		投入三号主变保护 B 屏复合电压投退压板		
备注:						
操作人:　　监护人:　　值班负责人:　　站长(运行专工):						

续表

变电站(发电厂)倒闸操作票

单位:柳树220kV变电站　　　　　　年　　月　　日　　　　　　编号:LS 42

发令时间		调度指令号:		发令人:		受令人:	
操作开始时间	年　月　日　时　分		操作结束时间	年　月　日　时　分			
操作任务	三号主变送电						

预演√	操作√	顺序	指令项	操　作　项　目	时	分
		80		将三号主变风冷器控制箱冷却器自动投入电源开关切至工作位置		
		81		(联系调度)投入66kV备自投保护		

备注:

操作人:　　　监护人:　　　值班负责人:　　　站长(运行专工):

(43)四号主变停电操作票见表2－43。

表2－43 四号主变停电操作票

变电站(发电厂)倒闸操作票

单位:柳树220kV变电站　　　　年　月　日　　　　编号:LS 43

发令时间		调度指令号:		发令人:		受令人:
操作开始时间	年　月　日　时　分		操作结束时间	年　月　日　时　分		
操作任务	四号主变停电					

预演√	操作√	顺序	指令项	操　作　项　目	时	分
		1		(联系调度)退出66kV备自投主变及母联备自投保护		
		2		检查三号主变中性点03接地刀闸在合位		
		3		合上三号主变一次主6846开关		
		4		检查三号主变一次主6846开关电流正确(　)A		
		5		检查三号主变一次主6846开关在合位		
		6		合上三号主变二次主4926开关		
		7		检查三号主变二次主4926开关电流正确(　)A		
		8		检查三号主变二次主4926开关在合位		
		9		检查三号主变风冷器运行正常		
		10		合上66kVⅡ母联4914开关		
		11		检查66kVⅡ母联4914开关电流正确(　)A		
		12		检查66kVⅡ－Ⅳ母差保护屏Ⅱ母联TWJ灯灭		
		13		检查66kVⅡ母联4914开关在合位		
		14		拉开四号主变二次主4928开关		
		15		检查四号主变二次主4928开关电流为0A		
		16		检查66kVⅡ母联4914开关电流正确(　)A		
		17		检查四号主变二次主4928开关电气指示在开位		
		18		检查四号主变二次主4928开关机械指示在开位		
		19		检查四号主变中性点04接地刀闸瓷柱完好		
		20		(联系调度)合上四号主变中性点04接地刀闸		

备注:

操作人:　　　监护人:　　　值班负责人:　　　站长(运行专工):

续表

变电站(发电厂)倒闸操作票

单位:柳树 220kV 变电站　　　　年　　月　　日　　　　编号:LS 43

发令时间		调度指令号:		发令人:		受令人:
操作开始时间	年　月　日　时　分	操作结束时间	年　月　日　时　分			
操作任务	四号主变停电					

预演√	操作√	顺序	指令项	操 作 项 目	时	分
		21		检查四号主变中性点 04 接地刀闸在合位		
		22		将四号主变风冷器控制箱冷却器自动投入电源开关切至试验位置		
		23		退出二号主变保护 A 屏高压侧零序(方向)过流压板		
		24		退出二号主变保护 B 屏高压侧零序(方向)过流压板		
		25		拉开四号主变一次主 6848 开关		
		26		检查四号主变一次主 6848 开关电流为 0A		
		27		检查四号主变一次主 6848 开关电气指示在开位		
		28		检查四号主变一次主 6848 开关机械指示在开位		
		29		投入二号主变保护 A 屏高压侧零序(方向)过流压板		
		30		投入二号主变保护 B 屏高压侧零序(方向)过流压板		
		31		退出四号主变保护 A 屏失灵启动解除母差复压闭锁压板		
		32		退出四号主变保护 A 屏高压侧电压投退压板		
		33		退出四号主变保护 A 屏低压侧电压投退压板		
		34		退出四号主变保护 A 屏复合电压投退压板		
		35		退出四号主变保护 B 屏失灵启动解除母差复压闭锁压板		
		36		退出四号主变保护 B 屏高压侧电压投退压板		
		37		退出四号主变保护 B 屏低压侧电压投退压板		
		38		退出四号主变保护 B 屏复合电压投退压板		
		39		将四号主变风冷器把手切至停用位置		
		40		检查四号主变二次主 4928 丙刀闸在开位		
备注:						
操作人:　　监护人:　　值班负责人:　　站长(运行专工):						

续表

变电站(发电厂)倒闸操作票

单位:柳树 220kV 变电站　　　　年　　月　　日　　　　编号:LS 43

发令时间		调度指令号:		发令人:		受令人:	
操作开始时间	年　月　日　时　分			操作结束时间	年　月　日　时　分		
操作任务	四号主变停电						
预演√	操作√	顺序	指令项	操　作　项　目		时	分
		41		合上四号主变二次主 4928 乙刀闸操作电源开关			
		42		检查四号主变二次主 4928 乙刀闸瓷柱完好			
		43		拉开四号主变二次主 4928 乙刀闸			
		44		检查四号主变二次主 4928 乙刀闸在开位			
		45		拉开四号主变二次主 4928 乙刀闸操作电源开关			
		46		检查四号主变二次主 4928 Ⅱ母刀闸在开位			
		47		合上四号主变二次主 4928Ⅳ母刀闸操作电源开关			
		48		检查四号主变二次主 4928Ⅳ母刀闸瓷柱完好			
		49		拉开四号主变二次主 4928Ⅳ母刀闸			
		50		检查四号主变二次主 4928Ⅳ母刀闸在开位			
		51		检查 66kV Ⅱ －Ⅳ母差保护屏四号主变二次主Ⅳ母刀闸切换灯灭			
		52		检查三号主变保护 B 屏Ⅳ母动作切换灯灭			
		53		拉开四号主变二次主 4928Ⅳ母刀闸操作电源开关			
		54		检查 66kV Ⅱ侧母所有丙刀闸均在开位			
		55		合上四号主变一次主 6848 开关端子箱刀闸操作总电源开关			
		56		检查四号主变一次主 6848 丙刀闸在开位			
		57		检查四号主变一次主 6848 乙刀闸瓷柱完好			
		58		拉开四号主变一次主 6848 乙刀闸			
		59		检查四号主变一次主 6848 乙刀闸在开位			
		60		检查四号主变一次主 6848 Ⅰ母刀闸在开位			
		61		检查四号主变一次主 6848 Ⅱ母刀闸瓷柱完好			
备注:							
操作人:		监护人:		值班负责人:		站长(运行专工):	

续表

变电站(发电厂)倒闸操作票

单位:柳树220kV变电站　　　　　　年　　月　　日　　　　　　编号:LS 43

发令时间		调度指令号:		发令人:		受令人:	
操作开始时间	年　月　日　时　分	操作结束时间	年　月　日　时　分				
操作任务	四号主变停电						

预演√	操作√	顺序	指令项	操　作　项　目	时	分
		62		拉开四号主变一次主6848Ⅱ母刀闸		
		63		检查四号主变一次主6848Ⅱ母刀闸在开位		
		64		检查220kV母差保护屏四号主变Ⅱ母刀闸切换灯灭		
		65		检查四号主变保护A屏Ⅱ母切换灯灭		
		66		检查四号主变一次主6848Ⅰ母刀闸在开位		
		67		检查220kV侧母所有丙刀闸均在开位		
		68		拉开四号主变一次主6848Ⅱ开关端子箱刀闸总电源开关		
		69		在220kV侧母6809东接地刀闸母线侧三相验电确无电压		
		70		合上220kV侧母6809东接地刀闸		
		71		检查220kV侧母6809东接地刀闸在合位		
		72		在220kV侧母6809西接地刀闸母线侧三相验电确无电压		
		73		合上220kV侧母6809西接地刀闸		
		74		检查220kV侧母6809西接地刀闸在合位		
		75		在四号主变一次主6848Ⅱ母刀闸至开关间三相验电确无电压		
		76		合上四号主变一次主6848Ⅱ母刀闸至开关间接地刀闸		
		77		检查四号主变一次主6848Ⅱ母刀闸至开关间接地刀闸在合位		
		78		在四号主变一次主6848乙刀闸至三号主变一次套管间三相验电确无电压		
		79		在四号主变一次主6848乙刀闸至三号主变一次套管间装设#接地线		
		80		拉开四号主变一次主6848开关端子箱开关总电源开关		

备注:

操作人:　　　　监护人:　　　　值班负责人:　　　　站长(运行专工):

续表

变电站(发电厂)倒闸操作票

单位:柳树 220kV 变电站　　　　年　　月　　日　　　　编号:LS 43

发令时间		调度指令号:		发令人:		受令人:
操作开始时间	年 月 日 时 分		操作结束时间	年 月 日 时 分		
操作任务	四号主变停电					

预演√	操作√	顺序	指令项	操 作 项 目	时	分
		81		拉开四号主变一次主 6848 开关端子箱刀闸总电源开关		
		82		在四号主变二次主 4928Ⅳ母刀闸至开关间三相验电确无电压		
		83		合上四号主变二次主 4928Ⅳ母刀闸至开关间接地刀闸		
		84		检查四号主变二次主 4928Ⅳ母刀闸至开关间接地刀闸在合位		
		85		在四号主变二次主 4928 乙刀闸至三号主变二次套管间三相验电确无电压		
		86		在四号主变二次主 4928 乙刀闸至三号主变二次套管间装设# 接地线		
		87		在四号主变二次主 4928 丙刀闸母线侧三相验电确无电压		
		88		在四号主变二次主 4928 丙刀闸母线侧装设# 接地线		
		89		拉开四号主变二次主 4928 端子箱开关总电源开关		
		90		拉开四号主变二次主 4928 端子箱刀闸总电源开关		
		91		退出四号主变保护 A 屏失灵启动压板		
		92		退出四号主变保护 A 屏启动失灵压板		
		93		退出四号主变保护 A 屏跳高压侧第一线圈压板		
		94		退出四号主变保护 A 屏跳高压侧第二线圈压板		
		95		退出四号主变保护 A 屏跳低压侧压板		
		96		退出四号主变保护 B 屏失灵启动压板		
		97		退出四号主变保护 B 屏启动失灵压板		
		98		退出四号主变保护 B 屏跳高压侧第一线圈压板		
		99		退出四号主变保护 B 屏跳高压侧第二线圈压板		
备注:						
操作人:		监护人:		值班负责人:	站长(运行专工):	

续表

变电站(发电厂)倒闸操作票

单位:柳树 220kV 变电站　　　　年　月　日　　　　编号:LS 43

发令时间		调度指令号:		发令人:		受令人:
操作开始时间		年　月　日　时　分		操作结束时间		年　月　日　时　分
操作任务		四号主变停电				
预演√	操作√	顺序	指令项	操 作 项 目	时	分
		100		退出四号主变保护 B 屏跳低压侧压板		
		101		拉开四号主变保护 A 屏操作直流 1 电源开关		
		102		拉开四号主变保护 A 屏操作直流 2 电源开关		
		103		拉开四号主变保护 A 屏保护直流电源开关		
		104		拉开四号主变保护 A 屏高压侧电压开关		
		105		拉开四号主变保护 A 屏低压侧电压开关		
		106		拉开四号主变保护 B 屏低压侧操作直流开关		
		107		拉开四号主变保护 B 屏高压侧电压开关		
		108		拉开四号主变保护 B 屏低压侧电压开关		
		109		拉开四号主变保护 B 屏非电量电源保护直流开关		
		110		拉开四号主变保护 B 屏保护电源直流开关		
		111		退出 220kV 母差保护屏跳四号主变出口 1 压板		
		112		退出 220kV 母差保护屏跳四号主变出口 2 压板		
		113		退出 66kVⅡ－Ⅳ母差保护屏跳四号主变二次出口压板		
		114		退出 66kV 备自投保护 B 屏四号主变 2DL 跳闸压板		
		115		退出 66kV 备自投保护 A 屏四号主变 2DL 跳闸压板		
		116		投入 66kV 备自投保护 A 屏四号主变跳位压板		
				注:1. 根据三号主变负荷温度情况,增加适当数量的风冷器		
				2. 三、四号电容器只投一台		
备注:						
操作人:		监护人:		值班负责人:		站长(运行专工):

(44)四号主变送电操作票见表2－44。

表2－44 四号主变送电操作票

变电站(发电厂)倒闸操作票

单位:柳树220kV变电站 年 月 日 编号:LS 44

发令时间		调度指令号:		发令人:		受令人:	
操作开始时间	年 月 日 时 分		操作结束时间	年 月 日 时 分			
操作任务	四号主变送电						

预演√	操作√	顺序	指令项	操 作 项 目	时	分
		1		(联系调度)合上四号主变保护A屏操作1电源直流开关		
		2		合上四号主变保护A屏操作2电源直流开关		
		3		合上四号主变保护A屏保护电源直流开关		
		4		合上四号主变保护A屏高压侧电压开关		
		5		合上四号主变保护A屏低压侧电压开关		
		6		合上四号主变保护B屏低压侧操作直流开关		
		7		合上四号主变保护B屏高压侧电压开关		
		8		合上四号主变保护B屏低压侧电压开关		
		9		合上四号主变保护B屏非电量电源保护直流开关		
		10		合上四号主变保护B屏保护电源直流开关		
		11		投入四号主变保护A屏启动失灵压板		
		12		投入四号主变保护A屏失灵启动压板		
		13		投入四号主变保护A屏跳高压侧第一线圈压板		
		14		投入四号主变保护A屏跳高压侧第二线圈压板		
		15		投入四号主变保护A屏跳低压侧压板		
		16		投入四号主变保护B屏启动失灵压板		
		17		投入四号主变保护B屏失灵启动压板		
		18		投入四号主变保护B屏跳高压侧第一线圈压板		
		19		投入四号主变保护B屏跳高压侧第二线圈压板		
		20		投入四号主变保护B屏跳低压侧压板		
备注:						
操作人: 监护人: 值班负责人: 站长(运行专工):						

续表

变电站(发电厂)倒闸操作票

单位:柳树 220kV 变电站 年 月 日 编号:LS 44

发令时间			调度指令号:		发令人:	受令人:
操作开始时间	年 月 日 时 分		操作结束时间	年 月 日 时 分		
操作任务	四号主变送电					

预演√	操作√	顺序	指令项	操 作 项 目	时	分
		21		投入 220kV 母差保护屏跳四号主变出口 1 压板		
		22		投入 220kV 母差保护屏跳四号主变出口 2 压板		
		23		投入 66kV 母差Ⅱ-Ⅳ保护屏跳四号主变二次出口压板		
		24		合上四号主变二次主 4928 端子箱开关总电源开关		
		25		合上四号主变二次主 4928 端子箱刀闸总电源开关		
		26		合上四号主变一次主 6848 开关端子箱开关总电源开关		
		27		合上四号主变一次主 6848 开关端子箱刀闸总电源开关		
		28		合上四号主变一次主 6848 开关端子箱在线监测电源开关		
		29		拉开 220kV 侧母 6809 西接地刀闸		
		30		检查 220kV 侧母 6809 西接地刀闸在开位		
		31		拉开 220kV 侧母 6809 东接地刀闸		
		32		检查 220kV 侧母 6809 东接地刀闸在开位		
		33		拆除四号主变一次主 6848 乙刀闸至三号主变一次套管间# 接地线		
		34		检查四号主变一次主 6848 乙刀闸至三号主变一次套管间# 接地线确已拆除		
		35		拉开四号主变一次主 6848 Ⅱ母刀闸至开关间接地刀闸		
		36		检查四号主变一次主 6848 Ⅱ母刀闸至开关间接地刀闸在开位		
		37		拆除四号主变二次主 4928 丙刀闸母线侧# 接地线		
		38		检查四号主变二次主 4928 丙刀闸母线侧# 接地线确已拆除		
		39		拆除四号主变二次主 4928 乙刀闸至三号主变二次套管间# 接地线		
备注:						
操作人: 监护人: 值班负责人: 站长(运行专工):						

续表

变电站(发电厂)倒闸操作票

单位:柳树 220kV 变电站　　　　年　　月　　日　　　　编号:LS 44

发令时间		调度指令号:		发令人:		受令人:	
操作开始时间	年　月　日　时　分			操作结束时间	年　月　日　时　分		
操作任务	四号主变送电						

预演√	操作√	顺序	指令项	操　作　项　目	时	分
		40		检查四号主变二次主 4928 乙刀闸至三号主变二次套管间#　接地线确已拆除		
		41		拉开四号主变二次主 4928Ⅳ母刀闸至开关间接地刀闸		
		42		检查四号主变二次主 4928Ⅳ母刀闸至开关间接地刀闸在开位		
		43		检查四号主变一次主 6848 开关在开位		
		44		检查四号主变一次主 6848 Ⅰ母刀闸在开位		
		45		检查四号主变一次主 6848 Ⅱ母刀闸瓷柱完好		
		46		合上四号主变一次主 6848 Ⅱ母刀闸		
		47		检查四号主变一次主 6848 Ⅱ母刀闸在合位		
		48		检查 220kV 母差保护屏四号主变一次主Ⅱ母刀闸切换灯亮		
		49		检查四号主变保护 A 屏Ⅱ母切换灯亮		
		50		检查四号主变一次主 6848 丙刀闸在开位		
		51		检查四号主变一次主 6848 乙刀闸瓷柱完好		
		52		合上四号主变一次主 6848 乙刀闸		
		53		检查四号主变一次主 6848 乙刀闸在合位		
		54		拉开四号主变一次主 6848 开关端子箱刀闸总电源开关		
		55		检查四号主变二次主 4928 开关在开位		
		56		检查四号主变二次主 4928 丙刀闸在开位		
		57		合上四号主变二次主 4928 乙刀闸操作电源开关		
		58		检查四号主变二次主 4928 乙刀闸瓷柱完好		
		59		合上四号主变二次主 4928 乙刀闸		

备注:

操作人:　　　监护人:　　　值班负责人:　　　站长(运行专工):

续表

变电站(发电厂)倒闸操作票

单位:柳树 220kV 变电站　　　　年　月　日　　　　编号:LS 44

发令时间		调度指令号:		发令人:		受令人:	
操作开始时间	年 月 日 时 分			操作结束时间	年 月 日 时 分		
操作任务	四号主变送电						

预演√	操作√	顺序	指令项	操 作 项 目	时	分
		60		检查四号主变二次主 4928 乙刀闸在合位		
		61		拉开四号主变二次主 4928 乙刀闸操作电源开关		
		62		检查四号主变二次主 4928 Ⅱ母刀闸在合位		
		63		合上四号主变二次主 4928Ⅳ母刀闸操作电源开关		
		64		检查四号主变二次主 4928Ⅳ母闸瓷柱完好		
		65		合上四号主变二次主 4928Ⅳ母刀闸		
		66		检查四号主变二次主 4928Ⅳ母刀闸在合位		
		67		检查 66kVⅡ－Ⅳ母差保护屏四号主变二次主Ⅳ母刀闸切换灯亮		
		68		检查四号主变保护 B 屏Ⅳ母切换灯亮		
		69		拉开四号主变二次主 4928Ⅳ母刀闸操作电源开关		
		70		合上(或检查)四号主变中性点 04 接地刀闸		
		71		退出二号主变保护 A 屏高压侧零序(方向)过流压板		
		72		退出二号主变保护 B 屏高压侧零序(方向)过流压板		
		73		合上四号主变一次主 6848 开关		
		74		检查四号主变一次主 6848 开关在合位		
		75		检查四号主变中性点 04 接地刀闸瓷柱完好		
		76		拉开四号主变中性点 04 接地刀闸		
		77		检查四号主变中性点 04 接地刀闸在开位		
		78		将四号主变风冷器启用		
		79		投入二号主变保护 A 屏高压侧零序(方向)过流压板		
		80		投入二号主变保护 B 屏高压侧零序(方向)过流压板		
备注:						
操作人:		监护人:		值班负责人:　　站长(运行专工):		

续表

变电站(发电厂)倒闸操作票

单位:柳树 220kV 变电站 年 月 日 编号:LS 44

发令时间		调度指令号:		发令人:		受令人:	
操作开始时间	年 月 日 时 分		操作结束时间	年 月 日 时 分			
操作任务	四号主变送电						

预演√	操作√	顺序	指令项	操 作 项 目	时	分
		81		投入四号主变保护 A 屏失灵启动解除母差复压闭锁压板		
		82		投入四号主变保护 A 屏高压侧电压投退压板		
		83		投入四号主变保护 A 屏低压侧电压投退压板		
		84		投入四号主变保护 A 屏复合电压投退压板		
		85		投入四号主变保护 B 屏失灵启动解除母差复压闭锁压板		
		86		投入四号主变保护 B 屏高压侧电压投退压板		
		87		投入四号主变保护 B 屏低压侧电压投退压板		
		88		投入四号主变保护 B 屏复合电压投退压板		
		89		合上四号主变二次主 4928 开关		
		90		检查四号主变二次主 4928 开关电气指示在合位		
		91		检查四号主变二次主 4928 开关机械指示在合位		
		92		检查四号主变二次主 4928 开关电流正确( )A		
		93		检查 66kV Ⅱ 母联 4914 开关在合位		
		94		检查 66kV Ⅱ 母联 4914 开关电流正确( )A		
		95		拉开三号主变二次主 4926 开关		
		96		检查三号主变二次主 4926 开关电气指示在开位		
		97		检查三号主变二次主 4926 开关机械指示在开位		
		98		检查三号主变二次主 4926 开关电流为 0A		
		99		拉开三号主变一次主 6846 开关		
		100		检查三号主变一次主 6846 开关电气指示在开位		
		101		检查三号主变一次主 6846 开关机械指示在开位		
备注:						
操作人:		监护人:		值班负责人: 站长(运行专工):		

续表

变电站(发电厂)倒闸操作票

单位:柳树 220kV 变电站　　　　年　　月　　日　　　　编号:LS 44

发令时间		调度指令号:		发令人:		受令人:
操作开始时间	年　月　日　时　分		操作结束时间	年　月　日　时　分		
操作任务	四号主变送电					

预演√	操作√	顺序	指令项	操　作　项　目	时	分
		102		检查三号主变一次主 6846 开关电流为 0A		
		103		将三号主变风冷器控制箱冷却器自动投入电源开关切至工作位置		
		104		(联系调度)投入 66kV 备自投保护		

备注:

操作人:　　　　监护人:　　　　值班负责人:　　　　站长(运行专工):

(45)一号主变一次主6842开关改侧路开关代送电操作票见表2-45。

表2-45 一号主变一次主6842开关改侧路开关代送电操作票

变电站(发电厂)倒闸操作票

单位:柳树220kV变电站　　年　月　日　　编号:LS 45

发令时间		调度指令号:		发令人:		受令人:	
操作开始时间	年 月 日 时 分		操作结束时间	年 月 日 时 分			
操作任务	一号主变一次主6842开关改侧路开关代送电						

预演√	操作√	顺序	指令项	操 作 项 目	时	分
		1		退出66kV备自投A屏主变备自投		
		2		检查220kV侧路6800操作屏断路器失灵启动压板已投入		
		3		检查220kV侧路6800保护屏A相跳闸1压板已投入		
		4		检查220kV侧路6800保护屏B相跳闸1压板已投入		
		5		检查220kV侧路6800保护屏C相跳闸1压板已投入		
		6		检查220kV侧路6800保护屏三跳跳闸1压板已投入		
		7		检查220kV侧路6800保护屏保护失灵启动压板已投入		
		8		检查220kV侧路6800保护屏重合闸出口压板已退出		
		9		检查220kV侧路6800保护屏A相跳闸2压板已投入		
		10		检查220kV侧路6800保护屏B相跳闸2压板已投入		
		11		检查220kV侧路6800保护屏C相跳闸2压板已投入		
		12		检查220kV侧路6800保护屏三跳跳闸2压板已投入		
		13		检查220kV侧路6800保护屏距离Ⅰ段投入压板已投入		
		14		检查220kV侧路6800保护屏距离Ⅱ、Ⅲ段投入压板已投入		
		15		检查220kV侧路6800保护屏零序Ⅰ段保护投入压板已投入		
		16		检查220kV侧路6800保护屏零序其他段保护投入压板已投入		
		17		投入220kV母差保护屏侧路跳闸出口1压板		
		18		投入220kV母差保护屏侧路跳闸出口2压板		
		19		检查220kV侧母线完好无异物		
		20		检查220kV侧母所有丙刀闸、东西接地刀闸均在开位		
备注:						
操作人:		监护人:		值班负责人: 站长(运行专工):		

续表

变电站(发电厂)倒闸操作票

单位:柳树 220kV 变电站　　　　　年　　月　　日　　　　　　　编号:LS 45

发令时间		调度指令号:	发令人:		受令人:	
操作开始时间	年　月　日　时　分		操作结束时间	年　月　日　时　分		
操作任务	一号主变一次主 6842 开关改侧路开关代送电					

预演√	操作√	顺序	指令项	操　作　项　目	时	分
		21		检查 220kV 侧路 6800 开关在开位		
		22		合上 220kV 侧路 6800 端子箱刀闸操作总电源		
		23		检查 220kV 侧路 6800 Ⅱ 母刀闸在开位		
		24		检查 220kV 侧路 6800 Ⅰ 母刀闸瓷柱完好		
		25		合上 220kV 侧路 6800 Ⅰ 母刀闸		
		26		检查 220kV 侧路 6800 Ⅰ 母刀闸在合位		
		27		检查 220kV 侧路 6800 操作屏 Ⅰ 母刀闸切换灯亮		
		28		检查 220kV 母差保护屏 Ⅰ 刀闸母切换灯亮		
		29		检查 220kV 侧路 6800 丙刀闸瓷柱完好		
		30		合上 220kV 侧路 6800 丙刀闸		
		31		检查 220kV 侧路 6800 丙刀闸在合位		
		32		拉开 220kV 侧路 6800 端子箱刀闸操作总电源开关		
		33		合上 220kV 侧路 6800 开关		
		34		检查 220kV 侧路 6800 开关在合位		
		35		拉开 220kV 侧路 6800 开关		
		36		检查 220kV 侧路 6800 开关在开位		
		37		检查 220kV 侧路 6800 开关电流为 0A		
		38		退出 220kV 侧路 6800 保护屏 A 相跳闸 1 压板		
		39		退出 220kV 侧路 6800 保护屏 B 相跳闸 1 压板		
		40		退出 220kV 侧路 6800 保护屏 C 相跳闸 1 压板		
		41		退出 220kV 侧路 6800 保护屏三跳跳闸 1 压板		

备注:

操作人:　　　　监护人:　　　　值班负责人:　　　　站长(运行专工):

续表

变电站(发电厂)倒闸操作票

单位:柳树 220kV 变电站　　　　年　　月　　日　　　　编号:LS 45

发令时间		调度指令号:		发令人:	受令人:	
操作开始时间	年 月 日 时 分		操作结束时间	年 月 日 时 分		
操作任务	一号主变一次主 6842 开关改侧路开关代送电					
预演√	操作√	顺序	指令项	操 作 项 目	时	分
		42		退出 220kV 侧路 6800 保护屏保护失灵启动压板		
		43		检查 220kV 侧路 6800 保护屏重合闸出口压板已退出		
		44		退出 220kV 侧路 6800 保护屏 A 相跳闸 2 压板		
		45		退出 220kV 侧路 6800 保护屏 B 相跳闸 2 压板		
		46		退出 220kV 侧路 6800 保护屏 C 相跳闸 2 压板		
		47		退出 220kV 侧路 6800 保护屏三跳跳闸 2 压板		
		48		退出 220kV 侧路 6800 保护屏距离 Ⅰ 段压板		
		49		退出 220kV 侧路 6800 保护屏距离 Ⅱ、Ⅲ 段压板		
		50		退出 220kV 侧路 6800 保护屏零序 Ⅰ 段压板		
		51		退出 220kV 侧路 6800 保护屏零序其他段压板		
		52		合上一号主变一次主 6842 端子箱刀闸操作总电源开关		
		53		检查一号主变一次主 6842 乙刀闸在合位		
		54		检查一号主变一次主 6842 丙刀闸瓷柱完好		
		55		合上一号主变一次主 6842 丙刀闸		
		56		检查一号主变一次主 6842 丙刀闸在合位		
		57		退出一号主变保护 B 屏高压侧零序过流保护投入压板		
		58		退出一号主变保护 A 屏主变差动保护投入压板		
		59		退出一号主变保护 A 屏高压侧复压过流保护投入压板		
		60		退出一号主变保护 A 屏高压侧零序过流保护投入压板		
		61		退出一号主变保护 A 屏高压侧间隙零序保护投入压板		
		62		退出一号主变保护 A 屏失灵启动压板		
备注:						
操作人:	监护人:		值班负责人:	站长(运行专工):		

续表

变电站(发电厂)倒闸操作票

单位:柳树 220kV 变电站　　　　年　月　日　　　　编号:LS 45

发令时间		调度指令号:		发令人:		受令人:	
操作开始时间	年　月　日　时　分	操作结束时间	年　月　日　时　分				
操作任务	一号主变一次主 6842 开关改侧路开关代送电						

预演√	操作√	顺序	指令项	操作项目	时	分
		63		退出一号主变保护 A 屏高压侧电压投退压板		
		64		退出一号主变保护 A 屏低压侧电压投退压板		
		65		退出一号主变保护 A 屏复合电压投退压板		
		66		退出一号主变保护 A 屏启动失灵压板		
		67		退出一号主变保护 A 屏失灵启动解除母差复合闭锁压板		
		68		退出一号主变保护 A 屏跳高压侧第一线圈压板		
		69		退出一号主变保护 A 屏跳高压侧第二线圈压板		
		70		退出一号主变保护 A 屏跳低压侧压板		
		71		220kV 侧路 6800 开关电度表指示为:有功　　无功		
		72		合上 220kV 侧路 6800 开关		
		73		检查 220kV 侧路 6800 开关在合位		
		74		检查 220kV 侧路 6800 开关电流正确(　)A		
		75		合上一号主变中性点 01 接地刀闸		
		76		检查一号主变中性点 01 接地刀闸在合位		
		77		拉开一号主变一次主 6842 开关		
		78		检查一号主变一次主 6842 开关在开位		
		79		检查 220kV 侧路 6800 开关电流正确(　)A		
		80		退出一号主变保护 B 屏跳高压侧第一线圈压板		
		81		退出一号主变保护 B 屏跳高压侧第二线圈压板		
		82		退出一号主变保护 B 屏高压侧电压投退压板		
		83		退出一号主变保护 B 屏低压侧电压投退压板		

备注:

操作人:　　　监护人:　　　值班负责人:　　　站长(运行专工):

续表

变电站(发电厂)倒闸操作票

单位:柳树 220kV 变电站　　　　年　月　日　　　　编号:LS 45

发令时间			调度指令号:		发令人:		受令人:	
操作开始时间	年 月 日 时 分			操作结束时间	年 月 日 时 分			
操作任务	一号主变一次主 6842 开关改侧路开关代送电							
预演√	操作√	顺序	指令项	操 作 项 目			时	分
		84		退出一号主变保护 B 屏复合电压投退压板				
		85		退出一号主变保护 B 屏失灵启动解除母差复合闭锁压板				
		86		将一号主变保护 B 屏高压侧电压切换把手切至侧路位置				
		87		投入一号主变保护 B 屏高压侧零序过流保护投入压板				
		88		投入一号主变保护 B 屏高压侧电压投退压板				
		89		投入一号主变保护 B 屏低压侧电压投退压板				
		90		投入一号主变保护 B 屏复合电压投退压板				
		91		投入一号主变保护 B 屏失灵启动解除母差复合闭锁压板				
		92		投入一号主变保护 B 屏跳高压侧侧路第一线圈压板				
		93		投入一号主变保护 B 屏跳高压侧侧路第二线圈压板				
		94		检查一号主变一次主 6842 丙刀闸在合位				
		95		检查一号主变一次主 6842 乙刀闸瓷柱完好				
		96		拉开一号主变一次主 6842 乙刀闸				
		97		检查一号主变一次主 6842 乙刀闸在开位				
		98		检查一号主变一次主 6842 Ⅱ 母刀闸在开位				
		99		检查一号主变一次主 6842 Ⅰ 母刀闸瓷柱完好				
		100		拉开一号主变一次主 6842 Ⅰ 母刀闸				
		101		检查一号主变一次主 6842 Ⅰ 母刀闸在开位				
		102		检查一号主变保护 A 屏 Ⅰ 母切换灯灭				
		103		检查 220kV 母差保护屏一号主变一次主 Ⅰ 母刀闸切换灯灭				
		104		在一号主变一次主 6842 Ⅱ 母刀闸至开关间三相验电确无电压				
备注:								
操作人:　　监护人:　　值班负责人:　　站长(运行专工):								

续表

变电站(发电厂)倒闸操作票

单位：柳树220kV变电站　　　　　　年　月　日　　　　　　编号：LS 45

发令时间		调度指令号：		发令人：		受令人：
操作开始时间	年 月 日 时 分		操作结束时间	年 月 日 时 分		
操作任务	一号主变一次主6842开关改侧路开关代送电					
预演√	操作√	顺序	指令项	操 作 项 目	时	分
		105		合上一号主变一次主6842Ⅱ母刀闸至开关间接地刀闸		
		106		检查一号主变一次主6842Ⅱ母刀闸至开关间接地刀闸在合位		
		107		在一号主变一次主6842乙刀闸至电流互感器间三相验电确无电压		
		108		合上一号主变一次主6842乙刀闸至电流互感器间接地刀闸		
		109		检查一号主变一次主乙刀闸至电流互感器间接地刀闸在合位		
		110		拉开一号主变一次主6842开关端子箱刀闸总电源开关		
		111		拉开一号主变一次主6842开关端子箱开关总电源开关		
		112		拉开一号主变一次主6842开关端子箱在线监测电源开关		
		113		退出220kV母差保护屏跳一号主变出口1压板		
		114		退出220kV母差保护屏跳一号主变出口2压板		
		115		拉开一号主变保护A屏操作1电源直流开关		
		116		拉开一号主变保护A屏操作2电源直流开关		
		117		拉开一号主变保护A屏保护电源直流开关		
		118		拉开一号主变保护A屏高压侧电压开关		
		119		拉开一号主变保护A屏低压侧电压开关		
备注：						
操作人：	监护人：		值班负责人：	站长(运行专工)：		

(46)一号主变一次主 6842 开关恢复送电操作票见表 2－46。

表 2－46 一号主变一次主 6842 开关恢复送电操作票

变电站(发电厂)倒闸操作票

单位:柳树 220kV 变电站　　　　年　月　日　　　　编号:LS 46

发令时间				调度指令号:	发令人:		受令人:	
操作开始时间	年 月 日 时 分				操作结束时间	年 月 日 时 分		
操作任务	一号主变一次主 6842 开关恢复送电							
预演√	操作√	顺序	指令项	操 作 项 目			时	分
		1		拉开一号主变一次主 6842 乙刀闸至电流互感器间接地刀闸				
		2		检查一号主变一次主乙刀闸至电流互感器间接地刀闸在开位				
		3		拉开一号主变一次主 6842 Ⅱ母刀闸至开关间接地刀闸				
		4		检查一号主变一次主 6842 Ⅱ母刀闸至开关间接地刀闸在开位				
		5		合上一号主变一次主 6842 开关端子箱在线监测电源开关				
		6		合上一号主变一次主 6842 开关端子箱开关总电源开关				
		7		合上一号主变一次主 6842 开关端子箱刀闸总电源开关				
		8		合上一号主变保护 A 屏操作 1 电源直流开关				
		9		合上一号主变保护 A 屏操作 2 电源直流开关				
		10		合上一号主变保护 A 屏保护电源直流开关				
		11		合上一号主变保护 A 屏高压侧电压开关				
		12		合上一号主变保护 A 屏低压侧电压开关				
		13		投入 220kV 母差保护屏跳一号主变出口 1 压板				
		14		投入 220kV 母差保护屏跳一号主变出口 2 压板				
		15		检查一号主变一次主 6842 开关在开位				
		16		检查一号主变一次主 6842 Ⅱ母刀闸在开位				
		17		检查一号主变一次主 6842 Ⅰ母刀闸瓷柱完好				
		18		合上一号主变一次主 6842 Ⅰ母刀闸				
		19		检查一号主变一次主 6842 Ⅰ母刀闸在合位				
		20		检查 220kV 母差保护屏一号主变一次主Ⅰ母刀闸切换灯亮				
备注:								
操作人:		监护人:		值班负责人:	站长(运行专工):			

续表

变电站(发电厂)倒闸操作票

单位:柳树 220kV 变电站　　年　月　日　　编号:LS 46

发令时间		调度指令号:		发令人:		受令人:	
操作开始时间	年 月 日 时 分	操作结束时间	年 月 日 时 分				
操作任务	一号主变一次主 6842 开关恢复送电						

预演√	操作√	顺序	指令项	操作项目	时	分
		21		检查一号主变保护 A 屏Ⅰ母切换灯亮		
		22		检查一号主变一次主 6842 丙刀闸在合位		
		23		检查一号主变一次主 6842 乙刀闸瓷柱完好		
		24		合上一号主变一次主 6842 乙刀闸		
		25		检查一号主变一次主 6842 乙刀闸在合位		
		26		退出一号主变保护 B 屏高压侧零序过流保护投入压板		
		27		合上(或检查)一号主变中性点 01 接地刀闸		
		28		合上一号主变一次主 6842 开关		
		29		检查一号主变一次主 6842 开关在合位		
		30		检查一号主变一次主 6842 开关电流正确(　)A		
		31		拉开 220kV 侧路 6800 开关		
		32		检查 220kV 侧路 6800 开关在开位		
		33		检查一号主变一次主 6842 开关电流正确(　)A		
		34		220kV 侧路 6800 开关电度表指示为:有功　　无功		
		35		投入一号主变保护 A 屏主变差动保护投入压板		
		36		投入一号主变保护 A 屏高压侧复压过流保护投入压板		
		37		投入一号主变保护 A 屏高压侧间隙零序保护投入压板		
		38		投入一号主变保护 A 屏失灵启动压板		
		39		投入一号主变保护 A 屏非全相压板		
		40		投入一号主变保护 A 屏低压侧电压投退压板		
		41		投入一号主变保护 A 屏启动失灵压板		

备注:

操作人:　　监护人:　　值班负责人:　　站长(运行专工):

续表

变电站(发电厂)倒闸操作票

单位:柳树 220kV 变电站　　　　年　月　日　　　　编号:LS 46

发令时间		调度指令号:		发令人:		受令人:	
操作开始时间	年　月　日　时　分		操作结束时间	年　月　日　时　分			
操作任务	一号主变一次主 6842 开关恢复送电						

预演√	操作√	顺序	指令项	操　作　项　目	时	分
		42		投入一号主变保护 A 屏跳高压侧第一线圈压板		
		43		投入一号主变保护 A 屏跳高压侧第二线圈压板		
		44		投入一号主变保护 A 屏跳低压侧压板		
		45		投入一号主变保护 A 屏高压侧零序过流保护投入压板		
		46		投入一号主变保护 A 屏高压侧电压投退压板		
		47		投入一号主变保护 A 屏复合电压投退压板		
		48		投入一号主变保护 A 屏失灵启动解除母差复合闭锁压板		
		49		退出一号主变保护 B 屏跳高压侧侧路第一线圈压板		
		50		退出一号主变保护 B 屏跳高压侧侧路第二线圈压板		
		51		退出一号主变保护 B 屏高压侧电压投退压板		
		52		退出一号主变保护 B 屏低压侧电压投退压板		
		53		退出一号主变保护 B 屏复合电压投退压板		
		54		退出一号主变保护 B 屏失灵启动解除母差复合闭锁压板		
		55		将一号主变保护 B 屏高压侧电压切换把手切至本线位置		
		56		投入一号主变保护 B 屏高压侧电压投退压板		
		57		投入一号主变保护 B 屏低压侧电压投退压板		
		58		投入一号主变保护 B 屏复合电压投退压板		
		59		投入一号主变保护 B 屏失灵启动解除母差复合闭锁压板		
		60		投入一号主变保护 B 屏跳高压侧第一线圈压板		
		61		投入一号主变保护 B 屏跳高压侧第二线圈压板		
		62		投入一号主变保护 B 屏高压侧零序过流保护投入压板		
备注:						
操作人:　　监护人:　　值班负责人:　　站长(运行专工):						

续表

变电站(发电厂)倒闸操作票

单位:柳树220kV变电站　　　　　　年　　月　　日　　　　　　编号:LS 46

发令时间		调度指令号:		发令人:	受令人:	
操作开始时间	年　月　日　时　分			操作结束时间	年　月　日　时　分	
操作任务	一号主变一次主6842开关恢复送电					
预演√	操作√	顺序	指令项	操　作　项　目	时	分
		63		检查一号主变一次主6842乙刀闸在合位		
		64		检查一号主变一次主6842丙刀闸瓷柱完好		
		65		拉开一号主变一次主6842丙刀闸		
		66		检查一号主变一次主6842丙刀闸在开位		
		67		检查220kV侧路6800丙刀闸瓷柱完好		
		68		拉开220kV侧路6800丙刀闸		
		69		检查220kV侧路6800丙刀闸在开位		
		70		检查220kV侧路6800Ⅱ母刀闸在开位		
		71		检查220kV侧路6800Ⅰ母刀闸瓷柱完好		
		72		拉开220kV侧路6800Ⅰ母刀闸		
		73		检查220kV侧路6800Ⅰ母刀闸在开位		
		74		检查220kV侧路6800操作屏Ⅰ母切换灯灭		
		75		检查220kV母差保护屏Ⅰ母切换灯灭		
		76		退出220kV母差保护屏侧路跳闸出口2压板		
		77		退出220kV母差保护屏侧路跳闸出口1压板		
		78		检查220kV侧路6800保护屏重合闸出口压板已退出		
		79		(联系调度)投入66kV备自投(主变备自投)		
备注:						
操作人:		监护人:		值班负责人:	站长(运行专工):	

(47)一号主变二次主4922开关改66kVⅠ侧路开关代送电操作票见表2-47。

表2-47 一号主变二次主4922开关改66kVⅠ侧路开关代送电操作票

变电站(发电厂)倒闸操作票

单位:柳树220kV变电站　　　年　月　日　　　编号:LS 47

发令时间		调度指令号:		发令人:		受令人:	
操作开始时间	年 月 日 时 分		操作结束时间	年 月 日 时 分			
操作任务	一号主变二次主4922开关改66kVⅠ侧路开关代送电						
预演√	操作√	顺序	指令项	操作项目	时	分	
		1		退出66kV备自投(主变、母联及线路备自投全停)			
		2		投入66kVⅠ-Ⅲ母差保护屏Ⅰ侧路出口压板			
		3		退出66kVⅠ侧路4900保护屏重合闸投入压板			
		4		退出66kVⅠ侧路4900保护屏重合闸出口压板			
		5		投入66kVⅠ侧路4900保护屏跳闸出口压板			
		6		投入66kVⅠ侧路4900保护屏过流保护投入压板			
		7		投入66kVⅠ侧路4900保护屏距离保护投入压板			
		8		检查66kVⅠ侧母完好无异物			
		9		检查66kVⅠ侧母所有丙刀闸均在开位			
		10		检查66kVⅠ侧路4900开关在开位			
		11		检查66kVⅠ侧路4900Ⅱ母刀闸在开位			
		12		合上66kVⅠ侧路4900Ⅰ母刀闸操作电源开关			
		13		检查66kVⅠ侧路4900Ⅰ母刀闸瓷柱完好			
		14		合上66kVⅠ侧路4900Ⅰ母刀闸			
		15		检查66kVⅠ侧路4900Ⅰ母刀闸在合位			
		16		检查66kVⅠ侧路4900保护屏Ⅰ母切换灯亮			
		17		检查66kVⅠ-Ⅲ母差保护屏66kVⅠ侧路Ⅰ母切换灯亮			
		18		拉开66kVⅠ侧路4900Ⅰ母刀闸操作电源开关			
		19		合上66kVⅠ侧路4900丙刀闸操作电源开关			
		20		检查66kVⅠ侧路4900丙刀闸瓷柱完好			
备注:							
操作人:	监护人:	值班负责人:	站长(运行专工):				

续表

变电站(发电厂)倒闸操作票

单位:柳树 220kV 变电站　　　　年　月　日　　　　编号:LS 47

发令时间		调度指令号:	发令人:		受令人:	
操作开始时间	年　月　日　时　分		操作结束时间	年　月　日　时　分		
操作任务	一号主变二次主 4922 开关改 66kV Ⅰ侧路开关代送电					

预演√	操作√	顺序	指令项	操作项目	时	分
		21		合上 66kV Ⅰ侧路 4900 丙刀闸		
		22		检查 66kV Ⅰ侧路 4900 丙刀闸在合位		
		23		拉开 66kV Ⅰ侧路 4900 丙刀闸操作电源开关		
		24		合上 66kV Ⅰ侧路 4900 开关		
		25		检查 66kV Ⅰ侧路 4900 开关在合位		
		26		拉开 66kV Ⅰ侧路 4900 开关		
		27		检查 66kV Ⅰ侧路 4900 开关在开位		
		28		检查一号主变二次主 4922 乙刀闸在合位		
		29		合上一号主变二次主 4922 丙刀闸操作电源开关		
		30		检查一号主变二次主 4922 丙刀闸瓷柱完好		
		31		合上一号主变二次主 4922 丙刀闸		
		32		检查一号主变二次主 4922 丙刀闸在合位		
		33		拉开一号主变二次主 4922 丙刀闸操作电源开关		
		34		退出 66kV Ⅰ侧路 4900 保护屏跳闸出口压板		
		35		退出 66kV Ⅰ侧路 4900 保护屏过流保护投入压板		
		36		退出 66kV Ⅰ侧路 4900 保护屏距离保护投入压板		
		37		退出一号主变保护 A 屏主变差动保护投入压板		
		38		退出一号主变保护 A 屏高压侧复压过流保护投入压板		
		39		退出一号主变保护 A 屏高压侧零序过流保护投入压板		
		40		退出一号主变保护 A 屏高压侧间隙零序保护投入压板		
		41		退出一号主变保护 A 屏失灵启动压板		

备注:

操作人:　　　监护人:　　　值班负责人:　　　站长(运行专工):

续表

变电站(发电厂)倒闸操作票

单位:柳树 220kV 变电站　　　　年　　月　　日　　　　编号:LS 47

发令时间		调度指令号:		发令人:		受令人:	
操作开始时间	年　月　日　时　分		操作结束时间	年　月　日　时　分			
操作任务	一号主变二次主 4922 开关改 66kV Ⅰ侧路开关代送电						

预演√	操作√	顺序	指令项	操 作 项 目	时	分
		42		退出一号主变保护 A 屏高压侧电压投退压板		
		43		退出一号主变保护 A 屏低压侧电压投退压板		
		44		退出一号主变保护 A 屏复合电压投退压板		
		45		退出一号主变保护 A 屏启动失灵压板		
		46		退出一号主变保护 A 屏失灵解除母差复压闭锁压板		
		47		退出一号主变保护 A 屏跳高压侧第一线圈压板		
		48		退出一号主变保护 A 屏跳高压侧第二线圈压板		
		49		退出一号主变保护 A 屏跳低压侧压板		
		50		66kV Ⅰ侧路 4900 开关电度表示数为		
		51		合上 66kV Ⅰ侧路 4900 开关		
		52		检查 66kV Ⅰ侧路 4900 开关电气指示在合位		
		53		检查 66kV Ⅰ侧路 4900 开关机械指示在合位		
		54		检查 66kV Ⅰ侧路 4900 开关电流正确(　)A		
		55		拉开一号主变二次主 4922 开关		
		56		检查一号主变二次主 4922 开关电气指示在开位		
		57		检查一号主变二次主 4922 开关机械指示在开位		
		58		检查一号主变二次主 4922 开关电流正确(　)A		
		59		检查 66kV Ⅰ侧路 4900 开关电流正确(　)A		
		60		退出一号主变保护 B 屏跳低压侧		
		61		退出一号主变保护 B 屏高压侧电压投退压板		
		62		退出一号主变保护 B 屏低压侧电压投退压板		
备注:						
操作人:		监护人:		值班负责人:　　　站长(运行专工):		

续表

变电站(发电厂)倒闸操作票

单位:柳树 220kV 变电站　　　　年　月　日　　　　编号:LS 47

发令时间		调度指令号:		发令人:		受令人:	
操作开始时间	年 月 日 时 分	操作结束时间	年 月 日 时 分				
操作任务	一号主变二次主 4922 开关改 66kV Ⅰ侧路开关代送电						

预演√	操作√	顺序	指令项	操作项目	时	分
		63		退出一号主变保护 B 屏复合电压投退压板		
		64		退出一号主变保护 B 屏失灵解除母差复压闭锁压板		
		65		将一号主变保护 B 屏低压侧电压切换把手切至侧路位置		
		66		投入一号主变保护 B 屏高压侧电压投退压板		
		67		投入一号主变保护 B 屏低压侧电压投退压板		
		68		投入一号主变保护 B 屏复合电压投退压板		
		69		投入一号主变保护 B 屏失灵解除母差复压闭锁压板		
		70		投入一号主变保护 B 屏跳低压侧侧路		
		71		检查一号主变二次主 4922 Ⅱ母刀闸在开位		
		72		合上一号主变二次主 4922 Ⅰ母刀闸操作电源开关		
		73		检查一号主变二次主 4922 Ⅰ母刀闸瓷柱完好		
		74		拉开一号主变二次主 4922 Ⅰ母刀闸		
		75		检查一号主变二次主 4922 Ⅰ母刀闸在开位		
		76		检查一号主变保护 B 屏 Ⅰ母动作灯灭		
		77		检查 66kV Ⅰ－Ⅲ母差保护屏一号主变二次主 Ⅰ母刀闸切换灯灭		
		78		拉开一号主变二次主 4922 Ⅰ母刀闸操作电源开关		
		79		检查一号主变二次主 4922 丙刀闸在开位		
		80		合上一号主变二次主 4922 乙刀闸操作电源开关		
		81		检查一号主变二次主 4922 乙刀闸瓷柱完好		
		82		拉开一号主变二次主 4922 乙刀闸		
备注:						
操作人:		监护人:		值班负责人:　　站长(运行专工):		

续表

变电站(发电厂)倒闸操作票

单位:柳树 220kV 变电站　　　　年　月　日　　　　编号:LS 47

发令时间		调度指令号:		发令人:		受令人:
操作开始时间	年 月 日 时 分	操作结束时间	年 月 日 时 分			
操作任务	一号主变二次主 4922 开关改 66kV Ⅰ 侧路开关代送电					

预演√	操作√	顺序	指令项	操 作 项 目	时	分
		83		检查一号主变二次主 4922 乙刀闸在开位		
		84		拉开一号主变二次主 4922 乙刀闸操作电源开关		
		85		拉开一号主变二次主 4922 开关端子箱开关电源开关		
		86		拉开一号主变二次主 4922 开关端子箱刀闸总电源开关		
		87		拉开一号主变二次主 4922 开关端子箱在线监测电源开关		
		88		退出 66kV Ⅰ －Ⅲ母差保护屏跳一号主变二次主出口压板		
		89		拉开一号主变保护 A 屏操作 1 电源直流开关		
		90		拉开一号主变保护 A 屏操作 2 电源直流开关		
		91		拉开一号主变保护 A 屏保护电源直流开关		
		92		拉开一号主变保护 A 屏高压侧电源开关		
		93		拉开一号主变保护 A 屏低压侧电源开关		
				注:根据工作内容装设接地线或合接地刀闸		

备注:

操作人:　　　监护人:　　　值班负责人:　　　站长(运行专工):

(48)一号主变二次主4922开关恢复本开关送电操作票见表2-48。

表2-48　一号主变二次主4922开关恢复本开关送电操作票

变电站(发电厂)倒闸操作票

单位:柳树220kV变电站　　年　月　日　　编号:LS 48

发令时间		调度指令号:		发令人:		受令人:	
操作开始时间	年　月　日　时　分		操作结束时间	年　月　日　时　分			
操作任务	一号主变二次主4922开关恢复本开关送电						

预演√	操作√	顺序	指令项	操作项目	时	分
		1		拆除所有接地线(拉开接地刀闸)		
		2		合上一号主变二次主4922端子箱开关电源开关		
		3		合上一号主变二次主4922端子箱刀闸总电源开关		
		4		合上一号主变二次主4922端子箱在线监测电源开关		
		5		投入66kVⅠ-Ⅲ母差保护屏跳一号主变二次主出口压板		
		6		合上一号主变保护A屏操作1电源直流开关		
		7		合上一号主变保护A屏操作2电源直流开关		
		8		合上一号主变保护A屏保护电源直流开关		
		9		合上一号主变保护A屏高压侧电源开关		
		10		合上一号主变保护A屏低压侧电源开关		
		11		检查一号主变二次主4922开关在开位		
		12		检查一号主变二次主4922丙刀闸在合位		
		13		合上一号主变二次主4922乙刀闸操作电源开关		
		14		检查一号主变二次主4922乙刀闸瓷柱完好		
		15		拉开一号主变二次主4922乙刀闸		
		16		检查一号主变二次主4922乙刀闸在合位		
		17		拉开一号主变二次主4922乙刀闸操作电源开关		
		18		检查一号主变二次主4922Ⅱ母刀闸在开位		
		19		合上一号主变二次主4922Ⅰ母刀闸操作电源开关		
		20		检查一号主变二次主4922Ⅰ母刀闸瓷柱完好		
备注:						
操作人:　监护人:　值班负责人:　站长(运行专工):						

续表

变电站(发电厂)倒闸操作票

单位:柳树 220kV 变电站　　　　年　月　日　　　　编号:LS 48

发令时间		调度指令号:		发令人:		受令人:	
操作开始时间	年　月　日　时　分		操作结束时间	年　月　日　时　分			
操作任务	一号主变二次主 4922 开关恢复本开关送电						

预演√	操作√	顺序	指令项	操　作　项　目	时	分
		21		合上一号主变二次主 4922 Ⅰ母刀闸		
		22		检查一号主变二次主 4922 Ⅰ母刀闸在合位		
		23		检查一号主变保护 B 屏 Ⅰ母切换灯亮		
		24		检查 66kV Ⅰ－Ⅲ母差保护屏一号主变二次主Ⅰ母刀闸切换灯亮		
		25		拉开一号主变二次主 4922 Ⅰ母刀闸操作电源开关		
		26		合上一号一号主变二次主 4922 开关		
		27		检查一号主变二次主 4922 开关电气指示在合位		
		28		检查一号主变二次主 4922 开关机械指示在合位		
		29		检查一号主变二次主 4922 开关电流正确(　)A		
		30		拉开 66kV 侧路 4900 开关		
		31		检查 66kV 侧路 4900 开关电气指示在开位		
		32		检查 66kV 侧路 4900 开关机械指示在开位		
		33		检查一号主变二次主 4922 开关电流正确(　)A		
		34		66kV Ⅰ侧路 4900 开关电度表示数为		
		35		投入一号主变保护 A 屏主变差动保护投入压板		
		36		投入一号主变保护 A 屏高压侧复压过流保护投入压板		
		37		投入一号主变保护 A 屏高压侧零序过流保护投入压板		
		38		投入一号主变保护 A 屏高压侧间隙零序保护投入压板		
		39		投入一号主变保护 A 屏失灵启动压板		
		40		投入一号主变保护 A 屏高压侧电压投退压板		
		41		投入一号主变保护 A 屏低压侧电压投退压板		
备注:						
操作人:　　监护人:　　值班负责人:　　站长(运行专工):						

续表

变电站(发电厂)倒闸操作票

单位:柳树 220kV 变电站　　　　　年　　月　　日　　　　　编号:LS 48

发令时间		调度指令号:		发令人:		受令人:
操作开始时间	年　月　日　时　分		操作结束时间	年　月　日　时　分		
操作任务	一号主变二次主 4922 开关恢复本开关送电					
预演√	操作√	顺序	指令项	操作项目	时	分
		42		投入一号主变保护 A 屏复合电压投退压板		
		43		投入一号主变保护 A 屏启动失灵压板		
		44		投入一号主变保护 A 屏失灵解除母差复压闭锁压板		
		45		投入一号主变保护 A 屏跳高压侧第一线圈压板		
		46		投入一号主变保护 A 屏跳高压侧第二线圈压板		
		47		投入一号主变保护 A 屏跳低压侧压板		
		48		退出一号主变保护 B 屏跳低压侧侧路		
		49		退出一号主变保护 B 屏高压侧电压投退压板		
		50		退出一号主变保护 B 屏低压侧电压投退压板		
		51		退出一号主变保护 B 屏复合电压投退压板		
		52		退出一号主变保护 B 屏失灵解除母差复压闭锁压板		
		53		将一号主变保护 B 屏低压侧电压切换把手切至本线位置		
		54		投入一号主变保护 B 屏高压侧电压投退压板		
		55		投入一号主变保护 B 屏低压侧电压投退压板		
		56		投入一号主变保护 B 屏复合电压投退压板		
		57		投入一号主变保护 B 屏失灵解除母差复压闭锁压板		
		58		投入一号主变保护 B 屏跳低压侧		
		59		检查一号主变二次主 4922 乙刀闸在合位		
		60		合上一号主变二次主 4922 丙刀闸操作电源开关		
		61		检查一号主变二次主 4922 丙刀闸瓷柱完好		
		62		拉开一号主变二次主 4922 丙刀闸		
备注:						
操作人:		监护人:		值班负责人:		站长(运行专工):

续表

变电站(发电厂)倒闸操作票

单位:柳树 220kV 变电站　　　　年　月　日　　　　编号:LS 48

<table>
<tr><td colspan="2">发令时间</td><td colspan="2"></td><td>调度指令号:</td><td colspan="2">发令人:　　受令人:</td></tr>
<tr><td colspan="2">操作开始时间</td><td colspan="3">年　月　日　时　分　　操作结束时间</td><td colspan="2">年　月　日　时　分</td></tr>
<tr><td colspan="2">操作任务</td><td colspan="5">一号主变二次主 4922 开关恢复本开关送电</td></tr>
<tr><td>预演√</td><td>操作√</td><td>顺序</td><td>指令项</td><td>操作项目</td><td>时</td><td>分</td></tr>
<tr><td></td><td></td><td>63</td><td></td><td>检查一号主变二次主 4922 丙刀闸在开位</td><td></td><td></td></tr>
<tr><td></td><td></td><td>62</td><td></td><td>拉开一号主变二次主 4922 丙刀闸操作电源开关</td><td></td><td></td></tr>
<tr><td></td><td></td><td>63</td><td></td><td>合上 66kV Ⅰ侧路 4900 丙刀闸操作电源开关</td><td></td><td></td></tr>
<tr><td></td><td></td><td>64</td><td></td><td>检查 66kV Ⅰ侧路 4900 丙刀闸瓷柱完好</td><td></td><td></td></tr>
<tr><td></td><td></td><td>65</td><td></td><td>拉开 66kV Ⅰ侧路 4900 丙刀闸</td><td></td><td></td></tr>
<tr><td></td><td></td><td>66</td><td></td><td>检查 66kV Ⅰ侧路 4900 丙刀闸在开位</td><td></td><td></td></tr>
<tr><td></td><td></td><td>67</td><td></td><td>拉开 66kV Ⅰ侧路 4900 丙刀闸操作电源开关</td><td></td><td></td></tr>
<tr><td></td><td></td><td>68</td><td></td><td>检查 66kV Ⅰ侧路 4900 Ⅱ母刀闸在开位</td><td></td><td></td></tr>
<tr><td></td><td></td><td>69</td><td></td><td>合上 66kV Ⅰ侧路 4900 Ⅰ母刀闸操作电源开关</td><td></td><td></td></tr>
<tr><td></td><td></td><td>70</td><td></td><td>检查 66kV Ⅰ侧路 4900 Ⅰ母刀闸瓷柱完好</td><td></td><td></td></tr>
<tr><td></td><td></td><td>71</td><td></td><td>拉开 66kV Ⅰ侧路 4900 Ⅰ母刀闸</td><td></td><td></td></tr>
<tr><td></td><td></td><td>72</td><td></td><td>检查 66kV Ⅰ侧路 4900 Ⅰ母刀闸在开位</td><td></td><td></td></tr>
<tr><td></td><td></td><td>73</td><td></td><td>检查 66kV Ⅰ侧路 4900 保护屏Ⅰ母切换灯灭</td><td></td><td></td></tr>
<tr><td></td><td></td><td>74</td><td></td><td>检查 66kV Ⅰ－Ⅲ母差保护屏 66kV Ⅰ侧路Ⅰ母切换灯灭</td><td></td><td></td></tr>
<tr><td></td><td></td><td>75</td><td></td><td>拉开 66kV Ⅰ侧路 4900 Ⅰ母刀闸操作电源开关</td><td></td><td></td></tr>
<tr><td></td><td></td><td>76</td><td></td><td>退出 66kV Ⅰ－Ⅲ母差保护屏Ⅰ侧路出口压板</td><td></td><td></td></tr>
<tr><td></td><td></td><td>77</td><td></td><td>投入 66kV Ⅰ侧路保护屏跳闸出口压板</td><td></td><td></td></tr>
<tr><td></td><td></td><td>78</td><td></td><td>投入 66kV Ⅰ侧路保护屏过流保护投入压板</td><td></td><td></td></tr>
<tr><td></td><td></td><td>79</td><td></td><td>投入 66kV Ⅰ侧路保护屏距离保护投入压板</td><td></td><td></td></tr>
<tr><td></td><td></td><td>80</td><td></td><td>退出 66kV Ⅰ侧路保护屏重合闸投入压板</td><td></td><td></td></tr>
<tr><td></td><td></td><td>81</td><td></td><td>退出 66kV Ⅰ侧路保护屏重合闸出口压板</td><td></td><td></td></tr>
<tr><td></td><td></td><td>82</td><td></td><td>联系调度启用 66kV 备自投保护 A 屏(主变、母联及线路备自投)</td><td></td><td></td></tr>
<tr><td colspan="7">备注:</td></tr>
<tr><td colspan="7">操作人:　　　　监护人:　　　　值班负责人:　　　　站长(运行专工):</td></tr>
</table>

3 调度术语

3.1 调度管理

3.1.1 调度管辖范围

调控机构行使调度指挥权的发、输、变电系统,包括直调范围和许可范围。

3.1.2 调度同意

值班调度员对其下级调控机构值班调度员、相关调控机构值班监控员、厂站运行值班人员及输变电设备运维人员提出的工作申请及要求等予以同意。

3.1.3 调度许可

下级调控机构在进行许可设备运行状态变更前征得本级值班调度员许可。

3.1.4 直接调度

值班调度员直接向下级调控机构值班调度员、值班监控员、厂站运行值班人员及输变电设备运维人员发布调度指令的调度方式。

3.1.5 间接调度

值班调度员通过下级调控机构值班调度员向其他运行人员转达调度指令的方式。

3.1.6 授权调度

根据电网运行需要将调管范围内指定设备授权下级调控机构直调,其调度安全责任主体为被授权调控机构。

3.1.7 越级调度

紧急情况下值班调度员越级下达调度指令给下级调控机构直调的运行值班单

位人员的方式。

3.1.8 调度关系转移

经两调控机构协商一致,决定将一方直接调度的某些设备的调度指挥权,暂由另一方代替行使。转移期间,设备由接受调度关系转移的一方调度全权负责,直至转移关系结束。

3.2 调度

3.2.1 调度指令

值班调度员对其下级调控机构值班调度员、相关调控机构值班监控员、厂站运行值班人员及输变电设备运维人员发布有关运行和操作的指令。

(1)口头令:由值班调度员口头下达(无须填写操作票)的调度指令。

(2)操作令:值班调度员对直调设备进行操作,对下级调控机构值班调度员、相关调控机构值班监控员、厂站运行值班人员及输变电设备运维人员发布的有关操作的指令。

①单项操作令:值班调度员向受令人发布的单一一项操作的指令。

②逐项操作令:值班调度员向受令人发布的操作指令是具体的逐项操作步骤和内容,要求受令人按照指令的操作步骤和内容逐项进行操作。

③综合操作令:值班调度员给受令人发布的不涉及其他厂站配合的综合操作任务的调度指令。其具体的逐项操作步骤和内容,以及安全措施,均由受令人自行按规程拟订。

3.2.2 发布指令

值班调度员正式向受令人发布调度指令。

3.2.3 接受指令

受令人正式接受值班调度员所发布的调度指令。

3.2.4 复诵指令

值班调度员发布调度指令时,受令人重复指令内容以确认的过程。

3.2.5 回复指令

受令人在执行完值班调度员发布的调度指令后,向值班调度员报告已经执行完调度指令的步骤、内容和时间等。

3.2.6 许可操作

在改变电气设备的状态和方式前,根据有关规定,由有关人员提出操作项目,值班调度员同意其操作。

3.2.7 配合操作申请

需要上级调控机构的值班调度员进行配合操作时,下级调控机构的值班调度员根据电网运行需要提出配合操作申请。

3.2.8 配合操作回复

上级调控机构的值班调度员同意下级调控机构的值班调度员提出的配合操作申请,操作完毕后,通知提出申请的值班调度员配合操作完成情况。

3.3 开关和刀闸

(1)合上开关:使开关由分闸位置转为合闸位置。

(2)拉开开关:使开关由合闸位置转为分闸位置。

(3)合上刀闸:使刀闸由断开位置转为接通位置。

(4)拉开刀闸:使刀闸由接通位置转为断开位置。

(5)开关跳闸:未经操作的开关三相同时由合闸转为分闸位置;开关×相跳闸指未经操作的开关×相由合闸转为分闸位置。

(6)开关非全相合闸:开关进行合闸操作时只合上一相或两相。

(7)开关非全相跳闸:未经操作的开关一相或两相跳闸。

(8)开关非全相运行:开关非全相跳闸或合闸,致使开关一相或两相合闸运行。

(9)开关×相跳闸重合成功:开关×相跳闸后,又自动合上×相,未再跳闸。

(10)开关×相跳闸重合不成功:开关×相跳闸后,又自动合上×相,开关再自动跳开三相。

(11)开关×相跳闸,重合闸未动跳开三相(或非全相运行):开关(×相)跳闸后,重合闸装置虽已投入,但未动作,××保护动作跳开三相(或非全相运行)。

(12)开关跳闸,三相重合成功:开关跳闸后,又自动合上三相,未再跳闸。

(13)开关跳闸,三相重合不成功:开关跳闸后,又自动合上三相,开关再自动跳开。

3.4 继电保护装置

3.4.1 对分为投入和退出两种状态的保护

投入×设备×保护(×段):×设备×保护(×段)投入运行。

退出×设备×保护(×段):×设备×保护(×段)退出运行。

3.4.2 对分为跳闸、信号和停用三种状态的保护

(1)将保护改投跳闸:将保护由停用或信号状态改为跳闸状态。

(2)将保护改投信号:将保护由停用或跳闸状态改为信号状态。

(3)将保护停用:将保护由跳闸或信号状态改为停用状态。

3.4.3 保护改跳

由于方式的需要,将设备的保护改为不跳本设备开关而跳其他开关。

3.4.4 联跳

某开关跳闸时,同时联锁跳其他开关。

3.4.5 ×设备×保护(×段)改定值

×设备×保护(×段)整定值(阻抗、电压、电流、时间等)由某一定值改为另一定值。

3.4.6 母差保护改为有选择方式

母差保护选择元件投入运行。

3.4.7 母差保护改为无选择方式

母差保护选择元件退出运行。

3.4.8 高频保护测试通道

高频保护按规定进行通道测试。

3.5 合环、解环

(1)合环:电气操作中将线路、变压器或开关构成的网络闭合运行的操作。

(2)同期合环:检测同期后合环。

(3)解除同期闭锁合环:不经同期闭锁直接合环。

(4)解环:电气操作中将线路、变压器或开关构成的闭合网络断开运行的操作。

3.6 并列、解列

(1)核相:用仪表或其他手段检测两电源或环路相位是否相同。

(2)定相:新建、改建的线路、变电站在投运前分相依次送电,核对三相标志与运行系统是否一致。

(3)核对相序:用仪表或其他手段,核对两电源的相序是否相同。

(4)相位正确:开关两侧 A、B、C 三相相位均对应相同。

(5)并列:使两个单独运行电网并为一个电网运行。

(6)解列:将一个电网分成两个电气相互独立的部分运行。

3.7 线路

(1)线路试送电:线路开关跳闸,经检查并处理后的送电。

(2)线路试送成功:线路开关跳闸,经检查并处理后送电正常。

(3)线路试送不成功:线路开关跳闸,经检查并处理后送电,开关再跳闸。

(4)带电巡线:对带电或停电未采取安全措施的线路进行巡视。

(5)停电巡线:在线路停电并挂好地线情况下巡线。

(6)故障巡线:线路发生故障后,为查明故障原因的巡线。

(7)特巡:对在暴风雨、覆冰、雾、河流开冰、水灾、地震、山火、台风等自然灾害和保电、大负荷等特殊情况下的带电巡线。

3.8 主要设备状态及变更用语

3.8.1 检修

设备的所有开关,刀闸均断开,挂好保护接地线或合上接地刀闸(并在可能来电侧挂好工作牌,装好临时遮栏)。

(1)开关检修:开关及两侧刀闸拉开,在开关两侧挂上接地线(或合上接地刀闸)。

(2)线路检修:线路刀闸及线路高抗高压侧刀闸拉开,并在线路出线端合上接地刀闸(或挂好接地线)。

(3)串补装置检修:侧路开关在合闸位置,刀闸断开,地刀合上。

(4)主变检修:变压器各侧刀闸均拉开并合上接地刀闸(或挂上接地线)。

(5)母线检修:母线侧所有开关及其两侧的刀闸均在分闸位置,合上母线接地刀闸(或挂接地线)。

(6)高压电抗器检修:高抗各侧的刀闸拉开并合上电抗器接地刀闸(或挂接地线)。

3.8.2 设备备用

3.8.2.1 备用

备用泛指设备处于完好状态,所有安全措施全部拆除,地刀在断开位置,随时可以投入运行。

3.8.2.2 热备用

热备用指设备(不包括带串补装置的线路和串补装置)开关断开,而刀闸仍在合上位置。此状态下如无特殊要求,设备保护均应在运行状态。带串补装置的线路,线路刀闸在合闸位置,其他状态同上。

如线路电抗器接有高抗抽能线圈,则在线路热备用状态下,抽能线圈低压侧断开。无单独开关的线路高抗、电压互感器(PT 或 CVT)等设备均无热备用状态,串补装置热备用的侧路开关在合闸位置,串补两侧刀闸合上,地刀断开。

3.8.2.3 冷备用

冷备用指线路、母线等电气设备的开关断开,其两侧刀闸和相关接地刀闸处于断开位置。

(1)开关冷备用:开关及两侧刀闸拉开。

(2)线路冷备用:线路两侧刀闸拉开,有串补的线路串补装置应在热备用以下状态。

(3)串补装置的冷备用:串补两侧刀闸在断开位置,地刀断开。

(4)主变冷备用:变压器各侧刀闸均拉开。

(5)母线冷备用:母线侧所有开关及其两侧的刀闸均在分闸位置。

(6)高压电抗器冷备用:高抗各侧的刀闸拉开。

3.8.2.4 紧急备用

设备停止运行,刀闸断开,但设备具备运行条件(包括有较大缺陷可短期投入运行的设备)。

3.8.2.5 旋转备用

旋转备用指运行正常的发电机组维持额定转速,随时可以并网,或已并网但仅带一部分负荷,随时可以加出力至额定容量的发电机组。

3.8.3 运行

运行指设备(不包括串补装置)的刀闸及开关都在合上的位置,将电源至受电端的电路接通。

串补装置运行时侧路开关在断开位置,串补两侧刀闸合上,地刀断开。

3.8.4 充电

设备带标称电压但不接带负荷。

3.8.5 送电

对设备充电并带负荷(指设备投入环状运行或带负荷)。

3.8.6 停电

拉开开关及刀闸使设备不带电。

3.8.7 ×次冲击合闸

合断开关×次,以额定电压给设备连续×次充电。

3.8.8 零起升压

给设备由零起逐步升高电压至预定值或直到额定电压,以确认设备无故障。

3.8.9 零起升流

电流由零逐步升高至预定值或直到额定电流。

3.9 母线

(1)倒母线:线路、主变压器等设备从结在某一条母线运行改为结在另一条母线上运行。

(2)母线轮停:将双母线的两组母线轮流停电。

3.10 用电

(1)按指标用电:不超过分配的用电指标用电。

(2)用电限电:通知用户按调度指令自行限制用电。

(3)拉闸限电:拉开线路开关强行限制用户用电。

(4)×分钟限去超用负荷:通知用户或下级调控机构值班调度员按指定时间自行减去比用电指标高的那一部分用电负荷。

(5)×分钟按事故拉闸顺序切掉×万千瓦:通知运行人员按事故拉闸顺序切掉×万千瓦负荷。

(6)保安电力:保证人身和设备安全所需的最低限度的电力。

3.11 发电机组

(1)发电机无(少)蒸汽运行:发电机并入电网,将主气门关闭(或通少量蒸汽)作调相运行。

(2)发电改调相:发电机由发电状态改调相运行。

(3)调相改发电:发电机由调相状态改发电运行。

(4)发电机无励磁运行:运行中的发电机失去励磁后,从系统吸收无功异步运行。

(5)维持全速:发电机组与电网解列后,维持额定转速,等待并列。

(6)变压运行:发电机组降低汽压运行,以大幅度降低出力。

(7)力率:发电机输出功率(出力)的功率因数 $\cos\varphi$。

(8)进相运行:发电机或调相机定子电流相位超前其电压相位运行,发电机吸收系统无功。

(9)定速:发电机已达到额定转速运行但未并列。

(10)空载:发电机已并列,但未接带负荷。

(11)甩负荷:带负荷运行的发电机所带负荷突然大幅度降至某一值。

(12)发电机跳闸:带负荷运行的发电机主开关跳闸。

(13)紧急降低出力:电网发生故障或出现异常时,将发电机出力紧急降低,但不解列。

(14)可调出力:机组实际可能达到的最大剩余发电能力。

(15)单机最低出力:根据机组运行条件核定的最小发电能力。

(16)盘车:用电动机(或手动)带动汽轮发电机组转子慢转动。

(17)惰走:汽(水)轮机或其他转动机械在停止汽源(水源)或电源后继续保持转动。

(18)转车或冲转:蒸汽进入汽机,转子开始转动。

(19)低速暖机:汽轮机开车过程中的低速运行,使汽轮机的本体整个达到规定的均匀温度。

(20)升速:汽轮机转速按规定逐渐升高。

(21)滑参数起动:一机一炉单元并列情况下,使锅炉蒸汽参数以一定速度随汽机负荷上升而上升的起动方式。

(22)滑参数停机:一机一炉单元并列情况下,使锅炉蒸汽参数以一定速度随汽机负荷下降而下降的停机方式。

(23)锅炉升压:锅炉从点火至并炉的整个过程。

(24)并炉:锅炉待汽压汽温达到规定值后与蒸汽母管并列。

(25)停炉:锅炉与蒸汽母管隔绝后不保持汽温汽压。

(26)失压:锅炉停止运行后按规程将压力泄去的过程。

(27)吹灰:用蒸汽或压缩空气清除锅炉各受热面上的积灰。

(28)对空排汽:开启向空排汽门使蒸汽通过向空排汽门放入大气。

(29)灭火:锅炉运行中由于某种原因引起炉火突然熄灭。

(30)打焦:用工具清除火嘴、水冷壁、过热器管等处的结焦。

(31)导水叶开度:运行中机组在某水头和发电出力时相应水叶的开度。

(32)轮叶角度:运行中水轮发电机组在某水头和发电出力时相应轮叶的角度。

3.12 电网

电网是电力生产、流通和消费的系统,又称电力系统。具体地说,电网是由发电、供电(输电、变电、配电)、用电设施以及为保证上述设施安全、经济运行所需的继电保护安全自动装置、电力计量装置、电力通信设施和电力调度自动化设施等所组成的整体。

(1)主网:220kV 及以上电压等级的电网。

(2)静态稳定:电力系统受到小干扰后,不发生非周期性失步,自动恢复到初始运行状态的能力。

(3)暂态稳定:电力系统受到大扰动后,各同步电机保持同步运行并过渡到新的或恢复到原来稳定运行方式的能力。

(4)动态稳定:电力系统受到小的或大的干扰后,在自动调节和控制装置的作用下,保持长过程的运行稳定性的能力。

(5)电压稳定:电力系统受到小的或大的扰动后,系统电压能够保持或恢复到允许的范围内,不发生电压崩溃的能力。

(6)频率稳定:电力系统受到小的或大的扰动后,系统频率能够保持或恢复到允许的范围内,不发生频率崩溃的能力。

(7)同步振荡:发电机保持在同步状态下的振荡。

(8)异步振荡:发电机受到较大的扰动,其功角在0°~360°之间周期性变化,发电机与电网失去同步运行的状态。

(9)摆动:电网电压、频率、功率产生有规律的摇摆现象。

(10)失步:同一系统中运行的两电源间失去同步。

(11)潮流:电网稳态运行时的电压、电流、功率。

3.13 调整频率、电压

(1)增加有功(或无功)功率:在发电机原有功(或无功)出力基础上,增加有功(或无功)出力。

(2)减少有功(或无功)功率:在发电机原有功(或无功)出力基础上,减少有功(或无功)出力。

(3)提高频率(或电压):在原有频率(或电压)的基础上,提高频率(或电压)值。

(4)降低频率(或电压):在原有频率(或电压)的基础上,降低频率(或电压)值。

(5)维持频率××校电钟:使频率维持在××数值,校正电钟与标准钟的误差。

(6)×变压器从××kV(×档)调到××kV(×档):×变压器分接头从××kV(×档)调到××kV(×档)。

3.14 停电计划

(1)停电检修票:日前停电工作计划。

(2)计划停电:纳入月度设备停电计划,并办理停电检修票的设备停电工作。

(3)临时停电:未纳入月度设备停电计划,但办理停电检修票的设备停电工作。

(4)紧急停电:设备异常需紧急停运处理以及设备故障停运抢修、陪停等由值班调度员批准的设备停电工作。

(5)年月计划免申报停电:对电网正常运行方式无明显影响的电气设备停电计划,可以不申报年度、月度计划,直接按规定办理停电检修票,为年月计划免申报停电。

(6)带电作业:对有电或停电未做安全措施的设备进行检修。

3.15 接地、引线、短接

(1)挂接地线:用临时接地线将设备与大地接通。

(2)拆接地线:拆除将设备与大地接通的临时接地线。

(3)合接地刀闸:用接地刀闸将设备与大地接通。

(4)拉接地刀闸:用接地刀闸将设备与大地断开。

(5)带电接线:在设备带电状态下接线。

(6)带电拆线:在设备带电状态下拆线。

(7)接引线:将设备引线或架空线的跨接线接通。

(8)拆引线:将设备引线或架空线的跨接线拆断。

(9)短接:用导线临时跨接在设备两侧,构成侧路。

3.16 电容、电抗补偿

(1)消弧线圈过补偿:全网消弧线圈的整定电流之和大于相应电网对地电容电流之和。

(2)消弧线圈欠补偿:消弧线圈的整定电流之和小于相应电网对地电容电流

之和。

(3)谐振补偿:消弧线圈的整定电流之和等于相应电网对地电容电流之和。

(4)并联电抗器欠补偿:并联电抗器总容量小于被补偿线路充电功率。

(5)串联电容器欠补偿:串联电容器总容抗小于被补偿线路的感抗。

3.17 水电

(1)水库水位(坝前水位):水电厂水库坝前水面海拔高程(米)。

(2)尾水水位(简称尾水位):水电厂尾水水面海拔高程(米)。

(3)正常蓄水位:水库在正常运用的情况下,为满足兴利要求在供水期开始时应蓄到的高水位(米)。

(4)死水位:在正常运用情况下,允许水库消落的最低水位(米)。

(5)年消落水位:多年调节水库在水库蓄水正常情况下允许年度消落的最低水位(米)。

(6)汛期防洪限制水位(简称汛限水位):水库在汛期因防洪要求而确定的兴利蓄水的上限水位(米)。

(7)设计洪水位:遇到大坝设计标准洪水时,水库坝前达到的最高水位(米)。

(8)校核洪水位:遇到大坝校核标准洪水时,水库坝前达到的最高水位(米)。

(9)库容:坝前水位相应的水库水平面以下的水库容积(亿立方米或立方米)。

(10)总库容:校核洪水位以下的水库容积(亿立方米或立方米)。

(11)死库容:死水位以下的水库容积(亿立方米或立方米)。

(12)兴利库容(调节库容):正常蓄水位至死水位之间的水库容积(亿立方米或立方米)。

(13)可调水量:坝前水位至死水位之间的水库容积(亿立方米或立方米)。

(14)水头:水库水位与尾水位之差值(米)。

(15)额定水头:发电机发出额定功率时,水轮机所需的最小工作水头(米)。

(16)水头预想出力(预想出力):水轮发电机组在不同水头条件下相应所能发出的最大出力(兆瓦)。

(17)受阻容量:电站(机组)受技术因素制约(如设备缺陷、输电容量等限制),所能发出的最大出力与额定容量之差。对于水电机组还包括由于水头低于额定水头时,水头预想出力与额定容量之差(兆瓦)。

(18)保证出力:水电站相应于设计保证率的供水时段内的平均出力(兆瓦)。

(19)多年平均发电量:按设计采用的水文系列和装机容量,并计及水头预想出力限制计算出的各年发电量的平均值(亿千瓦时或兆瓦时)。

(20)时段末控制水位:时段(年、月、旬)末计划控制的水位(米)。

(21)时段初(末)库水位:时段(年、月、旬)初(末)水库实际运行水位(米)。

(22)时段平均发电水头:发电水头之时段(日、旬、月、年)平均值(米)。

(23)时段平均入(出)库流量:时段(日、旬、月、年)入(出)库流量平均值(立方米每秒)。

(24)时段入(出)库水量:指时段(日、旬、月、年)入(出)库水量(亿立方米和立方米)。

(25)时段发电用水量:指时段(日、旬、月、年)发电所耗用的水量(亿立方米和立方米)。

(26)时段弃水量:指时段(日、旬、月、年)未被利用而弃掉的水量(亿立方米和立方米)。

(27)允许最小出库流量:为满足下游兴利(航运、灌溉、工业用水等)及电网最低电力要求需要水库放出的最小流量(立方米每秒)。

(28)开启(关闭)泄流闸门:根据需要开启(关闭)溢流坝的工作闸门,包括大坝泄流中孔、底孔或泄洪洞、排沙洞等工作闸门。

(29)开启(关闭)机组进水口工作闸门:根据需要开启(关闭)水轮机组进水口的工作闸门。

(30)开启(关闭)进水口检修闸门:根据需要开启(关闭)水轮机组进水口检修闸门。

(31)开启(关闭)尾水闸门(或叠梁):根据需要开启(关闭)水轮机组尾水闸门(或叠梁)。

(32)发电耗水率:每发一千瓦时电量所耗的水量(立方米/千瓦时)。

(33)节水增发电量:水电站时段(月、年)内实际发电量与按调度图运行计算的考核电量的差值(亿千瓦时或兆瓦时)。

(34)水能利用提高率:水电站时段(月、年)内增发电量与按调度图运行计算的考核电量的百分比(%)。

3.18 新能源

(1)风电场:由一批风电机组或风电机组群(包括机组单元变压器)、汇集线路、主升压变压器及其他设备组成的发电站。

(2)光伏发电站:利用太阳电池的光生伏特效应,将太阳辐射能直接转换成电能的发电系统,一般包含变压器、逆变器、相关的平衡系统部件(BOS)和太阳电池方阵等。

(3)风电机组/风电场低电压穿越:当电力系统故障或扰动引起并网点电压跌落时,在一定的电压跌落范围和时间间隔内,风电机组/风电场能够保证不脱网连续运行。

(4)风电功率预测:以风电场的历史功率、历史风速、地形地貌、数值天气预报、风电机组运行状态等数据建立风电场输出功率的预测模型,以风速、功率、数值天气预报等数据作为模型的输入,结合风电场机组的设备状态及运行工况,预测风电场未来的有功功率。

(5)短期风电功率预测:预测风电场次日零时起未来72小时的有功功率,时间分辨率为15分钟。

(6)超短期风电功率预测:预测风电场未来15分钟至4小时的有功功率,时间分辨率不小于15分钟。

3.19 调度自动化

(1)遥信:远方开关、刀闸等位置运行状态测量信号。

(2)遥测:远方发动机、变压器、母线、线路等运行数据测量信号。

(3)遥控:对开关、刀闸等位置运行状态进行远方控制及AGC控制模式的远方切换。

(4)遥调:对发动机组出力、变压器抽头位置等进行远方调整和设定。

(5)AGC:自动发电控制。

(6)TBC、FFC、FTC:AGC的三种基本控制模式,TBC是指按定联络线功率与频率偏差模式控制,FFC是指按定系统频率模式控制,FTC是指按定联络线交换功率模式控制。

(7)ACE:联络线区域控制偏差。

(8)T1、A1、A2、CPS1、CPS2:联络线控制性能评价标准,分别称为T标准、A标准、C标准。

(9)DCS:火电厂分散式控制系统。

(10)CCS:火电厂的计算机控制系统。

(11)AVC:自动电压控制。

3.20 其他

(1)幺、两、三、四、五、六、拐、八、九、洞:调度业务联系时,数字“1、2、3、4、5、6、7、8、9、0”的读音。

(2)××调(××电厂、××变电站)××(姓名):值班调度员直接与下级调控机构值班调度员、相关调控机构值班监控员或调度管辖厂站运行人员电话联系时的冠语。

(3)××时××分××线路(或设备)工作全部结束,现场工作安全措施全拆除,人员撤离现场,送电无问题。现场值班人员或下级调度员向上级调度员汇报调度许可的设备上工作结束的汇报术语。

4 操作指令

4.1 逐项操作令

4.1.1 开关、刀闸的操作

拉开××(设备或线路名称)××(开关编号)开关。
合上××(设备或线路名称)××(开关编号)开关。
拉开××(设备或线路名称)××(刀闸编号)刀闸。
合上××(设备或线路名称)××(刀闸编号)刀闸。

4.1.2 解列、并列

用××(设备或线路名称)的××开关解列。
用××(设备或线路名称)的××开关同期并列。

4.1.3 解环、合环

用××(设备或线路名称)的××开关(或刀闸)解环。
用××(设备或线路名称)的××开关(或刀闸)合环。

4.1.4 保护投、退跳闸

××(设备名称)的××保护投入跳闸。
××(设备名称)的××保护退出跳闸。
××线××开关的××保护投入跳闸。
××线××开关的××保护退出跳闸。

4.1.5 投入、退出联跳

投入××(设备或线路名称)的××开关联跳××(设备或线路名称)的××开关的装置(压板)。

退出××(设备或线路名称)的××开关联跳××(设备或线路名称)的××开关的装置(压板)。

4.1.6 保护改跳

××(设备或线路名称)的××开关××保护,改跳××(设备或线路名称)的××开关。

××(设备或线路名称)的××开关××保护,改跳本身开关。

4.1.7 投入、停用重合闸和改变重合闸重合方式

投入××线的××开关的重合闸。

停用××线的××开关的重合闸。

投入××线的××开关单相(或三相)或特殊重合闸。

停用××线的××开关单相(或三相)或特殊重合闸。

××线的××开关的重合闸由无压重合改为同期重合。

××线的××开关的重合闸由同期重合改为无压重合。

××线的××开关的重合闸由单相重合改为三相重合。

××线的××开关的重合闸由单相重合改为综合重合。

××线的××开关的重合闸由三相重合改为单相重合。

××线的××开关的重合闸由三相重合改为综合重合。

4.1.8 线路跳闸后送电

用××开关对××线试送电一次。

4.1.9 给新线路或新变压器冲击

用××的××开关对××(线路或变压器名称)冲击×次。

4.1.10 变压器改分头

将×号变压器(高压或中压)侧分头由×(或××kV×档)改为×(或××kV)档。

4.1.11 机组(电厂)投入、退出 AGC 控制

××机组(电厂)投入 AGC 控制。

××机组(电厂)退出 AGC 控制。

4.2 综合操作令

4.2.1 变压器

4.2.1.1 ×号变压器由运行转检修

拉开该变压器的各侧开关、刀闸,并在该变压器上可能来电的各侧挂地线(或合接地刀闸)。

4.2.1.2 ×号变压器由检修转运行

拆除该变压器上各侧地线(或拉开接地刀闸)。合上除有检修要求不能合或方式明确不合之外的刀闸和开关。

4.2.1.3 ×号变压器由运行转热备用

拉开该变压器各侧开关。

4.2.1.4 ×号变压器由备用转运行

合上除有检修要求不能合或方式明确不合的开关以外的开关。

4.2.1.5 ×号变压器由运行转冷备用

拉开该变压器各侧开关,拉开该变压器各侧刀闸。

4.2.1.6 ×号变压器由热备用转检修

拉开该变压器各侧刀闸,在该变压器上可能来电的各侧挂地线(或合上接地刀闸)。

4.2.1.7 ×号变压器由检修转为热备用

拆除该变压器上各侧地线(或拉开接地刀闸),合上除有检修要求不能合或方式明确不合的刀闸以外的刀闸。

4.2.1.8 ×号变压器由冷备用转检修

在该变压器上可能来电的各侧挂地线(或合上接地刀闸)。

4.2.1.9 ×号变压器由检修转为冷备用

拆除该变压器上各侧地线(或拉开接地刀闸)。

注:不包括变压器中性点刀闸的操作。中性点刀闸的操作或下逐项操作指令或根据现场规定进行操作。

4.2.2 母线

4.2.2.1 ××kV×号母线由运行转检修

对于双母线接线:将该母线上所有运行和备用元件倒到另一母线,拉开母联开关和刀闸及 PT 一次侧刀闸,并在该母线上挂地线(或合上接地刀闸)。

对单母线或 3/2 接线:将该母线上所有的开关、刀闸拉开,在该母线上挂地线(或合上接地刀闸)。

对于单母线开关分段接线:拉开该母线上所有的开关和刀闸,在母线上挂地线(或合上地刀闸)。

4.2.2.2　××kV×号母线由检修转运行

对于双母线接线:拆除该母线上的地线(或拉开接地刀闸),合上 PT 刀闸和母联刀闸,用母联开关给该母线充电。

对于单母线或 3/2 接线:拆除母线上的地线(或拉开接地刀闸),合上该母线上除有检修要求不能合或方式明确不合以外的刀闸(包括 PT 刀闸)和开关。

对单母线开关分段接线:同单母线或 3/2 接线。

4.2.2.3　××kV×号母线由热备用转运行

对于双母线接线:合上母联开关给该母线充电。

对于单母线或 3/2 接线:合上该母线上除有检修要求不合或方式明确不合以外的开关。

对于单母线开关分段接线:同单母线或 3/2 接线。

4.2.2.4　××kV×号母线由运行转热备用

对于双母线接线:将该母线上运行和备用的所有元件倒到另一母线运行。拉开母联开关。

对于单母线及 3/2 接线:拉开该母线上的所有元件的开关。

对于单母线开关分段接线:拉开该母线上所有元件的开关及母线分段开关。

4.2.2.5　××kV×号母线由冷备用转运行

对于双母线接线:合上该母线 PT 刀闸及母联刀闸后,合上母联开关给该母线充电。

对于单母线或 3/2 接线:合上该母线上除因检修要求不合或方式明确不合以外所有元件的刀闸及 PT 刀闸后,合上该母线上除有检修要求不合或方式明确不合以外的开关。

对于单母线开关分段接线:同单母线或 3/2 接线。

4.2.2.6　××kV×号母线由运行转冷备用

对于双母线接线:将该母线上运行和备用的所有元件倒到另一母线运行。拉开母联开关,拉开该母线上全部元件刀闸。

对于单母线及 3/2 接线:拉开该母线上的所有元件的开关后,拉开该母线上所有元件的刀闸。

对于单母线分段接线:拉开该母线上所有元件的开关及母线分段开关后,拉开该母线上所有元件的刀闸及母线分段开关的刀闸。

4.2.2.7 ××kV×母线由检修转热备用

对双母线接线：拆除该母线上地线（或拉开接地刀闸），合上 PT 刀闸及母联刀闸。

对单母线及3/2接线：拆除该母线地线（或拉开接地刀闸），合上该母线上除因设备检修等要求不能合的刀闸以外的所有元件的刀闸。

对单母线开关分段接线：拆除该母线上地线（或拉开接地刀闸），合上该母线上除因设备检修等要求不能合的刀闸以外的所有元件的刀闸。

4.2.2.8 ××kV×号母线由热备用转检修

拉开该母线上全部刀闸，在该母线上挂地线（或合上接地刀闸）。

4.2.2.9 ××kV×号母线由检修转冷备用

对双母线接线：拆除该母线上地线（或拉开接地刀闸）。

对单母线及3/2接线：拆除该母线上地线（或拉开接地刀闸）。

对单母线开关分段接线：拆除该母线上地线（或拉开接地刀闸）。

4.2.2.10 ××kV×号母线由冷备用转为检修

在该母线上挂地线（或合上接地刀闸）。

4.2.2.11 ××kV母线方式倒为正常方式

倒为调控机构已明确规定的母线正常接线方式（包括母联及联络变开关的状态）。

4.3 开关

4.3.1 ××（设备或线路名称）的××开关由运行转检修

拉开该开关及其两侧刀闸，在开关两侧挂地线（或合上接地刀闸）。

4.3.2 ××（设备或线路名称）的××开关由检修转运行

拆除该开关两侧地线（或拉开接地刀闸），合上该开关两侧刀闸（母线刀闸按方式规定合上），合上开关。

4.3.3 ××（设备或线路名称）的××开关由热备用转检修

拉开该开关两侧刀闸，在该开关两侧挂地线（或合上接地刀闸）。

4.3.4 ××（设备或线路名称）的××开关由检修转热备用

拆除该开关两侧地线（或拉开接地刀闸），合上该开关两侧刀闸（母线刀闸按方式规定合上)。

4.3.5　××(设备或线路名称)的××开关由冷备用转检修

在该开关两侧挂地线(或合上接地刀闸)。

4.3.6　××(设备或线路名称)的××开关由检修转冷备用

拆除该开关两侧地线(或拉开接地刀闸)。

4.3.7　令用××(侧路或母联)××开关由×号母线代××(设备或线路名称)的××开关。××(设备或线路名称)的××开关由运行转检修

按母线方式倒为用侧路(或母联)代××(设备或线路名称)的××开关方式,拉开被代开关及其两侧刀闸,在该开关两侧挂地线(或合上接地刀闸)。

4.4　调整

4.4.1　系统解列期间由你厂负责调频、调压

地区电网与主网解列单独运行时由调控机构临时指定某厂负责局部电网调频、调压。

4.4.2　系统解列期间你单位负责频率、电压监督和调整

地区电网与主网解列单独运行时,由上级调控机构指定单独运行电网中某一调控机构临时负责局部电网的频率、电压监督和调整。